国家级一流本科专业建设成果教材

Environmental Planning and Management
环境规划与管理

李芬 杨莹 主编

化学工业出版社
·北京·

内容简介

《环境规划与管理》通过对我国环境规划与管理发展历程的梳理，结合生态文明建设和生态环境保护全新要求，系统地阐述环境规划与管理的政策法规体系、理论和技术方法，并对环境保护专项规划、生态规划、区域环境管理、组织层面的环境管理、产品层面的环境管理，以及主体功能区与自然保护区管理等内容进行了详细的论述。每章的拓展阅读涵盖了环保领域的最新政策文件，提高了教材的实用性，读者还可扫描书中二维码，获得拓展阅读等资源。本书可作为高等院校环境类专业教材，也可供非环境类相关专业师生参考。

图书在版编目（CIP）数据

环境规划与管理/李芬，杨莹主编．—北京：化学工业出版社，2024.1

ISBN 978-7-122-44852-1

Ⅰ.①环… Ⅱ.①李…②杨… Ⅲ.①环境规划②环境管理 Ⅳ.①X32

中国国家版本馆 CIP 数据核字（2024）第 001253 号

责任编辑：吕　尤　徐雅妮　　加工编辑：丁海蓉
责任校对：王　静　　　　　　装帧设计：张　辉

出版发行：化学工业出版社
　　　　　（北京市东城区青年湖南街13号　邮政编码100011）
印　　装：三河市双峰印刷装订有限公司
787mm×1092mm　1/16　印张12　字数292千字
2023年12月北京第1版第1次印刷

购书咨询：010-64518888　　售后服务：010-64518899
网　　址：http://www.cip.com.cn

凡购买本书，如有缺损质量问题，本社销售中心负责调换。

定　　价：49.00元　　　　　　版权所有　违者必究

前言

环境保护是我国的基本国策，环境规划与管理是环境保护工作的重要内容。随着环境保护工作的开展，特别在把我国建成富强、民主、文明、和谐、美丽的社会主义现代化强国新征程上，正确处理发展与保护之间的关系，做好环境规划与管理工作，是实现与高质量发展相匹配的高水平生态环境保护的重要途径。

我国环境规划编制实施工作伴随着国家生态环境保护事业起步而开展。党的十八大以来，习近平生态文明思想是中国新时代生态环境规划与管理的重要指导思想。党的二十大报告中进一步强调推动绿色发展，牢固树立和践行"绿水青山就是金山银山"的理念，促进人与自然和谐共生，坚持从发展的源头解决生态环境问题，而且要积极稳妥推进碳达峰碳中和。环境管理的对象虽依然是生态问题与环境问题，但已上升到"文明的管理"的高度，强调生态环境与社会经济的协调发展，是要守住生态环境和发展两条底线，以建设协调型生态环境美好社会为目标。而如何在"生态文明思想"的引领下持续更新环境规划内容，落实环境管理政策是一个值得深思的问题。

本教材在深入解读环境保护政策文件的基础上，结合生态文明时期环境保护工作要求，将环境规划与管理工作所涉及的政策法规体系、理论和技术方法等共性知识系统阐述，对环境规划和环境管理的内容程序分块介绍，整本教材包括绪论、环境规划与管理的政策法规体系、环境规划与管理的理论和技术方法、环境规划的基本内容、环境保护专项规划、生态规划、环境管理的基本内容、区域环境管理、组织层面的环境管理、产品层面的环境管理，以及主体功能区与自然保护区管理等共十一章内容，通过本教材的阅读，期望读者了解环境规划与管理工作的发展历程，熟悉环境规划与管理的内容，掌握环境规划与管理程序，在生态文明建设的大背景下提升环境规划与管理的能力。

本教材参编作者均是多年从事本课程教学工作的教师，致力于工科院校环保专业的实际需求，力求贴近生态文明建设的时代脉搏及国际环境与发展问题的新形势，为读者提供方便学习使用的教材。全书共分十一章，第一章至第六章由李芬编写，第七章至第十一章由杨莹编写，杜青林、于彩莲分别参与了第二章、第十章的编写。

因编者学术水平、经验、时间和精力所限，书中不足和疏漏在所难免，敬请读者批评和指正。

编者

2023 年 6 月

目录

第一章 绪论 — 001
第一节 环境规划与管理概述 — 001
一、环境规划 — 001
二、环境管理 — 005
三、环境规划与环境管理的关系 — 007
第二节 新时代下环境规划与管理的战略发展 — 008
一、生态文明新时代下环境规划 — 008
二、生态环境管理 — 009
思考题 — 009

第二章 环境规划与管理的政策法规体系 — 010
第一节 环境保护方针政策 — 010
一、环境保护方针 — 010
二、环境政策 — 011
第二节 环境保护法律法规体系 — 013
一、宪法 — 013
二、环境保护法律 — 013
三、环境保护行政法规 — 015
四、政府部门规章 — 015
五、环境保护地方性法规和地方性规章 — 015
六、环境标准 — 016
七、环境保护国际公约 — 016
八、环境保护法律法规体系中各层次间的关系 — 016
第三节 环境法律责任 — 016
一、环境行政责任 — 016
二、环境民事责任 — 017
三、环境刑事责任 — 017
思考题 — 017

第三章　环境规划与管理的理论和技术方法　019

第一节　环境规划与管理的理论基础　019
一、可持续发展理论　019
二、生态学原理　022
三、人地系统理论　025
四、环境经济学理论　027

第二节　环境规划与管理的主要技术方法　028
一、环境现状调查　028
二、环境评价　029
三、环境预测　033
四、环境决策　037
五、环境功能区划　041

思考题　043

第四章　环境规划的基本内容　045

第一节　环境规划的类型和编制原则　045
一、环境规划的类型　045
二、编制原则　046

第二节　环境规划编制的程序　047
一、工作程序　047
二、技术程序　048
三、主要技术方法　048

第三节　环境规划编制的内容　049
一、现状分析与评价　049
二、趋势预测与形势研判　052
三、目标指标设计与制定　053
四、任务方案拟订与优选　054
五、工程项目谋划与投资估算　056
六、保障措施　057

思考题　058

第五章　环境保护专项规划　059

第一节　水环境保护规划　059
一、水环境保护规划的发展　059
二、水生态环境保护规划的内容　060

第二节　大气污染防治规划　068
一、大气污染防治规划的发展　068
二、大气污染防治规划的主要内容　068

第三节　固体废物管理规划 ……………………………………………… 075
　　　　一、固体废物管理规划的发展实施 ………………………………… 075
　　　　二、指导思想与基本原则 …………………………………………… 075
　　　　三、固体废物管理规划的内容 ……………………………………… 076
　　　　四、固体废物管理的措施与手段 …………………………………… 078
　　第四节　噪声污染控制规划 ……………………………………………… 080
　　　　一、区域噪声污染现状调查与评价 ………………………………… 080
　　　　二、区域声环境功能区划分 ………………………………………… 080
　　　　三、区域噪声污染趋势预测 ………………………………………… 081
　　　　四、区域噪声污染控制规划目标和指标制定 ……………………… 081
　　　　五、区域噪声污染控制规划方案的制定 …………………………… 081
　　　　六、区域噪声污染综合整治措施 …………………………………… 082
　　思考题 ……………………………………………………………………… 083

第六章　生态规划　084

　　第一节　生态规划基础 …………………………………………………… 084
　　　　一、生态规划的概念 ………………………………………………… 084
　　　　二、生态规划的内涵和任务 ………………………………………… 085
　　　　三、生态规划的基本原则 …………………………………………… 085
　　　　四、生态规划与其他规划的关系 …………………………………… 086
　　第二节　生态规划的内容 ………………………………………………… 088
　　　　一、生态规划的程序 ………………………………………………… 088
　　　　二、生态规划的步骤 ………………………………………………… 089
　　第三节　生态规划的方法 ………………………………………………… 092
　　　　一、生态适宜度分析法 ……………………………………………… 092
　　　　二、生态敏感性分析法 ……………………………………………… 094
　　思考题 ……………………………………………………………………… 095

第七章　环境管理的基本内容　096

　　第一节　环境管理模式 …………………………………………………… 096
　　　　一、末端控制为基础的环境管理模式 ……………………………… 096
　　　　二、污染预防为基础的环境管理模式 ……………………………… 100
　　第二节　我国环境管理制度 ……………………………………………… 103
　　　　一、环境影响评价制度 ……………………………………………… 104
　　　　二、"三同时"制度 ………………………………………………… 106
　　　　三、排污收费制度 …………………………………………………… 108
　　　　四、环境保护目标责任制 …………………………………………… 109
　　　　五、城市环境综合整治定量考核制度 ……………………………… 109

六、排污许可管理制度 110
　　七、污染集中控制制度 111
　　八、污染限期治理制度 111
思考题 112

第八章　区域环境管理 113

第一节　城市环境管理 113
　　一、城市环境问题 114
　　二、城市环境管理的内容和方法 117

第二节　农村环境管理 121
　　一、我国农村的环境状况 121
　　二、农村环境保护的内容 123
　　三、农村环境保护的措施 125

思考题 127

第九章　组织层面的环境管理 128

第一节　环境绩效评估 128
　　一、环境绩效与环境绩效评估 128
　　二、环境绩效评估的目标、内容和程序 129

第二节　循环经济 130
　　一、循环经济的产生与发展 130
　　二、循环经济的定义、内涵和基本特征 131
　　三、循环经济的指导性原则 134
　　四、循环经济的主要模式 134

第三节　清洁生产 136
　　一、清洁生产的产生与发展 136
　　二、清洁生产的定义和内容 137
　　三、清洁生产的意义 139
　　四、清洁生产审核 139

第四节　环境管理体系 145
　　一、环境管理体系产生背景 145
　　二、ISO 14000 系列标准的主要内容 146
　　三、ISO 14000 系列环境标准体系的运行模式 148
　　四、ISO 14000 系列环境标准体系的特点 149
　　五、实施 ISO 14000 环境管理体系认证对企业的作用 150
　　六、清洁生产与 ISO 14000 环境管理体系 151

思考题 152

第十章 产品层面的环境管理 ... 153

第一节 产品生态设计 ... 153
一、产品生态设计的基本思想 ... 153
二、产品生态设计的概念 ... 153
三、产品生态设计的原则 ... 154
四、产品生态设计的方法与步骤 ... 156
五、产品生态管理 ... 156

第二节 生命周期评价 ... 158
一、生命周期评价的概念及特性 ... 158
二、生命周期评价的技术框架 ... 159
三、生命周期评价的应用领域 ... 160

第三节 产品环境标志 ... 161
一、环境标志的概念及特点 ... 161
二、环境标志的发展历程 ... 162
三、环境标志的作用 ... 163
四、环境标志的类型 ... 164
五、环境标志通用原则 ... 164

思考题 ... 165

第十一章 主体功能区与自然保护区管理 ... 166

第一节 主体功能区管理 ... 166
一、主体功能区的提出及发展 ... 166
二、主体功能区区划 ... 167
三、主体功能区规划实施进展 ... 170

第二节 自然保护区管理 ... 172
一、自然保护区的定义及分类 ... 172
二、自然保护区管理的主要内容与管理方法 ... 175
三、自然保护区的信息管理 ... 178
四、自然保护区管理中的协调机制 ... 179

思考题 ... 181

参考文献 ... 182

第一章

绪 论

第一节 环境规划与管理概述

一、环境规划

(一) 环境规划的提出

1970年3月国际公害研讨会发表的《东京宣言》,把每个人享有的、不受侵害的环境权利以及现代人应传给后代人富有自然美的环境资源的权利,作为基本人权的一项原则,即每个人、每个地区、每个国家都有享受良好、安全、适宜的生活环境的权利。环境权的享用是权利和义务的统一体,享用环境资源的同时又必须履行其保护环境不受损害的义务,因此保障人们享用环境权和公正地规定享用环境权时所应遵守的义务,就成为环境规划的出发点。

1972年联合国人类环境会议上,在《人类环境宣言》中明确指出"合理的计划是协调发展的需要和保护与改善环境的需要相一致的"、"人的定居和城市化工作必须加以规划"、"避免对环境的不良影响"、"取得社会、经济和环境三方面的最大利益"、"必须委托适当的国家机关对国家的环境资源进行规划、管理或监督,以期提高环境质量"。

1987年世界环境与发展委员会在《我们共同的未来》报告中,提出了"可持续发展"的概念。1992年联合国环境与发展大会所通过的《21世纪议程》中,可持续发展的思想成为世界共同追求的发展战略目标。环境与发展的协调问题被提到如此的高度,这在人类历史上是空前的,它也成为环境规划应遵循和追求的战略思想与根本目标。

(二) 环境规划的含义

所谓规划,主要指人们以思考为依据安排其行为的过程。规划包含两层含义:一是描绘未来,即人们根据对规划对象现状的认识来对未来目标和发展状态进行构思;二是行为决策,即人们为达到或实现未来的发展目标所应采取的时空顺序、步骤和技术方法的决策。环境规划是人类为使环境与社会经济协调发展而对自身活动和环境所做的在时间、空间上的合理安排。

在约束人们经济和社会活动问题上，面对的并不是全社会的共同污染，而往往是一部分人污染了另一部分人，或者是一部分人侵害了另一部分人应享用的环境资源，造成了环境冲突。如何来规范这部分人的行为，使他们遵守其保护环境的义务，而不致侵害另一部分人的环境权益，这是环境规划的重要内容。由于经济和社会发展以及人民生活水平提高对环境的严格要求，环境的保护与建设活动需要做出时间和空间的安排及部署。因此，环境规划在推进国家治理体系和治理能力现代化上的作用更加突出。

（三）环境规划的基本特征

1. 综合性

环境规划集经济、社会和自然环境三大系统于一体，是一项复杂的系统工程。随着人类对环境保护认识的提高和实践经验的积累，环境规划的综合性及集成性得到显著的加强。在环境规划过程中，从功能区的划分到多目标方案的评选等，均涉及大量的定性、定量因素，而这些定性、定量因素往往相互交织在一起，界限并不分明，同时它对环境、经济、社会以及科学与工程的多学科相结合的要求也相当突出。

2. 整体性

环境规划的各技术环节之间关系紧密、关联度高，相互影响和制约。因而环境规划工作应从整体出发全面考察研究，单独从某一环节着手并进行简单的串联叠加难以获得有价值的系统结果。环境规划不仅关注环境问题的社会影响以及公众对环境问题的认知与感受，同时，也应协调好环境规划与其他相关领域规划尤其是经济社会发展类规划之间的关系。

3. 区域性

由于环境问题具有地域性的特征，即不同区域环境及其污染控制系统的结构不同，污染物特征不同，社会经济发展方向和发展速度不同，控制方案评价指标体系的构成以及指标权重均有明显区别，所以环境规划必须注重"因地制宜"。

4. 动态性

环境规划的目的在于着眼于未来，根据未来做出安排和宏观指导。但无论是环境问题还是社会经济条件等都在随时间发生着难以预料的变动，因此基于一定条件制定的环境规划，势必要具有快速响应和更新的能力，环境规划具有较强的时效特征。

5. 不确定性

近些年，由于区域的开放程度大大增强，区域之间各种要素的流动性明显增加。新的不确定性影响因素，其变化的幅度和不可预测性对环境规划起着巨大的推动作用，并提出了新的挑战。

6. 公众参与

环境规划强调将公众利益放在首位，真正把服务大众、服务社会作为环境规划的落脚点，并通过规划的实施过程加以实现。公开性和透明度的真正实现是环境规划的本质要求，让环境规划受大众监督，让大众参与，才能保证环境规划真正为广大民众服务。

7. 交叉与创新

环境规划与城市规划、经济规划、生态规划和社会规划紧密联系。我国的环境规划教育也逐渐向多学科渗透，将社会学、哲学、经济学、生态学等相关学科的课程融入其中，朝着学科交叉与综合的方向发展。此外，创造力与新视角是环境规划的生命力所在，所以应全面考虑规划理论的创新与新技术的应用。

（四）我国环境规划发展历程

我国生态环境规划编制实施工作伴随着国家生态环境保护事业的起步而开展，经历了"起步探索—全面推进—加速发展—转型跨越—开创新篇"等五个阶段。

1. 起步探索阶段（1976～1985年）

这一阶段，环境规划重点围绕工业"三废"治理、重点城市环境保护、水域污染治理等内容开展了一系列工作。1973年8月，国务院召开第一次全国环境保护会议，提出了32字环境保护工作方针，明确了环境保护工作怎么开展，确立了环境规划在环境保护工作中的统领地位，揭开了我国环境保护规划工作的序幕。1975年，国务院环境保护领导小组编制了环境领域第一个国家计划《关于制定环境保护十年规划和"五五"（1976—1980年）计划》，计划提出了"5年内控制、10年内基本解决环境污染问题"的总体目标。1976年，国家计委和国务院环境保护领导小组联合下发了《关于编制环境保护长远规划的通知》，提出把环境保护纳入国民经济的长远规划和年度计划。"六五"时期，环境保护以独立篇章形式作为第十项基本任务首次纳入国民经济和社会发展第六个五年计划。经过"六五"计划的实施，我国工业污染治理成绩显著，城市环境恶化的趋势有所控制，自然环境保护有了一定的进展。

这一阶段，由于环境保护规划刚刚起步，对环境规划的内涵边界、技术方法、管理实施等都没有充分的认识，少数地区开始探索编制地方环境保护规划，但环境保护规划工作依然还很薄弱，没有与经济社会发展进行统筹考虑。

2. 全面推进阶段（1986～1995年）

自"七五"开始，国家环境保护计划编制工作全面展开。1986年，国务院环境保护委员会正式下达了编制"七五"环境保护计划的通知。国务院环境保护委员会组织拟定了"七五"时期《国家环境保护计划》，这一计划成为国民经济与发展计划的重要组成部分，环保计划在经济社会发展中的作用开始显现。"七五"计划更加突出城市环境综合整治和工业污染防治工作，要求各级人民政府、各部委以至各企事业单位根据计划制订实施计划和细则。20世纪90年代初期，我国工业化进程进入第一轮重化工时代，在国家计委指导下，国家环境保护局组织编制了《环境保护十年规划和"八五"（1991—1995年）计划纲要》。"八五"环保计划仍以企业治理"三废"为主，更加注重工业污染防治及城市环境综合整治，提出污染防治从浓度控制转为总量控制，从末端治理转为全过程污染防治。1992年，《中国关于环境与发展问题的十大对策》分布，环境保护指标首次纳入了国民经济和社会发展规划中，明确了编制环境保护规划的硬性要求。

这一阶段，规划编制技术体系更加完善，建立了全国统一的规划技术大纲，明确了计划编制的主导思想、指标体系、主要内容和主要方法。规划实施管理体系逐步完善，规划主要指标分解到省（自治区、直辖市）和计划单列市，确保规划实施落地。

3. 加速发展阶段（1996~2005年）

1996年9月，国务院批复《国家环境保护"九五"计划和2010年远景目标》，成为首个经国务院批准实施的国家环境保护五年计划。"九五"计划进一步强调了经济建设、城乡建设与环境建设同步规划、同步实施、同步发展的战略方针，并在国民经济和社会发展规划中单列可持续发展环保目标。同时，全国实行污染防治与生态保护并重方针，制定了《"九五"期间全国主要污染物排放总量控制计划》和《中国跨世纪绿色工程规划》两大文件，实现了环境保护规划的新突破。2001年12月，《国家环境保护"十五"计划》获国务院批复。计划坚持环境保护基本国策走可持续发展道路，以改善环境质量为目标，以流域、区域环境区划为基础，突出分类指导，要求继续重点抓好"三河（淮河、辽河、海河）、三湖（太湖、滇池、巢湖）、两控区（二氧化硫控制区和酸雨控制区）"等"九五"期间确定的环境保护重点区域的污染防治工作。

这一阶段，国家环境保护规划体系进一步发展。规划编制和实施更加注重目标指标与任务的科学性、可达性，强调实施污染物排放总量控制，重视环境容量与污染物排放总量之间的关系，充分考虑环境问题的复杂性、环境质量的变化趋势以及经济社会发展水平。此外，在2000年国家启动了生态省、市、县建设，全面推动生态文明建设改革任务。

4. 转型跨越阶段（2006~2015年）

这一阶段，我国经济高速增长，重工业加快发展，党和国家首次把建设资源节约型与环境友好型社会确定为国民经济及社会发展中长期发展的战略任务。"十一五"国家五年环保计划更名为环境保护规划，并第一次以国务院印发形式颁布。规划将污染防治作为环保工作的重中之重，从传统的GDP（国内生产总值）增长和总量平衡计划转向更加注重区域协调发展和空间布局、发展质量的规划。规划更加强调环境要素导向，提出了环境约束性指标，从而加强了对政府的刚性约束作用，更加强调规划的实施评估和考核，并首次开展了国家五年环境保护规划的中期评估。国家环境保护"十二五"规划进一步突出科学发展，强调污染物排放总量控制与环境质量改善并重，以加快转变经济发展方式为主线，设置"削减排放总量-改善环境质量-防范环境风险-环境公共服务"四大战略任务统御全局，主要污染物排放总量控制指标在"十一五"两项指标的基础上，拓展为化学需氧量、二氧化硫、氨氮、氮氧化物等四项污染物排放总量控制指标。

这一时期，环境保护规划中逐步引入循环经济、绿色经济、低碳经济等理论，环境规划方法在环境保护规划中得到应用，同时大量集成地理信息系统（GIS）与不同情景方案的环境保护规划不断涌现，为环境保护规划提供了综合展示平台。

5. 开创新篇阶段（2016年至今）

2012年，党的十八大报告提出"把生态文明建设放在突出地位，融入经济建设、政治建设、文化建设、社会建设各方面和全过程，努力建设美丽中国，实现中华民族永续发展"。2017年，党的十九大将"建设美丽中国"写入社会主义现代化强国目标。2018年，全国第八次生态环境保护大会上，正式确立了习近平生态文明思想，这是在我国生态环境保护历史上具有重要里程碑意义的重大理论成果，为生态环境保护规划编制提供了思想指引和实践指南。2020年，党的十九届五中全会进一步丰富了"建设美丽中国"内涵，提出到2035年基本实现美丽中国的建设目标。同时，秉持人类命运共同体理念，共建清洁美丽世界，在国际层面上宣布2030年前碳达峰和2060年前碳中和目标，对规划编制工作提出了新的要求。

2022年，党的二十大报告明确指出，中国式现代化是人与自然和谐共生的现代化，尊重自然、顺应自然、保护自然是全面建设社会主义现代化国家的内在要求。必须牢固树立和践行"绿水青山就是金山银山"的理念，站在人与自然和谐共生的高度谋划发展。这些内容也对规划编制工作提出了新的要求。

这一阶段，进一步统筹生态与环境两个方面，将"十三五"规划名称由"环境保护规划"改为"生态环境保护规划"。与以往五年规划不同，"十三五"规划是习近平总书记提出新发展理念后制定的第一个五年规划，规划将绿色发展和改革作为重要任务进行部署，强调绿色发展与生态环境保护联动，坚持从发展的源头解决生态环境问题。同时为积极弘扬落实"绿水青山就是金山银山"理念（简称"两山"理念），各地主动探索"两山"理念规划编制实践。

我们国家经过多年的探索、发展与完善，形成了以中长期生态环境综合规划为引领，以环境要素规划、重点领域规划、战略区域规划为支撑，由国家、省、市、县各级规划共同组成的"四级四类"的生态环境规划体系（图1-1）。四级是指"国家-省-市-县"纵向规划体系，四类是指"五年生态环境综合规划为引领，生态环境要素规划、重点领域规划、重大战略区域规划为支撑"的横向规划体系。国家生态环境规划对全国的生态环境保护工作起指导性作用，各省、市、县要依据国家生态环境规划提出的奋斗目标和要求，结合实际情况编制本地区的生态环境规划，并加以贯彻和落实。在强调生态优先、绿色发展的今天，"为了环境"而规划的环境规划，应作为社会经济发展类规划的基础性规划而非专项规划，环境规划所确定的目标、原则和要求应为社会经济发展类规划提供编制与决策的依据。

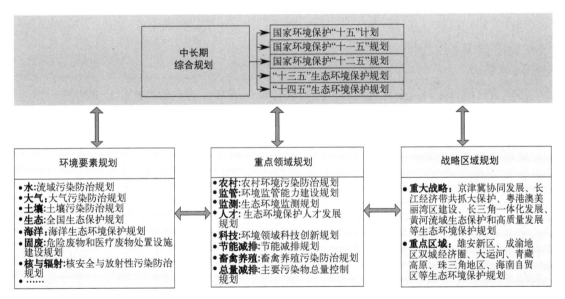

图1-1 近20年形成的生态环境规划体系示意图
（生态环境要素规划和重点领域规划可合并称为生态环境专项规划）

二、环境管理

（一）环境管理的概念

在1972年联合国人类环境会议上人们开始讨论经济发展与环境问题的关系，此次会议通过了《人类环境宣言》报告。《人类环境宣言》中首次提出"保护和改善人类环境是关系到全世界各国人民的幸福与经济发展的重要问题,也是全世界各国人民的迫切希望和各国政府的责任"。《环境科学大辞典》提出,环境管理有两种含义:从广义上讲,环境管理指在环境容量允许下,以环境科学的理论为基础,运用技术的、经济的、法律的、教育和行政的手段,对人类的社会经济活动进行管理;从狭义上讲,环境管理指管理者为了实现预期的环境目标,对经济、社会发展过程中施加给环境的污染和破坏性影响进行调节与控制,实现经济效益、社会效益和环境效益的统一。

环境管理首先是对人的管理,主要是解决次生环境问题,即由人类活动造成的各种环境问题。环境管理是国家管理的重要组成部分,涉及社会经济生活的各个领域,其管理内容广泛而复杂。

(二)环境管理的特征

1. 整体性

人的经济行为系统与环境系统的运动变化是密切联系的,而且各个子系统以及子系统的各组分之间也是密切联系的。同时,环境管理学还把社会经济行为植根于人类社会发展行为大系统之中,研究它们之间的相互关系、作用与影响。

2. 综合性

由于环境问题的复杂性,对管理方案设计、目标优化等,都要从多层次、多因素、多目标方面来考虑,进行综合分析和综合决策。此外,实施环境管理的手段、方法、政策以及对策措施等也具有多维性和综合性。

3. 战略性

环境管理学以可持续发展为核心,是实现持续发展目标的重要管理途径和方法,因此,它的许多研究内容都带有战略性的问题。例如,经济行为与环境响应的关系研究、环境与发展战略研究等。这些问题处理是否得当,会影响到经济、社会发展进程与环境保护的全局以及子孙后代的长远利益。

4. 实用性

环境管理学是一门既有很强的理论性,又有很强实用性的环境科学新分支。实用性主要表现在它是伴随着人类生产活动的发展而出现的。从某种意义上说,它是研究解决当代环境问题的有效途径和技术措施,是通过调节和控制经济发展与环境保护的关系,促进协调、稳定、持续发展的一门实用科学。

(三)环境管理思想的发展

环境管理思想和方法的演变历程是同人们对于环境问题的认识过程联系在一起的,所以,从这个角度看,环境管理的思想与方法大致经历了以下三个阶段。

1. 环境问题作为技术问题,以治理污染为主要管理手段

这一阶段大致从20世纪50年代末到70年代末。最初人们直接感受到的环境问题主要是"公害"问题即局部的污染问题,如河流污染、城市空气污染等。这时,人们认为这是一个可通过发展技术得到解决的单纯的技术问题。因此,这个时期环境管理的原则是"谁污

染、谁治理"，实质上只是环境治理，环境管理成了治理污染的代名词。我国成立的环境管理机构名称为"三废"治理办公室；针对某一单项环境要素或某一类污染问题，颁布了一系列的防治污染的法令条例，目前的环境保护法律主要是在这一时期所创立的；致力于研究开发治理污染的工艺、技术和设备；各个学科分别从不同的角度研究污染物在环境中的迁移扩散规律、污染物对人体健康的影响以及污染物的降解途径等。这些工作虽然对减轻污染、缓解环境与人类之间的尖锐矛盾起了很大的作用，但由于没有从杜绝产生环境问题的根源入手，并没能从根本上解决环境问题。另外，新污染源又不断地出现，治理污染成了国家财政的巨大负担。

2. 环境问题作为经济问题，以经济刺激为主要管理手段

这一时期大致从20世纪70年代末到90年代初。随着时间的推移，其他环境问题诸如生态破坏、资源枯竭等也都陆续凸显出来，加之使用末端污染治理的技术手段并没有取得预期的效果，于是人们进一步认识到造成各种环境问题的原因在于经济发展中环境成本外部性问题。因此，开始把保护环境的希望寄托在对经济发展活动过程的管理，于是这一时期环境管理思想和原则就变为"外部性成本内在化"。具体来说，就是通过对自然环境和自然资源进行赋值，使环境污染和破坏的成本在一定程度上由经济开发建设行为担负。这一时期最主要的进步就是认识到自然环境和自然资源的价值，但大量实践表明，经济活动为其固有的运行准则所制约，因而在其原有的运行机制中很难或不可能给环境保护提供应用的空间和地位，对目前的经济运行机制进行微调是不可能从根本上解决环境问题的。

3. 环境问题作为发展问题，以协调经济与环境的关系为主要管理手段

《我们共同的未来》的出版，以及1992年在巴西里约热内卢召开的联合国环境与发展大会上《里约宣言》的公布，标志着人们对环境问题的认识提高到一个新的境界。人们终于认识到环境问题是人类社会在传统自然观和发展观等人类基本观念支配下的发展行为造成的必然结果。要真正解决环境问题，首先必须改变人类的发展观，才能找到从根本上解决环境问题的途径与方法。

现今，人类已经从观念到行为对自身的各方面进行了全面的反思，并在实际操作层次上进行探索，说明人类已经进步到有意识地探索与自然和谐共处道路的阶段，环境管理作为人类自身与自然相沟通的管理手段，必将发挥更大的作用。

三、环境规划与环境管理的关系

1. 规划职能是环境管理的首要职能

环境管理中涉及环境预测、决策和规划的内容。环境预测是环境决策的依据；环境规划是环境决策的具体安排，它产生于环境决策之后；预测是规划的前期准备工作，是使规划建立在科学分析基础上的前提。因此，环境规划是环境预测和决策的产物，是环境管理的重要内容和主要手段。

2. 环境目标是环境规划与环境管理的共同核心

环境目标可根据环境质量保护和改善的需要，采用多种表达形式。环境管理是关于特定环境目标实现的管理活动，而环境规划的核心是围绕着环境目标所做的决策方案。实现共同的环境目标，是环境规划与环境管理的工作核心。

3. 环境规划与管理具有共同的理论基础

从学科领域来说，环境规划属于规划学的分支，环境管理属于管理学的分支，在内容和方法学体系上存在一定的差异。但是从理论基础方面分析，现代管理学、系统工程学和社会伦理学等又是两者共同的基础，同属自然科学与社会科学交叉渗透的跨学科领域。

第二节　新时代下环境规划与管理的战略发展

一、生态文明新时代下环境规划

党中央、国务院 2018 年 11 月以来陆续发布了《统一规划体系更好发挥国家发展规划战略导向作用的意见》和《中共中央、国务院关于建立国土空间规划体系并监督实施的若干意见》。这两个《意见》理顺了规划关系，建立了由统领性的发展规划、基础性的空间规划、支撑性的专项规划和区域规划以及省市县各级规划共同组成的一个规划体系。

发展规划阐明国家战略意图，比如 2035 年基本实现现代化的目标、美丽中国目标，是社会经济发展的蓝图，明确未来规划期间内的政府工作重点，引导规范市场行为。发展规划处于规划体系中的最上位，是其他规划的总遵循。空间规划以空间治理和空间结构优化为主要内容，是实施国土空间用途管制和生态保护修复的重要依据，具有底线、红线的基础性作用。专项规划是指导特定领域发展、布局重大工程项目、合理配置公共资源、引导社会资本投向、制定相关政策的重要依据。

在规划目标上，既要贯彻总体国家安全观，坚守生态环境安全底线和问题导向，又需要满足人民群众对优美环境的需求、对环境质量持续改善的需求、对更好的生态产品与服务的需求。

在环境规划的"空间、总量、准入"核心要素上，通过空间管制，协调及优化生态空间、生活空间和生产空间，构建有利于环境保护的国土空间开发格局；通过总量管控，设定区域（流域）及重点行业污染物排放总量上限，从产能规模、能源与资源消耗、污染物排放总量3个层次推进区域（流域）环境质量改善；通过环境准入，设定区域（流域）产业发展的环境准入条件，推动产业转型升级和促进绿色发展。整体而言，空间管制、总量管控和环境准入是解决资源环境与生态问题的途径及政策工具，对于全面改善环境质量意义重大。通过环境规划确定的空间管制、总量管控和环境准入及相关要求，应作为其他规划编制的依据或应遵从的前提条件。

在环境规划的保障机制上，加强环境规划的"预警＋保障"机制建设。一方面，识别、预警并及时应对各类突发事件，避免全局性、系统性和不可逆的生态环境风险，确保生态安全底线。另一方面，制度体系上，始终坚持节约资源和保护环境的基本国策，完善生态环境管理制度系统；管理体系上，设立国有自然资源资产管理和自然生态监管机构，统筹山水林田湖草系统治理；监督体系上，构建以政府为主导、以企业为主体、社会组织和公众共同参与的环境治理体系，坚决制止和惩处破坏生态环境行为；宣传体系上，加大宣传力度，普及环保知识，推进社区和公众参与；协调制度间的相互作用，形成制度合力，建立并完善持续改善环境的长效机制;通过"为了环境的规划",建立公众-企业-政府之间、中央与地方之间、生态环境与其他相关部门之间、不同地区之间的对话、协作的机制。

二、生态环境管理

在生态文明时代,生态环境管理的对象虽依然是生态问题与环境问题,但已上升到"文明的管理"的高度。以"文明"为对象的新时代生态环境管理不仅包括物质层面,也把生态文化等精神层面的工作提升到新的高度,并包括绿色经济、环境外交、生态健康及生态科技等多视角、全方位的管理。

习近平生态文明思想是中国新时代生态环境管理的重要指导思想,其创新主要体现在四个方面:一是生态系统与生命共同体理论,"山水林田湖草是一个生命共同体",人与自然要和谐共处;二是尊重自然规律理论,"尊重自然,顺应自然,利用自然";三是生态生产力理论,"保护环境就是保护生产力,改善生态环境就是发展生产";四是生态环境与社会经济协同中国生态环境管理范式的解构与重构发展理论,"既要绿水青山,又要金山银山"。由此可见,新时代生态环境管理的主要特点是强调生态环境与社会经济的协调发展,是要守住生态环境和发展两条底线,以建设协调型生态环境美好社会为目标。

生态文明时代的中国生态环境管理以完善生态文明建设的体制机制为重要切入点,党的十六大将生态和谐理念上升到文明的战略高度;党的十七大首次将"生态文明"的概念写入党代会报告,生态文明成为中国现代化建设的战略目标;党的十七届四中全会提出了"五位一体"的总体布局;党的十八大报告对推进生态文明建设做出了全面战略部署,确立了生态文明建设的突出地位,把生态文明建设纳入"五位一体"的总布局;十八届三中全会提出必须建立系统完整的生态文明制度体系;十三届全国人民代表大会第一次会议通过《中华人民共和国宪法修正案》,生态文明正式写入国家根本大法。到了2022年,党的二十大报告指出:"要推进美丽中国建设,坚持山水林田湖草沙一体化保护和系统治理,统筹产业结构调整、污染治理、生态保护、应对气候变化,协同推进降碳、减污、扩绿、增长,推进生态优先、节约集约、绿色低碳发展。"再次明确了新时代中国生态文明建设的战略任务,推动绿色发展,促进人与自然和谐共生。

思考题

1. 简述环境规划的内涵及基本特征。
2. 简述我国生态环境规划的发展历程。
3. 简述环境管理的内涵及特征。
4. 简述环境管理思想的发展阶段。
5. 新时代生态环境管理思想的创新性主要体现在哪些方面?
6. 生态文明新时代下怎样加强环境规划保障机制的建设?

第二章 环境规划与管理的政策法规体系

第一节 环境保护方针政策

一、环境保护方针

1. 环境保护的 32 字方针

1972 年 6 月 5 日~16 日在瑞典首都斯德哥尔摩召开联合国人类环境会议，我国派出代表团参加了此次会议。此后不久，1973 年 8 月国务院召开第一次全国环境保护会议，在这次会议上提出了"全面规划、合理布局，综合利用、化害为利，依靠群众、大家动手，保护环境、造福人民"的 32 字环保工作方针。

这是我国第一个关于环境保护的战略方针。此次会议的召开标志着环境保护在我国开始列入各级政府的职能范围，会议期间制定的环境保护方针、政策和措施，为开创我国的环境保护事业指明了方向，确定了目标和任务。会议之后，从中央到地方及其有关部门都相继建立了环境保护机构，并着手对一些污染严重的工业企业、城市和江河进行初步治理，我国的环境保护工作开始起步。

2. "三同步、三统一"方针

1983 年召开的第二次全国环境保护会议进一步制定出我国环境保护事业的战略方针，即经济建设、城乡建设、环境建设同步规划、同步实施、同步发展，实现经济效益、社会效益和环境效益的统一，即"三同步、三统一"方针，也称为同步发展方针。

本次会议还提出了环境保护是现代化建设中的一项战略任务，是一项基本国策，确定把强化环境管理作为当前工作的中心环节。

3. 可持续发展战略方针

1992 年在巴西里约热内卢召开了联合国环境与发展大会，会议第一次把经济发展与环境保护结合起来进行认识,提出了可持续发展战略。由我国等发展中国家倡导的"共同但有区别的责任"原则,成为国际环境与发展合作的基本原则。联合国环境与发展大会之后,党中央、国务院颁布了《中国关于环境与发展问题的十大对策》,并率先编制了《中国21世纪议程》《中国环境保护行动计划》等纲领性文件,实施可持续发展战略成为我国环境管理的基本指导方针。

4. 环境保护工作的其他方针

随着我国环境保护工作的深入,国务院和各级政府又颁布了一系列方针,以指导我国环境保护工作的开展,见图2-1。

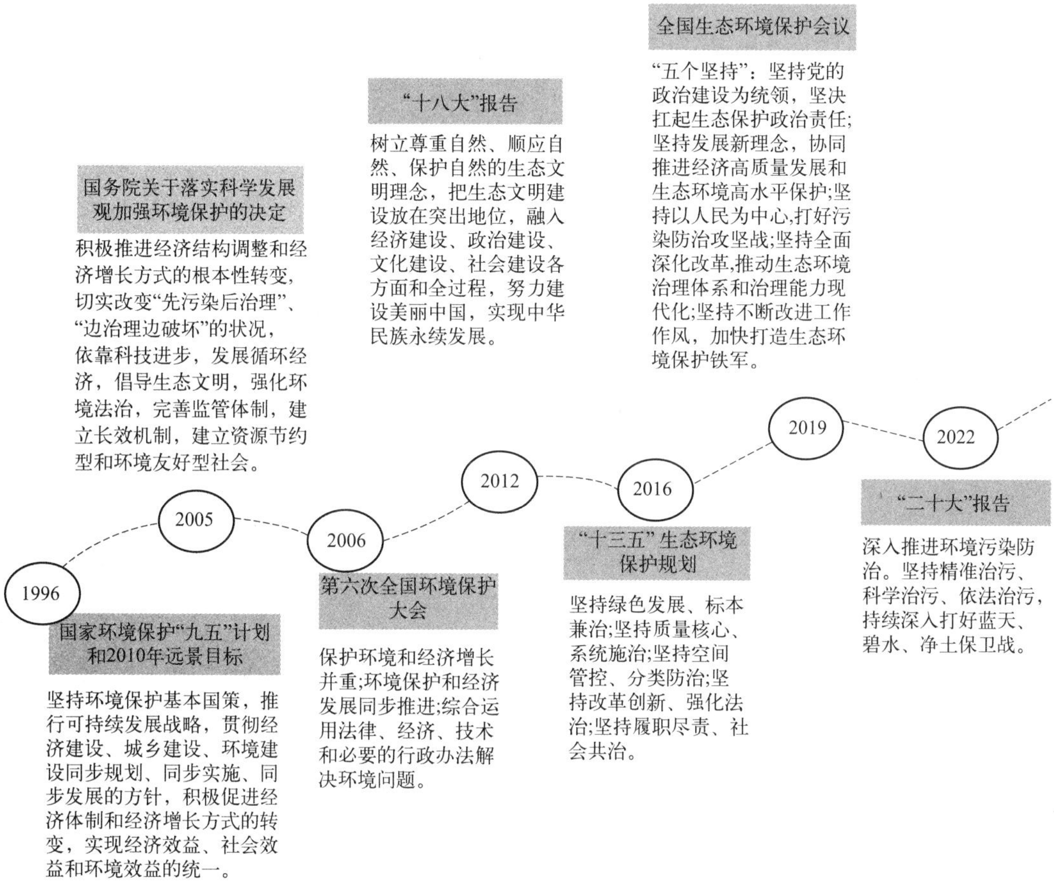

1996 国家环境保护"九五"计划和2010年远景目标
坚持环境保护基本国策,推行可持续发展战略,贯彻经济建设、城乡建设、环境建设同步规划、同步实施、同步发展的方针,积极促进经济体制和经济增长方式的转变,实现经济效益、社会效益和环境效益的统一。

2005 国务院关于落实科学发展观加强环境保护的决定
积极推进经济结构调整和经济增长方式的根本性转变,切实改变"先污染后治理"、"边治理边破坏"的状况,依靠科技进步,发展循环经济,倡导生态文明,强化环境法治,完善监管体制,建立长效机制,建立资源节约型和环境友好型社会。

2006 第六次全国环境保护大会
保护环境和经济增长并重;环境保护和经济发展同步推进;综合运用法律、经济、技术和必要的行政办法解决环境问题。

2012 "十八大"报告
树立尊重自然、顺应自然、保护自然的生态文明理念,把生态文明建设放在突出地位,融入经济建设、政治建设、文化建设、社会建设各方面和全过程,努力建设美丽中国,实现中华民族永续发展。

2016 "十三五"生态环境保护规划
坚持绿色发展、标本兼治;坚持质量核心、系统施治;坚持空间管控、分类防治;坚持改革创新、强化法治;坚持履职尽责、社会共治。

2019 全国生态环境保护会议
"五个坚持":坚持党的政治建设为统领,坚决扛起生态保护政治责任;坚持发展新理念,协同推进经济高质量发展和生态环境高水平保护;坚持以人民为中心,打好污染防治攻坚战;坚持全面深化改革,推动生态环境治理体系和治理能力现代化;坚持不断改进工作作风,加快打造生态环境保护铁军。

2022 "二十大"报告
深入推进环境污染防治。坚持精准治污、科学治污、依法治污,持续深入打好蓝天、碧水、净土保卫战。

图2-1 我国环境保护工作方针

二、环境政策

环境政策是国家为保护环境所采取的一系列控制、管理、调节措施的总和。从内容上看,环境政策包括国家颁布的法律、条例,中央政府各部门发布的部门规章,省人大颁布的地方条例、办法等,其最终目的是保护环境;从范围上看,环境政策包括环境污染防治政策、生态保护政策和国际环境政策。

1. 环境管理的基本政策

(1) "预防为主，防治结合"政策　其基本思想是，在经济开发和建设过程中消除破坏环境的行为，实行全过程控制，从源头解决环境问题，避免或减少末端的污染治理和生态保护需要付出的沉重代价。主要内容包括以下三个方面：一是把环境保护纳入国民经济和社会发展计划之中，这是从宏观层次上贯彻"预防为主"环境政策的先决条件；二是把环境保护与调整产业结构和工业布局、优化资源配置相结合，促进经济增长方式的转变；三是加强建设项目的管理，严格控制新污染物的产生，实行环境影响评价制度和"三同时"制度，大力推行清洁生产。

(2) "谁污染、谁治理"政策　要明确经济行为主体的环境责任，解决环境保护的资金问题。"经济行为主体"既包括生产企业也包括消费者，污染者必须承担和补偿由污染产生的损失以及治理污染所需要的费用。这一政策的具体措施包括通过技术改造防治工业污染，对污染严重的企业实行限期治理，征收排污费和生态破坏补偿费。

(3) "强化环境管理"政策　"强化环境管理"是三大政策的核心。"强化环境管理"的核心地位是由我国国情决定的。我国作为发展中国家，一方面受到资金和技术水平的限制，无法依靠高投入治理污染来改善和保护环境，另一方面我国的许多环境问题由管理不善造成。在这种情况下，通过改善和强化环境管理，可以利用有限的资金有效地解决主要环境问题，同时也有利于引导环境投资有效地发挥作用，提高投资效率。

"强化环境管理"的主要措施包括逐步建立和完善环境保护法规与标准体系，加大执法力度；加强和完善各级政府的环境保护机构及完整的国家与地方环境监测网络；建立健全的环境管理制度。

2. 环境管理的单项政策

在环境保护基本政策的指导下，我国还确立了各个环境保护和生态建设相关领域的单项环境保护政策，使我国环境管理的基本思想、方针和政策得以补充与具体化，这些政策见表2-1。

表2-1　环境管理的单项政策

政策类型	内容
环境技术政策	《危险废物污染防治技术政策》、《燃煤二氧化硫排放污染防治技术政策》、《柴油车排放污染防治技术政策》、《湖库富营养化防治技术政策》、《农村生活污染防治技术政策》、《钢铁工业污染防治技术政策》、《污染源源强核算技术指南》等
环境经济政策	污染防治的经济优惠政策、资源与生态补偿政策、环境保护税收政策等
环境保护产业政策	环境保护产业发展政策；《当前国家鼓励发展的环保产业设备（产品）目录》、《关于加快发展环境保护产业的意见》、《中国环境保护产业协会章程》、《"十四五"节能环保产业发展规划》等。产业结构调整政策；《关于加快推进产能过剩行业结构调整的通知》、《产业结构调整指导目录》等
环境能源政策	《中国的能源状况与政策》（白皮书）、《中国能源发展报告》、《能源工作指导意见》、《中国的能源政策》等

3. 环境政策手段

环境政策作为公共政策的一部分，它所调控的利益主要是与环境保护相关的成本和效益。同其他公共政策相比，环境政策的特点有具体性、费用有效性、适时性以及多样性等。环境问题的多样性和费用有效性决定了环境政策的多样性。而且，随着管理的深入，环境政策手段的选择范围也越来越宽。根据实行环境管理的三大行为主体（政府、企业、公众）及政府直接管制程度，环境政策手段可以分为命令控制型、经济刺激型和鼓励自愿型三类。现有的环境政策手段分类见表 2-2。

表 2-2 环境政策手段的分类

类型	政府	企业	公众
命令控制型	法律、制度、强制性环境标准	—	—
经济刺激型	经济手段、指导性环境标准、绿色科学技术手段	企业绿色技术创新、企业可持续性经营、企业能源资源节约	—
鼓励自愿型	政府环境信息公开、政府环境绩效评估、政府环境表彰和奖励	ISO 14000 环境管理体系、企业环境信息公开、企业环境绩效评估	公众自我管理手段、绿色社区和住宅的倡导、非政府组织手段

一般来说，命令控制型环境政策手段的强制性程度最高，经济刺激型的强制性程度次之，鼓励自愿型的强制性程度最小。但需要说明的是，这三种类型的划分并没有严格的界限。虽然政策手段的实质只有这三类，但由于政策运用的具体环境、对象的多样性，环境政策的种类也是极其多样并富有各地特色的。

第二节 环境保护法律法规体系

我国建立了由法律、国务院行政法规、政府部门规章、地方性法规和地方政府规章、环境标准、环境保护国际条约组成的完整的环境保护法律法规体系，具体结构框架如图 2-2 所示。

一、宪法

宪法在一个国家法律体系中处于最高位阶，它是一个国家的根本大法，任何法律规范都必须首先符合宪法规定。目前，世界上许多国家已经将环境保护写入各自的宪法中，以此作为环境立法、环境行政的依据。我国也将环境保护作为一项国家职责和基本国策在宪法中加以确认。

我国 1982 年宪法 26 条规定，"国家保护和改善生活环境和生态环境，防治污染和其他公害"。这一规定是国家对环境保护的总政策，说明了环境保护是国家的一项基本职责。此外，我国宪法第 9 条、第 10 条、第 22 条、第 26 条中对自然资源和一些重要的环境要素的所有权及其保护也做出了规定。

二、环境保护法律

1. 环境保护基本法

我国环境保护基本法是指《中华人民共和国环境保护法》。1979 年我国制定了第一部综合性环境保护法《环境保护法（试行）》；1989 年颁布了《中华人民共和国环境保护法》

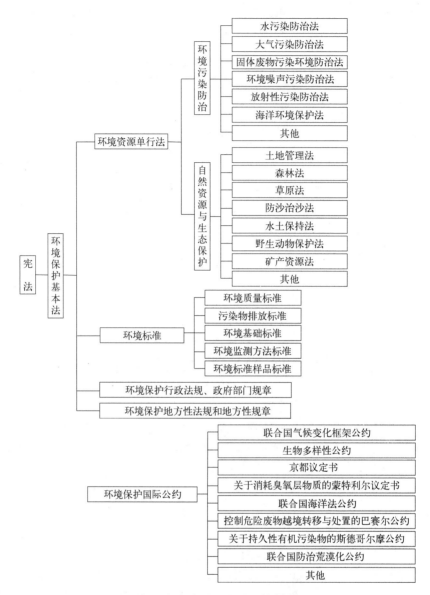

图 2-2 环境保护法律法规体系框架

（以下简称《环境保护法》），该法在 2014 年 4 月 24 日第十二届全国人民代表大会常务委员会上进行了第八次会议修订，自 2015 年 1 月 1 日起实施。

最新修订的环保法共有七章七十条，第一章"总则"规定了环境保护的任务、对象、适用领域、基本原则以及环境监督管理体制；第二章"监督管理"规定了编制环境保护规划的要求和内容，环境标准制定的权限、程序和实施要求，环境监测的管理和状况公报的发布，环境保护规划的拟订，以及建设项目环境影响评价制度、现场检查制度及跨地区环境问题的解决原则；第三章"保护和改善环境"，对环境保护责任制、资源保护区、外来物种的研究、开发和利用生物技术、自然资源开发利用、农业环境保护、海洋环境保护做了规定；第四章"防治污染和其他公害"规定了排污单位防治污染的基本要求，国家鼓励投保环境污染责任保险；第五章"信息公开和公众参与"规定了公开信息、完善公众参与程序；第六章"法律责任"规定了违反本法有关规定的法律责任；第七章"附则"规定了本法的执行时间。

2. 环境资源单行法

环境资源单行法包括环境污染防治法、自然资源与生态保护法。

环境污染防治法，是指所有与预防和减少污染物排放、恢复和治理环境污染有关的法律总称。目前，已制定的涉及环境污染防治的单行法律包括《中华人民共和国水污染防治法》、《中华人民共和国大气污染防治法》、《中华人民共和国固体废物污染环境防治法》、《中华人民共和国土壤污染防治法》、《中华人民共和国环境噪声污染防治法》、《中华人民共和国放射性污染防治法》、《中华人民共和国海洋环境保护法》、《中华人民共和国清洁生产促进法》和《中华人民共和国循环经济促进法》等。

自然资源与生态保护法，是以保护生态系统平衡或防止生物多样性破坏为目的，以一定的自然地域（含区域与流域）野生生物及其生境实行特殊保护并禁止或限制环境利用行为而制定的法律规范的总称，包括《中华人民共和国土地管理法》、《中华人民共和国森林法》、《中华人民共和国草原法》、《中华人民共和国防沙治沙法》、《中华人民共和国水土保持法》、《中华人民共和国野生动物保护法》、《中华人民共和国矿产资源法》、《中华人民共和国水土保持法》等。

三、环境保护行政法规

环境保护行政法规是由国务院制定并公布或经国务院批准有关主管部门公布的环境保护规范性文件。一是根据法律授权制定的环境保护法的实施细则或条例，以及对环境资源保护工作中发现的新领域、新问题所制定的单项法规，如《中华人民共和国水污染防治法实施细则》、《中华人民共和国野生植物保护条例》、《国家突发环境事件应急预案》等；二是针对环境保护的某个领域而制定的条例、规定和办法，如《建设项目环境保护管理条例》、《规划环境影响评价条例》等。

四、政府部门规章

政府部门规章是指国务院环境保护行政主管部门单独发布或与国务院有关部门联合发布的环境保护规范性文件，以及政府其他有关行政主管部门依法制定的环境保护规范性文件。政府部门规章是以环境保护法律和行政法规为依据而制定的，或者是针对某些尚未有相应法律和行政法规调整的领域做出相应规定。

五、环境保护地方性法规和地方性规章

环境保护地方性法规和地方性规章是享有立法权的地方权力机关与地方政府机关依据《中华人民共和国宪法》及相关法律制定的环境保护规范性文件。这些规范性文件是根据本地实际情况和特定环境问题制定的，并在本地区实施，有较强的可操作性。环境保护地方性法规和地方性规章不能同法律、国务院行政规章相抵触。近些年，地方在法规和规章方面不仅数量众多，而且立法质量不断提高。

六、环境标准

环境标准是环境保护法律法规体系的一个组成部分,是环境执法和环境管理工作的技术依据。我国的环境标准从类型上可分为环境质量标准、污染物排放标准、环境基础标准、环境监测方法标准、环境标准样品标准,相关标准具体内容在本书的其他章节介绍。

七、环境保护国际公约

我国缔结和参加的环境保护国际公约、条约与议定书,是我国环境法体系的组成部分,如《保护臭氧层维也纳公约》、《关于消耗臭氧层物质的蒙特利尔议定书》、《联合国防治荒漠化公约》、《生物多样性公约》、《联合国气候变化框架公约》等。这些国际公约与双边协定成为我国环境保护方面的重要法律渊源。

八、环境保护法律法规体系中各层次间的关系

《中华人民共和国宪法》是环境保护法律法规体系建立的依据和基础,法律层次不管是环境保护基本法还是单行法,其中对环境保护的要求,法律效力是一样的。如果法律规定中有不一致的地方,应遵循后法大于先法。

国务院环境保护行政法规的法律地位仅次于法律。部门行政规章、地方环境法规和地方政府规章均不得违背法律与国务院行政法规的规定。地方法规和地方政府规章只在制定法规、规章的辖区内有效。

我国的环境保护法律法规如与参加和签署的国际公约有不同规定时,应优先适用国际公约的规定,但我国声明保留的条款除外。

第三节 环境法律责任

环境法律责任,是指环境法主体因违反其法律义务而应当依法承担的、具有强制性的否定性法律后果,按其性质可以分为环境行政责任、环境民事责任和环境刑事责任三种。

一、环境行政责任

环境行政责任,是指违反环境法和国家行政法规中有关环境行政义务的规定者所应当承担的法律责任,是环境法律责任中最轻的一种。承担责任者既可能是企事业单位及其领导人员、直接责任人员,也可能是外国的自然人、法人。依据承担责任主体的不同可以将环境行政责任分为行政主体的环境行政责任、行政公务人员的环境行政责任、行政相对人的环境行

政责任和行政监督主体的环境行政责任。

对负有环境行政责任者，由各级人民政府的环境行政主管部门或者其他依法行使环境监督管理权的部门根据违法情节给予罚款等行政处罚；情节严重的，有关责任人员由其所在单位或政府主管机关给予行政处分；当事人对行政处罚不服的，可以申请行政复议或提起行政诉讼；当事人对环境保护部门及其工作人员的违法失职行为也可以直接提起行政诉讼。

二、环境民事责任

环境民事责任，是指公民、法人因污染或破坏环境而侵害公共财产或者他人人身权、财产权或合法环境权益所应当承担的民事方面的法律责任。

环境民事责任属于侵权民事责任。对环境民事责任，我国采用的是无过错责任原则，即只要污染和破坏环境的行为给他人的合法权益造成损害，就需承担民事责任，而不管污染和破坏环境的行为是否违法，也不管行为者主观上是否有过错。但无过错责任也有例外，即因不可抗力或受害人、第三人的故意或过失导致损害发生的，有关责任者免于承担责任。

侵权行为人承担环境民事责任的方式主要有停止侵害、排除妨碍、消除危险等预防性救济方式，恢复原状、赔偿损失等补救性救济方式。上述责任方式可以单独适用，也可以合并适用。

追究责任人的环境民事责任时，可以采取以下办法：当事人之间协商解决；由第三人、律师、环境行政机关或其他有关行政机关主持调解；提起民事诉讼；也可以通过仲裁解决，特别是针对涉外的环境污染纠纷。

三、环境刑事责任

环境刑事责任，是指行为人因违反环境法，造成或可能造成严重的环境污染或生态破坏，构成犯罪时应当依法承担的以刑罚为处罚方式的法律责任。

构成环境犯罪是承担环境刑事责任的前提条件。与其他犯罪一样，构成环境犯罪、承担环境刑事责任的要件包括犯罪主体、犯罪的主观方面、犯罪的客体和犯罪的客观方面。

环境犯罪的主体是指从事污染或破坏环境的行为，具备承担刑事责任的法定生理和心理条件或资格的自然人或法人。环境犯罪的主观方面是指环境犯罪主体在实施危害环境的行为时对危害结果发生所具有的心理状态，包括故意和过失两种情形。环境犯罪的客体是受环境刑法保护而为环境犯罪所侵害的社会关系，包括人身权、财产权和国家保护、管理环境资源的秩序等。环境犯罪的客观方面是环境犯罪活动外在表现的总和，包括危害环境的行为、危害结果以及危害行为与危害结果间的因果关系。

思考题

1. 说明我国环境保护法律法规体系的构成以及各层次间的关系。

2. 什么是环境政策？环境政策手段有哪些？

3. 什么是环境法律责任？通过查阅资料收集相关案例，分析案例中相关人员应承担的法律责任。

江苏省苏州市胡某某等人跨省非法倾倒填埋酸洗污泥污染环境罪

拓展阅读

第三章

环境规划与管理的理论和技术方法

环境本身是一个由社会经济、自然组成的复杂系统，环境规划与管理的工作必须借助相关学科的理论支持，结合多学科进行综合研究。其中可持续发展理论、生态学原理是环境规划与管理的重要基础理论；经济学理论、环境承载力理论揭示了环境与经济社会协调发展的关系；人地系统理论、系统科学理论为环境规划和管理工作提供了重要的方法学支撑。

第一节 环境规划与管理的理论基础

一、可持续发展理论

（一）可持续发展的定义

可持续发展最初是由发达国家提出来的，由于可持续发展涉及自然、环境、社会、经济、科技、政治等诸多方面，因此研究者所站的角度不同，对可持续发展的描述也有所区别，大致归纳如下。

1991年，世界自然保护联盟、联合国环境规划署、世界野生生物基金会在共同发表的《保护地球——可持续性生存战略》中，从社会科学的角度把可持续发展理解为"在生存不超出维持生态系统涵容能力的情况下，改善人类的生活品质"；从经济学角度，世界银行在1992年《世界发展报告》中指出，可持续发展是指建立在成本效益比较和审慎的经济分析基础上的发展与环境政策，加强环境保护，从而导致福利的增加和可持续水平的提高；从生态学角度，美国景观生态学家 R. Forman 认为，可持续发展是寻找一种最佳的生态系统和土地利用的空间构型，以支持生态的完整性和人类愿望的实现，使一个环境的持续性达到最大；从地理学角度，地理学家强调的是区域可持续发展，并认为可持续发展的核心是人地关系的研究；在自然科学领域，更多的学者倾向于世界资源研究所在1992年提出的定义，即"可持续发展就是建立极少产生废料和污染的工艺或技术系统"。上述关于可持续发展的定义，反映了人们从不同方面、不同层次对可持续发展的探索和理解，是人们在一定阶段上认识可持续发展的理论成果。

目前引用最广泛的是 1987 年联合国世界环境与发展委员会在《我们共同的未来》报告中的定义，即可持续发展是"既能满足当代人的需要，又不对后代人满足其需要的能力构成危害的发展"。这一概念表达了三个基本观点：一是"需求"，尤其是指世界上贫困人口的基本需求，应将这类需求放在特别优先的地位来考虑；二是"限制"，是指技术状况和社会组织对环境满足眼前与将来需要的能力所施加的限制；三是"平等"，即各代之间的平等以及当代不同地区、不同人群之间的平等。

（二）可持续发展的内涵

可持续发展的总目标是使全体人民在经济、社会和公民权利的需要与欲望方面得到持续提高。它首先是从环境保护角度来倡导保持人类社会的进步与发展，它号召人们在增加生产的同时，必须注意生态环境的保护与改善。

可持续发展的内涵有两个最基本的层面，即发展与持续性。发展是前提、是基础，持续性是关键。没有发展，也就没有必要去讨论是否可持续了；没有持续性，发展将无法稳定地进行。

发展应从两个方面来理解：第一，它至少应含有人类社会物质财富的增长，经济增长是发展的基础；第二，发展应以所有人的利益增进为标准，以追求社会全面进步为最终目标。

持续性也有两个方面的含义：第一，自然资源的存量和环境的承载能力是有限的，这种物质上的稀缺性与经济上的稀缺性相结合，共同构成经济社会发展的限制条件；第二，在经济发展过程中，当代人不仅要考虑自身的利益，还应该重视后代人的利益，即要兼顾各代人的利益，要为后代发展留有余地。

可持续发展是发展与可持续的统一，两者相辅相成，互为因果。放弃发展，则无可持续可言，只顾发展而不考虑可持续，长远发展将丧失根基。可持续发展战略追求的是近期目标与长远目标、近期利益与长远利益的最佳兼顾，经济、社会、人口、资源、环境的全面协调发展。可持续发展涉及人类社会的方方面面，走可持续发展之路，意味着社会的整体变革，包括社会、经济、人口、资源、环境等诸多领域在内的整体变革。

一个国家的可持续发展程度取决于以下几个方面：第一，绝对贫困、收入分配不公平程度、就业水平、教育、健康及其他社会和文化服务的性质与质量是否有了改善；第二，个人和团体在国内外是否受到更大的尊重；第三，人们的选择范围是否扩大。

（三）可持续发展的基本思想

1. 可持续发展鼓励经济增长，并不是否定经济增长，而是要改变经济增长的方式

可持续发展强调经济增长的必要性，必须通过经济增长提高当代人的福利水平，增强国家实力和社会财富。但可持续发展不仅要重视经济增长的数量，更要追求经济增长的质量。这就是说经济发展包括数量增长和质量提高两部分，数量的增长是有限的，而依靠科学技术进步，提高经济活动中的效益和质量才是可持续的。

可持续发展要求重新审视如何实现经济增长，必须审计使用能源和原料的方式，改变传统的以"高投入、高消耗、高污染"为特征的生产模式和消费模式，实施清洁生产和文明消费，从而减少每单位经济活动造成的环境压力。环境退化的原因产生于经济活动，其解决的主要办法也必须依靠经济过程。

2. 可持续发展的标志是资源的永续利用和良好的生态环境

经济和社会发展不能超越资源与环境的承载能力。可持续发展以自然资源为基础，同生态环境相协调。它要求在严格控制人口增长、提高人口素质、保护环境、资源永续利用的条件下，进行经济建设，保证以可持续的方式使用自然资源和环境成本，使人类的发展控制在地球的承载力之内。可持续发展强调发展是有限制条件的，没有限制就没有可持续发展。要实现可持续发展，必须使自然资源的耗竭速率低于资源的再生速率，必须通过转变发展模式从根本上解决环境问题。如果经济决策中能够将环境影响全面系统地考虑进去，这一目的是能够达到的。但如果处理不当，环境退化和资源破坏的成本就非常大，甚至会抵消经济增长的成果而适得其反。

3. 可持续发展的目标是谋求社会的全面进步

可持续发展的观念认为，世界各国的发展阶段和发展目标可以不同，但发展的本质应当包括改善人类生活质量，提高人类健康水平，创造一个保障人们平等、自由、教育和免受暴力的社会环境。这就是说，在人类可持续发展系统中，经济发展是基础，自然生态保护是条件，社会进步才是目的。而这三者又是一个相互影响的综合体，只要社会在每一个时间段内都能保持经济、资源和环境的协调，这个社会就符合可持续发展的要求。

（四）可持续发展的基本原则

可持续发展具有十分丰富的内涵。就其社会观而言，主张公平分配，既满足当代人又满足后代人的基本需求；就其经济观而言，主张建立在保护地球自然系统基础上的持续经济发展；就其自然观而言，主张人类与自然和谐相处。

1. 公平性原则

所谓公平是指机会选择的平等性。可持续发展的公平性原则包括两个方面：一是本代人的公平即代内之间的横向公平。可持续发展要满足所有人的基本需求，当代世界贫富悬殊、两极分化的状况完全不符合可持续发展的原则。因此，要给世界各国以公平的发展权、公平的资源使用权，要在可持续发展进程中消除贫困。各国拥有按本国的环境与发展政策开发本国自然资源的主权，并负有确保在其管辖范围内或在其控制下的活动不致损害其他国家或在各国管理范围以外地区的环境责任。二是代际间的公平即世代的纵向公平。人类赖以生存的自然资源是有限的，当代人不能因为自己的发展与需求而损害后代人满足其发展需求的条件，要给后代人以公平利用自然资源的权利。

2. 持续性原则

可持续发展有许多制约因素，其主要限制因素是资源与环境。资源与环境是人类生存和发展的基础及条件，离开了这一基础及条件，人类的生存和发展就无从谈起。因此，资源的永续利用和生态环境的可持续性是可持续发展的重要保证。人类发展必须以不损害维持地球生命的大气、水、土壤、生物等自然条件为前提，必须充分考虑资源的临界性，必须适应资源与环境的承载能力。换言之，人类需要根据持续性原则调整自己的生活方式，确定自身的消耗标准，而不是盲目地、过度地生产和消费。

3. 共同性原则

可持续发展关系到全球的发展。尽管不同国家的历史、经济、文化和发展水平不同，可持续发展的具体目标、政策和实施步骤也各有差异，但是公平性和可持续性原则是一致的，并且要实现可持续发展的总目标，必须争取全球共同的配合行动，这是由地球整体性和相互依存性所决定的。因此，致力于达成既尊重各方的利益，又保护全球环境与发展体系的国际协定至关重要。

（五）可持续发展与环境规划管理

可持续发展思想正在改变人们的价值观和分析方法，其思想是建立人类与自然的命运共同体，实现人与自然的协调发展。这要求在环境保护中把长远问题和近期问题结合起来考虑。环境保护是可持续发展的一个中心问题，可持续发展思想正在深刻地影响着环境规划和管理的方式选择、时间安排与分析方法等方面。

为此，以自然资源永续利用为前提的可持续发展模式已被提出：对于可再生资源，要求人类在进行资源开发时，必须在后续时段中，使资源的数量和质量至少达到目前的水平；对不可再生资源，要求人类在逐渐耗尽现有资源之前，必须找到能够替代的新资源。应根据可持续发展原则，制定出相应的环境规划利用技术、方法及环境管理原则。

二、生态学原理

生态学的基本原理是环境规划与管理的重要理论基础，多年环境规划与管理工作取得的成果亦大多来自对生态学规律认识的进步。例如我国著名生态学家马世骏提出的复合生态系统理论，美国环境学家米勒（George T. Miller）提出了生态学三定律。本小节主要对生态学三定律和复合生态系统理论在环境规划与管理中的应用进行介绍。

（一）生态学三定律

1. 极限性原理

米勒的生态学第一定律表述为：任何行动都不是孤立的，对自然界的任何侵犯都具有无数效应，其中许多效应是不可逆的，该定律可称为极限性原理或多效应原理。生态环境系统中的一切资源都是有限的，对于污染和破坏带来的影响，生态环境系统也只有一定限度的承受能力。如果超过这个限度，就会使自然系统失去平衡稳定的能力，引起质量上的衰退，并造成严重的后果。因此，人类对环境资源的开发利用，必须维持自然资源的再生功能和环境质量的恢复能力，不允许超过生物圈的承载能力或容许极限。在进行环境规划与管理时，应根据极限性原理，对环境容量和环境承载力等环境系统中各因素的功能限度进行分析。

（1）环境容量　环境容量是一个复杂的反映环境净化能力的量，其数值应能表征污染物在环境中的物理、化学变化及空间机械运动性质。也就是说，环境容量是指某环境单元给定环境功能区目标和环境质量目标下所允许承纳的污染物质的最大数量。

环境容量由基本环境容量和变动环境容量两部分组成。基本环境容量也称稀释容量，可以通过环境质量标准减去环境本底值求得。变动环境容量也称自净容量，是指该环境单元的自净能力。合理利用生态环境的稀释容量和自净容量，对防治环境污染有重要的意义。

在环境规划与管理方案制定过程中，人们认识到，将环境这样一个复杂的系统作为一个容纳废弃物的"容器"，显然是不合适的。环境容量应是一个系统性的、与人类社会行为息息相关的动态变化量。环境容量的概念表述了环境容纳污染物的能力，但这只是环境功能的一部分。除此之外,环境还为人类提供生存和发展所必需的资源、能源,为人类提供各种精神财富和文化载体。所以,环境对人类社会的支持作用远大于环境容量这一概念的内涵。

(2)环境承载力 环境承载力是指某一时刻环境系统所能承受的人类社会、经济活动的能力阈值。环境承载力是环境系统功能的外在表现,即环境系统具有依靠能流、物流和负熵流来维持自身稳态,有限地抵抗人类系统的干扰并重新调整自组织形式的能力。由于环境系统的组成物质在数量上有一定的比例关系、在空间上有一定的分布规律,它对人类活动的支持能力有一定的限度。环境承载力是描述环境状态的重要参数之一,即某一时刻的环境状态不仅与环境自身的运动状态有关,还与人类作用有关。环境承载力反映了人类与环境相互作用的界面特征,是研究环境与经济是否协调发展的重要判据。

若将环境承载力(EBC)看成是一个函数,它至少应该包含三个自变量,即时间(T)、空间(S)和人类经济行为的规模与方向(B):

$$EBC = F(T, S, B)$$

说明在一定的时刻、一定的区域范围内,环境承载力随着人类经济行为规模和方向的变化而变化。

环境承载力既不是一个纯粹描述自然环境特征的量,也不是一个描述人类社会的量,它与环境容量是有区别的。环境容量是指某区域环境系统对该区域发展规模及各类活动要素的最大容纳阈值。这些活动要素包括自然环境的各种要素(大气、水、土壤、生物等)和社会环境的各种要素(人口、经济、建筑、交通等)。环境容量侧重于反映环境系统的自然属性,即内在的自然禀赋和性质;环境承载力则侧重于体现和反映环境系统的社会属性,即外在的社会禀赋和性质,环境系统的结构和功能是其承载力的根源。在科学技术和社会关系发展的一定阶段,环境容量具有相对的确定性、有限性,而一定时期、一定状态下的环境承载力也是有限的,这是两者的共同之处。

环境规划的目标就是在环境承载力范围之内制定经济社会发展的最优政策,提供环境与社会经济相协调的最优发展方案,使人类的社会经济行为与相应的环境状态相匹配,使作为人类生存、发展基础的环境在发展过程中得到保护和改善。在环境规划编制过程中,无论是对环境形势的分析,还是对未来环境的预测、制定环境规划目标、提出产业发展布局方案等,都必须考虑当地的环境承载力水平。

2. 生态链原理

米勒的生态学第二定律表述为:每一种事物都与其他事物相互联系和相互交融,该定律可称为生态链原理或相互联系原理。按照生态学第二定律的原理,模仿生态系统物质循环和能量流动的规律重构系统,推行循环经济模式,研究现代工业系统运行机制的思想,是环境规划与管理的重要理论基础,该定律在环境规划与管理中的重要应用是建立生态工业园。

生态工业园是一种工业系统,它有计划地进行原材料和能源的交换,寻求能源和原材料使用的最小化、废物最小化,建立可持续的经济、生态和社会关系。我国环保部门把生态工业园定义为,依据清洁生产要求、循环经济理念和工业生态学原理而设计建立的一种新型工业园区。它通过物流和能流传递等方式把不同工厂与企业连接起来,形成共享资源和互换副产品的产业共生组合,使一家工厂的废物或副产品成为另一家工厂的原料或能源,模拟自然系统,在产业系统中建立"生产者—消费者—分解者"的循环途径。

3. 生物多样性原理

米勒的生态学第三定律表述为:人类生产的任何物质均不应对地球上自然的生物地球化学

循环有任何干扰,该定律可称为生物多样性原理或勿干扰原理。生物多样性原理对环境规划与管理提出了转变人类观念和调整人类行为的基本任务,而这种观念和行为的改变取决于对人与自然关系的重新认识。因此,与自然和谐相处的环境伦理成为环境价值观的基础。其中生命中心主义、地球整体主义和代际均等的环境伦理观是环境伦理学中比较有代表性的观点。

(二)复合生态系统理论

复合生态系统包括人的栖息劳作环境(如地理环境、生物环境、构筑物设施环境)、区域生态环境(包括原材料供给的源、产品和废弃物消纳的汇及缓冲调节的库)、文化环境(包括体制、组织、文化、技术等)以及作为主体的人。复合生态系统模型见图 3-1。复合生态系统理论认为虽然社会、经济和自然是三个不同性质的系统,都有各自的结构、功能及其发展规律,但它们各自的存在和发展受其他系统结构、功能的制约。此类复杂问题显然不能只单一地被看成是社会问题、经济问题或自然生态问题,而是若干系统相结合的复杂问题,我们称其为社会-经济-自然复合生态系统问题。

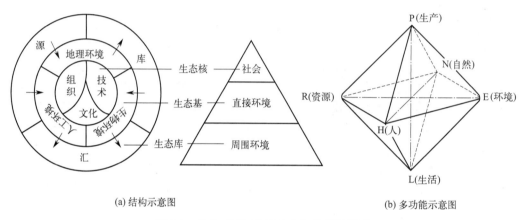

图 3-1　社会-经济-自然复合生态系统模型

研究了解一个区域的复合生态系统,对本区域的环境规划与管理有深刻的指导作用,主要体现在以下两个方面。

(1) 自然子系统对环境规划与管理的指导作用　自然环境是环境演变的基础,也是人类生存发展的重要条件,它制约着自然过程和人类活动的方式与程度。自然环境的结构、特点不同,人类利用自然发展生产的方向、方式和程度亦有明显差异,人类活动对环境的影响方式和程度,以及环境对于人类活动的适应能力、对污染物的降解能力也随之不同。同时,由于现代科学技术的发展,人类能够在很大限度上能动地改造自然,改变原来自然环境的某些特征,形成新的环境。在自然环境的基础上叠加社会环境的影响,形成不同于自然环境的演化方向。因而必须综合研究区域的复合生态系统,从而研究其区域特征和区域差异,寻求环境规划与管理的方法,使制定的环境规划与管理的方法符合当地社会经济发展规律,有利于区域环境质量状况的实质性改观。

(2) 社会、经济子系统对环境规划与管理的指导作用　在复合生态系统中,社会、经济、自然三个子系统是互相联系、互相制约的,且总是在不断地动态发展之中。因此,环境规划与管理必须考虑到社会和经济的发展方向及发展速度。如果随着社会和经济的发展速度的调整而环境规划与管理方案未能作出相应调整,那么环境规划与管理方案会与实际情况相差太远而失去意义。

三、人地系统理论

人地系统是地球表层上人类活动与地理环境相互作用形成的开放的复杂巨系统,由人类社会系统和地球自然物质系统组成。人类社会系统是人地系统的调控中心,决定人地系统的发展方向和具体面貌;地球自然物质系统是人地系统存在和发展的物质基础与保障。两个系统之间存在着双向反馈的耦合关系。人地系统的理论研究是区域可持续发展实践应用的基础,也是环境规划与管理的基础理论之一。如何让人类活动区域与自然系统共生,使现代城市人能感受自然的过程,是塑造和谐人地关系的基本条件。人地系统研究的中心目标是要从空间结构、时间过程、组织序变、整体效应、协同互补等方面去认识和寻求全球的、全国的或区域的人地关系系统的整体优化、综合平衡及有效调控的机理,最终协调人地之间的关系。

(一)人地系统的反馈控制理论

控制论是研究如何控制系统发展的一门科学。环境规划是控制环境系统朝着人们预期目标发展的科学。所以,控制论对环境规划有十分重要的指导意义。

1. 系统控制的原理

一个系统的运动就是系统状态的一系列变换,控制论主要是研究如何校正系统在运行中与人们预期目标产生的偏差。这一系列过程由系统比较单元、控制单元以及输入和输出共同完成。

2. 人地系统反馈控制过程

人地系统是一个复杂的巨系统,其内部的作用机制往往是不明确的,各要素之间的关系是难以定量描述的,信息参数也有很多是未知的。因此,可把它视为一个灰色系统。人地系统调控是对该灰色系统进行控制,求得该系统的动态平衡的过程。

一个区域的自然资源条件、环境质量状况、经济发展状况相当于控制过程中的初态,调控目标对应于控制过程中的终态,调控目标的实现过程即人地系统在反馈机制的作用下,从初态到终态的转化,是沿着最佳路径实现最佳结构,与控制过程中的被控系统从初态到终态的最优控制相对应。

人地系统在区域的社会、经济、资源状况以及反馈机制的影响下(输入),发生了变化(输出),其中由于客观条件的突变,可能会出现随机的干扰,使人地系统的变化超出正常的轨道,通过对人地系统状态的监测,找出差异,并反馈给调控方案的制订与实施过程,或修改方案,或消除干扰,使人地系统不断地接近调控目标,见图3-2。

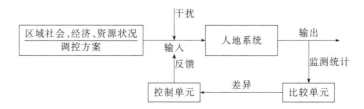

图 3-2 人地系统控制过程

(二) 人地系统的协调共生理论

1. 协调共生的耗散结构理论原理

根据热力学第二定律，人地系统遵循熵变方程：

$$dS = dS_i + dS_e$$

式中　dS_i——人地系统的熵产生，$dS_i \geq 0$；

　　　dS_e——人地系统与环境之间的熵交换引起的熵流，其值可正可负可为零；

　　　dS——人地系统的熵变，可以衡量人地关系状态的变化。

三者之间的关系见表 3-1。

表 3-1　dS_i、dS_e 和 dS 的关系

dS	dS_i 和 dS_e	特征
<0	$\|dS_e\| > dS_i$	dS_e 越大，dS 越小，负熵流的输入量抵消了系统内部熵产生后有盈余，人地系统协调共生的有序度增加
=0	$\|dS_e\| = dS_i$	说明系统外的负熵流与系统内的熵产生总量相等，人地系统协调共生的有序度不变
>0	$dS_i > 0, dS_e \geq 0$	两种情况表明人地系统负熵流未输入或输入的量小于系统内熵产生量，则人地系统协调共生的有序度降低，人地关系朝着失调的方向发展
	$dS_i > 0, \|dS_e\| < dS_i$	

$dS<0$ 的协调共生型、$dS>0$ 的人地冲突型、$dS=0$ 的警戒型及人地关系不确定的混沌型

2. 协调共生的理论内涵

人地系统的协调共生，一方面要顺应自然规律，充分合理地利用地理环境；另一方面要对已经破坏的不协调人地关系进行调整，具体表现在以下几个方面。

① 协调的目标是一个由多元指标构成的综合性战略目标。社会经济必须发展，但要把改善生态条件、合理利用自然资源、提高环境质量以及由此涉及的生态、社会指标都纳入社会经济发展的指标体系中，从而构成一个多元指标组合而成的综合性发展战略目标。

② 应采取经济发展与生态环境建设相结合的同步发展模式。人们要正确处理经济发展和生态环境建设之间的辩证关系。发展经济是主导，因为只有经济得到快速、健康、稳步发展，才可能为环境的改善和治理提供必要的资金、技术，从而提高人类保护环境的能力。发展经济也必须重视生态环境建设，以生态系统的总体制约为限度。保护生态环境是为了更好地发展经济，二者是相互促进、相辅相成的。只有这两个方面的优化都同时、同等、同步、同效地满足特定发展阶段的要求，才能说经济发展是成功的和可取的。

③ 合理开发区域自然资源，使其达到充分和永续利用。资源是经济发展的物质基础，人类对资源的利用，应在利用与保护、消费与增值的统一中进行。现代人地关系协调论认为，保护资源就是保护生产力，在经济发展中必须考虑不同性质的自然资源的特殊性，采取有利于维护自然资源总体使用价值的开发、利用方式。并且创造有益于自然资源再生产的条件，合理利用可更新资源，科学利用不可更新资源，因地制宜，取长补短，使其充分永续地利用。

④ 整治生态环境，使生态系统实现良性循环。人类在社会经济活动中所需要的物质和能量，都是直接或间接地来自生态环境系统。人类对生态环境的干预和影响，不能超越生态环境系统自我调节机制所允许的限度，即使超过了生态环境容量，也不能听之任之，必须积

极采取措施，整治生态环境，引导生态环境实现良性循环。

（三）人地系统和环境规划与管理的关系

1. 系统理论对环境规划与管理的启示

环境规划与管理的过程实质上就是信息的获取、计量、传输、存储、处理、控制、加工利用和表达的过程。在环境规划的制订与管理过程中，常常要采用信息化的技术手段，利用信息的流动来模拟环境系统乃至整个人地系统的运行规律，以期能找到符合客观实际的规划措施，模拟过程的关键是建立人地系统客观实体的同态系统和仿真模型。

环境规划与管理的目的是促进区域的可持续发展，而具备可持续性的区域，在其发展过程中首先要表现人地系统的稳定和协调。但是具有稳定和协调状态的区域环境却不一定是可持续的。如果该区域环境十分脆弱，一旦受到破坏，便很难通过自组织作用再次达到有序的稳定和协调状态，那么这样的环境就不具备可持续性，因此就需要通过环境规划和管理加以保护与整治。首先，对能引起人地系统不稳定的干扰因素都要予以治理和排除，防止它们由微涨落演变为巨涨落，造成整个人地系统的瓦解；其次，在对环境治理和保护时，根据协同学原理，近期要改变环境管理方式、资源利用方式等短时段因子，中期要调整经济结构、技术结构等中时段因子，远期要改变人们的价值观念、恢复地表植被等长时段因子，实现区域人地系统的可持续发展。

2. 环境规划与管理是实现人地系统可持续发展的途径

人类需求控制在环境容量之下，环境规划与管理应深入研究环境和资源的承载力限度，严格控制人口，提倡适度消费，合理利用资源，积极治理污染，保护环境，提高资源承载能力。

环境规划与管理的首要任务应该是加大环境污染控制力度，恢复和调节生态系统的动态平衡，改善生存环境，实现人地系统的可持续发展。

自然资源的承载能力是环境容量最重要的方面，它除了取决于科技、物质和能量等的投入外，还依靠其本身的保护和再生产。自然资源的再生产过程，是自然再生产过程和社会再生产过程的结合。目前，单纯依靠自然资源的自然再生产已远远不能解决自然资源短缺的矛盾，必须强化其社会再生产，以满足今世和后代经济社会发展对自然资源日益加大的需求。

四、环境经济学理论

环境经济学研究的是发展经济与保护环境之间的关系，即研究环境与经济的协调发展理论、方法和政策。环境经济学研究的主要内容包括环境经济学基本理论、研究分析方法和环境管理经济手段的设计与应用等。

环境经济学的基本理论包括经济制度与环境、环境问题外部性、环境质量公共物品经济学、经济发展与环境保护、环境政策的公平与效率问题。

环境经济学的研究分析方法主要有环境退化的宏观经济评估、环境质量影响的费用-效益分析、环境经济系统的投入产出分析、环境资源开发项目的国民经济评价。

环境规划与管理的目的是促进区域的可持续发展，从而合理有效地解决环境问题，环境经济学为环境问题的分析提供了有效的视角。既然市场机制不能自动地解决环境问题，就需要采取一定的手段,对市场运行机制予以适当纠正。其核心问题是如何消除环境外部不经济性,实现环境外部成本的内部化,使生产者或消费者自己承担所产生的外部费用。

目前较有影响的环境保护经济手段有两类:一是经济刺激;二是直接管制。经济刺激是利用价值规律的作用,采用限制性或鼓励性措施,促使污染者自行减少或消除污染的手段,如产品收费、排污收费、押金制、排污交易等;直接管制是政府根据法律、法规等,强行对外部不经济性予以管理的方式。

第二节 环境规划与管理的主要技术方法

环境规划与管理技术方法主要包括环境现状调查与评价、环境预测、环境决策和环境功能区划和环境决策等方面的内容。

一、环境现状调查

在进行环境现状调查过程中通常要进行资料收集,为环境规划与管理方案的编制提供基础数据。资料收集方法主要包括文献法、现场踏勘法、访谈法、问卷调查法和遥感调查法等,具体内容详见表3-2。

表3-2 现状调查方法的具体分类

方法	内容	步骤	优点	缺点
文献法	根据一定的目标和题目通过有关文献收集资料的方法	①根据研究课题,确定文献收集范围;拟定文献收集的大纲,确定收集途径;②文献收集时,采用一定的方法把资料记录下来,按照一定的标准对资料进行分类;③文献的分析整理	①超越时空限制,广泛了解社会情况;②避免调查者对调查对象的影响,真实性强,可信度高	①缺乏生动性和具体性;②文献资料与实际情况有一定差距;③所得资料有时滞后
现场踏勘法	观察者带有明确目的,用自己的感觉器官及其辅助工具直接地、有针对性地收集现场资料的调查研究方法	①踏勘准备阶段。包括决定踏勘的目的和任务,确定踏勘的对象和具体手段,选择和培训踏勘人员,确定踏勘的时间、地点和范围,制定踏勘提纲。②实施踏勘阶段。包括进入踏勘现场,与踏勘对象建立关系,进行踏勘和收集资料。③踏勘整理阶段。包括整理分析踏勘收集到的资料,撰写踏勘研究报告	①通过观察可以直接获取资料;②能直接观察自然状态下发生的比较可靠的社会现象;③获取的资料及时主动	①受观察者自身的限制;②受时间空间条件的限制;③受观察对象的限制
访谈法	运用有目的、有计划、有方向的口头交谈方式向被调查者了解社会事实的方法	①准备访谈。包括准备好必要的调查提纲或其他调查工具,选择好访谈的对象,计划好访谈的时间、地点和场合。②进入访谈。是访谈者和被访对象建立起交际关系,以便展开正式访谈的必要环节。③控制访谈。是实际收集资料的阶段,访谈过程中做好记录,基本要求是准确记录,尊重被访对象的原意。④结束访谈	①回答率高。在现场交往的人际交往中,能直接得到被访对象的合作和回答。②适应性强。能面对各种变化,因时、因地、因人而异地采取临时性变通手段,保证资料收集的成功率和可靠性。③调查内容有很大的机动性,可随时扩展和深入	①调查成本大。访谈法需要提供更多的时间、人力和经费。②匿名性差。访谈法会减弱被访对象的匿名感。③访谈过程通常过于急迫,易受当时环境的干扰。④标准化程度低

续表

方法	内容	步骤	优点	缺点
问卷调查法	通过设计和发放调查问卷收集信息,是社会调查中最常用的资料收集方法	①摸底调查。指在问卷设计之前,要先熟悉、了解一些有关的基本情况,以便对问卷中各种问题的提法和可能的回答有一个初步的总体考虑。②问卷设计。通过问卷初稿设计、试用修改、正式定稿三个步骤形成一份完整的定稿问卷。问题不宜太多,问卷不宜太长。③问卷发放和回收。包括报刊问卷方式、邮寄问卷方式、发送问卷方式、访问问卷方式。问卷回收率达到70%~75%以上时,方可作为研究结论的依据。④问卷统计、分析及最终处理	①省时、省钱、省力。可在很短时间内同时调查很多人,收集大量资料,具有很高的效率。②便于定量处理和分析。③避免主观偏见,减少误差。④匿名发放减轻了回答者的心理压力和顾虑,所获得的资料较为真实可靠	①要求回答者有一定的文化水平,问卷法的适用范围受到一定限制。②回收率难以保证。③资料质量难以保证。由于没有访问员在场,所以对回答者填答问卷的环境无法控制,回答者是否独立填答也无法获悉
遥感调查法	可以获得大区域的空间特征资料	①遥感数据获取。通过购买或者规划委托方提供遥感图像,还有一些可以通过公开的免费网站下载。②图像处理。进行解译提取相关信息用于计算。③环境信息提取。获得区域的地形、地貌、土地利用、植被覆盖、水系分布、生态环境等相关信息。④地面验证。有一些电子地图或遥感解译信息需要进行地面核查。⑤绘制系列图	可以整体上了解一个区域的环境状况,特别是可以弄清人类无法或不易到达地区的环境特征	方法不十分准确,通常只用于大范围的宏观环境状况的调查,不宜用于微观环境状况的调查,是一种辅助性的调查方法

二、环境评价

环境评价是环境规划与管理的基础工作,是在调查获取的各种信息、数据和资料的基础上,运用数学方法,对环境质量、环境影响进行定性和定量分析的过程。通过评价了解区域环境特征、环境调节能力和承载能力,找出环境中存在的问题。评价包括对自然地理、经济社会发展、生态环境质量、自然生态保护、资源能源利用、应对气候变化、生态环境风险防控、生态环境基础设施、生态环境治理体系和治理能力等现状内容进行评价。本小节主要对生态环境质量中的污染源和环境质量评价方法进行介绍。

(一)污染源评价

污染源评价的目的是确定规划区域内的主要污染源、主要污染物及其排放量。在环境污染调查的基础上,分析区域污染特点,通过计算找出主要污染源和主要污染物,还应根据实际情况考虑乡镇企业污染和生活及农村面源污染,分析现有环境设施运行情况及其效益,为规划工程项目的设计提供依据。污染源评价流程见图3-3。

污染源调查完成后,首先根据污染类型进行单项评价,对评价结果从大到小进行排序,由此确定规划区内主要污染物;随后综合评价各个行业污染物的排放情况,对各个行业污染物的排放从大到小排序,确定区域重点污染行业;最后查清污染原因,以便确定规划方案。

等标污染负荷法是最常用的现状评价方法之一,本小节主要对采用等标污染负荷法确定主要污染物和污染源的步骤进行介绍。

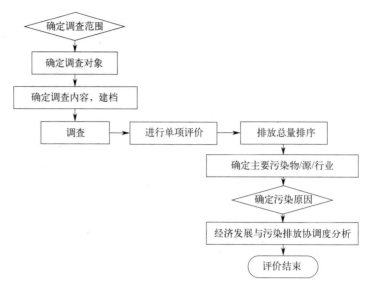

图 3-3 污染源评价流程

1. 等标污染负荷法

废水污染物的等标污染负荷计算见式(3-1):

$$P_i = \frac{C_i}{C_{0i}} \times G \times 10^{-6} \tag{3-1}$$

废气污染物的等标污染负荷计算见式(3-2):

$$P_i = \frac{C_i}{C_{0i}} \times G \times 10^{-9} \tag{3-2}$$

式中 P_i——废水（废气）中污染物 i 的等标污染负荷，t/d [m³(标)/d]；

C_i——废水（废气）中污染物 i 的实测浓度的平均值，mg/L（mg/m³）；

C_{0i}——废水（废气）中污染物 i 的环境标准，mg/L（mg/m³）；

G——含污染物 i 的废水（废气）排放量，t/d [m³(标)/d]；

10^{-6}——废水的换算系数；

10^{-9}——废气的换算系数。

某污染源的等标污染负荷 P_j 为其所排各污染物的等标污染负荷之和，见式(3-3):

$$P_j = \sum_{i=1}^{m} P_i \tag{3-3}$$

式中，$i=1, 2, \cdots, m$，表示污染源的不同污染物。

某区域所有污染物的等标污染负荷 P 的计算见式(3-4):

$$P = \sum_{j=1}^{k} P_j \tag{3-4}$$

式中，$j=1, 2, \cdots, k$，表示该区域的不同污染源。P 表示该区域所有污染源所有污染物等标污染负荷之和。

某区域某一种污染物的等标总污染负荷 $P_{i总}$ 为该区域内所有污染源某污染物的等标污染负荷之和，见式(3-5):

$$P_{i\text{总}} = \sum_{n=1}^{k} P_{ni} \tag{3-5}$$

式中，$n=1,2,\cdots,k$，表示研究区域内排放污染物 i 的不同污染源。

污染源 j 排放的污染物 i 在该污染源中的污染负荷比 K_i 的计算见式(3-6)：

$$K_i = \frac{P_i}{P_j} \times 100\% \tag{3-6}$$

污染物 i 在区域内的污染负荷比 $K_{i\text{总}}$ 为该区域排放的污染物 i 的等标污染负荷在所有污染物中的比值，见式(3-7)：

$$K_{i\text{总}} = \frac{P_{i\text{总}}}{P} \times 100\% \tag{3-7}$$

某污染源 j 在区域内的污染负荷比 K_j 为该污染源排放的所有污染物的等标污染负荷与该区域所有污染源的所有污染负荷的比值，见式(3-8)：

$$K_j = \frac{P_j}{P} \times 100\% \tag{3-8}$$

2. 主要污染物和主要污染源的确定

通过计算，把区域内所有污染物等标污染负荷 $P_{i\text{总}}$ 按从大到小排序，分别计算其占区域总污染负荷 P 的污染负荷比 $K_{i\text{总}}$，然后从大到小计算其累积污染负荷比，累积值大于阈值（比如80%或其他合理数值）的几种污染物为该区域的主要污染物。

同理，把区域内所有污染源的等标污染负荷 P_j 从大到小排序，计算其在区域中的污染负荷比 K_j，累加计算其累积污染负荷比，将累积负荷比大于阈值的几种污染源作为区域内主要污染源。

对于区域内的主要污染物 i，在总量控制规划中，需要对其主要污染源进行总量控制。确定污染物 i 的主要污染源的方法与上面介绍的原理相同，根据其排放清单和各污染源的污染物排放量从大到小的排序，选择污染物总量占80%（或其他合理数值）以上的污染源，进行总量控制。

需要注意的是，当污染源排放的污染物为常规污染物时，可采用等标污染负荷方法进行评价。有一些毒性大但是排放量小的污染物可能没有被列入主要污染物清单中，但是其很容易在环境中积累，对人体健康的影响很大，所以采用等标污染负荷方法评价后，还要进行全面分析，以确定主要污染物和主要污染源。

(二) 环境质量评价

环境质量评价就是基于环境监测数据和环境质量标准，将两者进行比较，得出环境质量指数或者等级，是对环境质量优劣的定量、半定量甚至是定性的描述。指数法是最常用的环境质量评价方法。其原理是依据实测浓度与标准浓度之间的比例关系来描述环境质量的数值。环境质量指数评价方法分为单项环境要素评价和区域环境质量综合评价，其中单项环境要素评价又分为单项要素单污染物评价和单项要素多污染物综合评价。本小节主要对指数法进行详细介绍。

1. 单项要素单污染物评价

单项要素单污染物评价方法见表3-3。

表 3-3　单项要素单污染物评价方法

方法	内容	公式	说明
比值法	单项要素单污染物的环境质量可以理解为某种环境要素（如大气、水或者土壤中的单一污染物）浓度超过环境标准的倍数	$P_i = \dfrac{C_i}{C_{0i}}$	P_i——单一环境要素的污染物 i 的环境指数； C_i——第 i 种污染物的实测浓度； C_{0i}——第 i 种污染物的环境标准； a、b——边界条件决定的常数； I_i——污染物 i 的污染指数
幂函数法	单项要素单污染物的环境质量也可以用幂函数法计算，该方法一般用于大气环境质量评价，又称美国橡树岭大气指数法	$P_i = a(\sum_{i=1}^{n} I_i)^b$ $I_i = \dfrac{C_i}{C_{0i}}$	

2. 单项要素多污染物综合评价

单项要素多污染物综合评价即分析某一环境要素中不同污染物的综合环境质量，常采用的方法见表 3-4。

表 3-4　单项要素多污染物综合评价方法

方法	公式	说明	备注
简单叠加法	$P = \sum_{i=1}^{n} P_i$	P_i——第 i 种污染物的质量指数； P——单一环境要素的质量指数； W_i——污染物 i 在区域的环境污染影响权重	对不同时期环境质量进行比较时，选择不同的污染物，简单叠加法计算的环境质量指数的含义和数值的差别会很大
算术平均法	$P = \dfrac{1}{n}\sum_{i=1}^{n} P_i$		各污染物环境质量指数的平均值可表示不同污染物的环境质量水平，但把不同污染物对环境质量的影响看作是相同的
加权叠加法	$p = \dfrac{\sum\limits_{i=1}^{n} W_i P_i}{\sum\limits_{i=1}^{n} W_i}$		由于不同污染物对某一地区的影响可能是不同的，加权叠加法可以对不同污染物赋权，赋权后再计算的结果更为合理
平方和方根法	$P = \sqrt{\sum_{i=1}^{n}(W_i P_i^2)}$		这两种方法建立在随机独立事件的概率统计方法之上，通过平方的方法消除污染指数之间相差过大而产生的失真
均方根法	$P = \sqrt{\dfrac{1}{n}\sum_{i=1}^{n}(W_i P_i^2)}$		

3. 区域环境质量综合评价

区域环境质量综合评价即分析不同环境要素的复合环境质量现状，一般需要评价的环境要素有大气、水、土壤、噪声等。其评价方法主要有加权求和法和兼顾极值法，具体见表 3-5。

表 3-5　区域环境质量综合评价方法

方法	公式	说明	备注
加权求和法	$P_z = \sum_{j=1}^{m} W_j P_j$	P_z——环境质量综合指数； W_j——环境要素 j 的权重； P_j——环境要素 j 的质量指数，具体计算同单项要素多污染物综合评价	与单项环境要素评价中的加权法类似，计算各要素的综合环境质量指数后，根据各要素对环境的重要程度赋不同权重，然后计算综合指数
兼顾极值法	$P_z = \sqrt{\dfrac{[\max(P_j)]^2 + (\sum_{j=1}^{m} P_j)^2}{2}}$		为了突出污染最为严重要素的影响而采取的方法

三、环境预测

环境预测是根据已掌握的资料和监测数据，对未来的环境发展趋势进行科学的估计和推测，为提出防止环境进一步恶化和改善环境的对策提供依据，是环境规划与管理的重要依据之一。

在环境规划与管理中，为实现协调环境与经济发展所能达到的目标，环境预测是不可缺少的环节，这也是环境规划决策的基础。

（一）环境预测的工作程序

环境预测工作的开展包括预测准备、收集分析信息、预测分析、输出结果四个阶段，具体工作程序如图3-4所示。

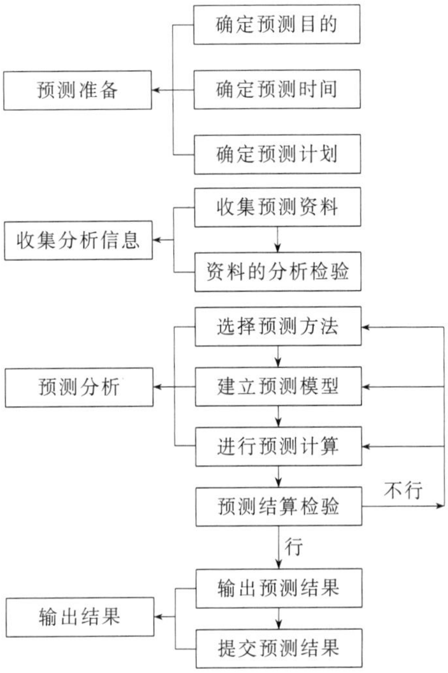

（二）环境预测方法分类

有关环境预测的技术方法大致分为定性预测方法、定量预测方法和综合预测方法。

1. 定性预测方法

这类方法主要是依靠预测人员的经验和逻辑推理，充分利用新获取的信息，将集体的意见按照一定的程序集中起来形成预测结果。如经验推断法、列表定性直观预测等。

图3-4 环境预测的工作程序

2. 定量预测方法

这类方法主要依靠历史统计数据，在定性分析的基础上构造数学模型进行预测。这种方法不靠人的主观判断，而是依靠数据，计算结果比定性分析具体和精确。外推法、回归分析法和环境系统的数学模型等均属于定量预测方法。

3. 综合预测方法

该方法是定性和定量方法的综合，即在定性方法中，也要辅之以必要的数值计算；而在定量方法中，模型的选择、因素的取舍以及预测结果的鉴别等，也都必须以人的主观判断为前提。由于各种预测方法都有它的适用范围和缺点，综合预测方法兼有多种方法的长处，因而可以得到较为可靠的预测结果。

（三）常用的环境预测方法

1. 社会发展预测

重点是人口预测，也包括一些其他社会因素的确定。表3-6列出了人口预测的主要方法。

表 3-6　人口预测的主要方法

项目	公式	说明
算术级数法	$N_t = N_{t0} + b(t-t_0)$	N_t——预测年的人口数量，10^4 人；
几何级数法	$N_t = N_{t0}(1+K)^{t-t_0}$	N_{t0}——基准年的人口数量，10^4 人； b——逐年人口增加数（即 t 变动一年 N_t 的增加数），10^4 人/a；
指数增长法	$N_t = N_{t0} 2.718^{K(t-t_0)}$	t、t_0——预测年和基准年，a； K——人口自然增长率，是人口出生率与死亡率之差，常表示为人口每年净增的千分数

2. 经济发展预测

重点是能源消耗预测、国内生产总值预测和工业总产值预测等，同时也包括对经济布局与结构、交通和其他重大经济建设项目的预测与分析。表 3-7 列出了能源消耗预测方法。

表 3-7　能源消耗预测方法

方法名称	说明
人均能量消费法	按人民生活中衣食住行对能源的需求来估算生活用能的方法，我国平均每人每年消耗 1.14t 标准煤
能源消费弹性系数法	能源消费弹性系数 e 一般为 0.4～1.1，由国民经济增长速度粗略预测能耗的增长速度 $\beta = ea$，其中 a 为工业产值增长速度，以此可进行规划期能耗预测 $E_t = E_0(1+\beta)^{t-t_0}$，其中 E_t 为预测年的能耗量，E_0 为基准年的能耗量，t、t_0 为预测年和基准年

3. 环境预测

污染防治是环境规划与管理的主要工作内容，与之相关的环境质量与污染源的预测活动构成了当前环境预测的重要内容。表 3-8～表 3-11 列出了常用的水环境质量、大气环境质量和污染物排放、固体废物和噪声污染的预测模型。

表 3-8　常用水环境质量预测模型

模型名称	模型公式	说明
完全混合的河流水质预测模型	$c_B = \dfrac{(1-k_1)(q_{V0} c_{B0} + q_V c_{Bi})}{q_{V0} + q_V}$	c_B——河流下游断面污染物浓度，mg/L； q_{V0}——河流上游断面河水流量，m^3/s； c_{B0}——河流上游断面污染物浓度，mg/L； c_{Bi}——流入废水中污染物浓度，mg/L； q_V——废水流量，m^3/s； k_1——污染物削减综合系数，若不考虑污染物削减量时，$k_1 = 0$； $c_{B,\max}$——河流断面污染物最大可能浓度，mg/L； x——计算断面与排污口的距离，m； α——系数； φ——河道弯曲系数； ξ——拉格朗日常数； l——河道的实际长度，m； l_0——计算断面与排污口的直线距离，m； D——扩散系数； g——重力加速度，m/s^2； h——河水的平均深度，m； v——河流断面平均流速，m/s； S——谢才系数； m_b——波希尼克系数，一般取 22.3m/s^2； θ——废水在湖水中的稀释扩散角度，在岸边排放时为 180°，在湖心排放时为 360°； H——废水扩散区在湖水中的平均深度，m；
一维河流水质模型	$c_{B,\max} = c_B + (c_{Bi} - c_B)\exp(-\alpha x^{\frac{1}{3}})\alpha - \varphi\xi\left(\dfrac{D}{q_V}\right)^{\frac{1}{3}}$ $\varphi = \dfrac{l}{l_0}$ $D = \dfrac{ghv}{2m_b S}$	
湖泊水质预测模型	$c_B = c_{B0} \exp\left(-\dfrac{k_2 \theta H}{2q_V} r^2\right)$	
单一河段 S-P 模型	$t_e = \dfrac{1}{K_a - K_d} \ln \dfrac{K_a}{K_d}\left[1 - \dfrac{D_0(K_a - K_d)}{L_0 K_a}\right]$	
多河段 BOD_5 模型	$L_{2i} = \dfrac{L_{2,i-1}\alpha_{i-1}(q_{V1i} - q_{V3i})}{q_{V2i}} + \dfrac{q_{Vi}}{q_{V2i}} L_{1i}$ $L_{1i} = \alpha_{i-1} L_{2i-1}$ $q_{V1i} = q_{V2,i-1}$	

续表

模型名称	模型公式	说明
多河段 DO 模型	$L_2 = UL + m$ $O_2 = VL + n$	r——预测点距排放口的距离,m; k_2——污染物自净系数; L_0——河流起始点的 BOD 值; D_0——河流起始点的氧亏值; t_c——由起始点到达临界点的流行时间; K_d——河水中 BOD 衰减(耗氧)速率常数; K_a——河流复氧速率常数; q_{Vi}——第 i 断面进入河流的污水(或支流)的流量,m³/s; q_{V1i}——由上游进入第 i 断面的流量,m³/s; q_{V2i}——由断面 i 输出到下游的河水流量,m³/s; q_{V3i}——在断面 i 处的河水取水量,m³/s; L_{1i}——由上游进入断面 i 的河水的 BOD 和 DO 的浓度,mg/L; L_{2i}——由断面 i 向下游输出的河水的 BOD 和 DO 的浓度,mg/L; α_{i-1}——综合衰减系数,d^{-1}。 每输入一组污水的 BOD$_5$(L)值,就可以获得一组对应的河流 BOD$_5$ 值和 DO 值(L_2 和 O_2)。由于 U 和 V 反映了这种因果变换关系,因此称 U 为河流 BOD$_5$ 稳态响应矩阵,V 为河流 DO 稳态响应矩阵。m 和 n 为由给定数据计算的向量

表 3-9 常用大气环境质量和污染物排放预测模型

模型名称	模型公式	说明
箱式模型	$c_B = c_{B0} + \dfrac{Q}{ulH}$	c_B——预测区大气污染物浓度,mg/m³; c_{B0}——预测区大气污染物浓度背景值,mg/m³; Q——源强,t/a; l——箱体长度,m; H——预测区混合层高度,m; $\bar{u}$——平均风速,m/s; σ_y, σ_z——污染物在 y、z 方向的标准差,m; H_e——点源废气排放有效高度,m; Q_L——线源源强,g/(m·s); θ——无限长线源与风向夹角角度,(°); x——预测点距污染源距离,m; x_0——构建虚拟点源距污染源距离,m; α——反射系数; v_g——粒子沉降速度,m/s
高架连续点源高斯扩散模式	$c_B(x,y,z,H) = \dfrac{Q}{2H\bar{u}\sigma_y\sigma_z} \exp\left(-\dfrac{y^2}{2\sigma_y^2}\right) \times$ $\left\{ \exp\left[-\dfrac{(z-H)^2}{2\sigma_z^2}\right] + \exp\left[-\dfrac{(z+H)^2}{2\sigma_z^2}\right] \right\}$	
高架连续点源地面浓度的高斯扩散模式	$c_B(x,y,0,H) = \dfrac{Q}{H\bar{u}\sigma_y\sigma_z} \exp\left(-\dfrac{y^2}{2\sigma_y^2}\right) \exp\left(-\dfrac{H^2}{2\sigma_z^2}\right)$	
高架连续点源地面轴线浓度的高斯扩散模式	$c_B(x,0,0,H) = \dfrac{Q}{H\bar{u}\sigma_y\sigma_z} \exp\left(-\dfrac{H^2}{2\sigma_z^2}\right)$	
高架连续点源地面轴线最大浓度模式	$c_{B,\max} = \dfrac{2Q}{H\bar{u}H_e^2} \times \dfrac{\sigma_z}{\sigma_y} = \dfrac{0.234Q}{\bar{u}H_e^2} \times \dfrac{\sigma_z}{\sigma_y}$	
地面连续点源扩散模式	$c_B(x,y,z,0) = \dfrac{Q}{H\bar{u}\sigma_y\sigma_z} \exp\left(-\dfrac{y^2}{2\sigma_y^2}\right) \exp\left(-\dfrac{z^2}{2\sigma_z^2}\right)$	
线源扩散模式	$c_B = \dfrac{\sqrt{2}Q_L}{\sqrt{H}\bar{u}\sigma_z\sin\theta} \exp\left(-\dfrac{H^2}{2\sigma_z^2}\right)$	
面源扩散模式	$c_B = \dfrac{\sqrt{2}Q}{\sqrt{H}\bar{u}\sigma_y\sigma_z} \times \dfrac{1}{\dfrac{H}{8}(x+x_0)} \exp\left(-\dfrac{H^2}{2\sigma_z^2}\right)$	
总悬浮微粒扩散模式	$c_B = \dfrac{Q(1+\alpha)}{2H\bar{u}\sigma_y\sigma_z} \exp\left(-\dfrac{y^2}{2\sigma_y^2}\right) \exp\left(-\dfrac{\left(H - \dfrac{v_g x}{\bar{u}}\right)^2}{2\sigma_x^2}\right)$	

续表

模型名称	模型公式	说明
工业源污染排放预测方法	污染物排放量=污染物排放系数×能源消耗量=污染物产生系数×(1-控制措施削减率)×能源消耗量	各类燃料污染物排放系数参考相关资料或者国家平均水平确定,控制措施削减率根据当地工业、企业排污处理水平及相关统计数据确定
机动车废气污染物排放量预测方法	$Q_{车} = \sum_{i=1}^{n}(P_i L_i K_i \times 10^{-6})$	$Q_{车}$——机动车尾气污染物的年排放总量,t; P_i——i 类机动车保有量,辆; L_i——i 类机动车行驶里程,km; n——机动车的种类数; K_i——i 类机动车排放系数,g/(辆·km)。其中,机动车的排放系数参照相关资料或者国家平均水平

表 3-10 固体废物常用预测模型

模型名称		模型公式	说明
工业固体废物产生量预测	系数预测法	$W = PS$	W——预测固体废物年排放量,10^4 t/a; P——固体废物排放系数,t/t(产品); S——预测的产品年产量,10^4 t/a
	回归分析法	$y = bx + a$	根据固体废物产生量与产品产量或工业产值的关系,可建立一元回归模型;若固体废物产生量受多种因素影响,还可建立多元回归模型进行预测
	灰色预测法	—	根据历年固体废物产生量序列来建立灰色预测模型
城市生活垃圾产生量预测	系数预测法	$W_{生} = 0.365 f_{生} N$	$W_{生}$——预测城市垃圾年产生总量,10^4 t/a; $f_{生}$——排放系数,kg/(人·d); N——预测年人口总数,10^4 人

表 3-11 噪声污染预测模型

模型名称		模型公式	说明
工矿企业噪声预测		$L_{Pn} = L_{Wi} - TL + 10\lg\dfrac{Q}{4\pi r_{ni}^2} - M\dfrac{r_{ni}}{100}$	L_{Pn}——第 n 个受声点的声级,dB(A); L_{Wi}——第 i 个噪声源的声功率级,dB(A); TL——厂房维护结构的隔声量,dB(A); r_{ni}——第 i 个噪声源到第 n 个受声点的距离,m; Q——声源指向性因数; M——声波在大气中的衰减值,dB(A)/100m
铁路噪声预测	比例预测法	$L_{eq2} = L_{eq1} + 10\lg\dfrac{N_2 L_2}{N_1 L_1} + \Delta L$	L_{eq1}——扩建前某预测点的等效声级,dB(A); L_{eq2}——扩建后某预测点的等效声级,dB(A); N_1——扩建前列车通过次数; N_2——扩建后列车通过次数; L_1——扩建前列车平均长度,m; L_2——扩建后列车平均长度,m; ΔL——因铁路状况或线路结构变化而引起的声级变化量,dB(A)

续表

模型名称	模型公式	说明
铁路噪声预测	模型预测法：每个点声源对受声点的声级：$$L_P = L_{P0} - 20\lg\frac{r}{r_0} - \Delta L$$ 每个线声源对受声点的声级：$$L_P = L_{P0} - 10\lg\frac{r}{r_0} - \Delta L$$ 多个声源共同作用的总等效声级：$$L_{eq(铁)} = 10\lg(\sum_{i=1}^{n} 10^{0.1L_{eqi}})$$	L_{P0}——参考位置r_0处的声级，dB； r——受声点与点声源之间的距离，m； r_0——参考位置与点声源之间的距离，m； ΔL——附加衰减量
公路噪声预测	如果设计车速为100km/h、120km/h，则V取设计车速的65%；如果设计车速为80km/h，则V取设计车速的90%；如果设计车速为60km/h，则V取60km/h。 各类车型在受声点处的噪声为：$$L_{eqi} = L_i + 10\lg\frac{Q_i}{V_iT} + K\lg\left(\frac{7.5}{r}\right)^{1+\alpha} + \Delta S - 13$$ 各类车辆总和在受声点处的噪声预测值为：$$L_{eq(公)} = 10\lg(\sum_{i=1}^{n} 10^{0.1L_{eqi}})$$	L_{eqi}——第i类车辆在受声点r处的噪声级，dB(A)； L_i——第i类车辆距行驶面中心7.5m处的平均辐射噪声级，dB； Q_i——第i类车辆的车流量，辆/h； V_i——第i类车辆的平均行驶速度，km/h； T——评价小时数，取$T=1$； r——受声点距路面中心的距离，m； K——车流密度修正系数，取10~20； α——地面吸收、衰减因子； ΔS——附加衰减，含路面性质、坡度及屏障等影响
环境噪声预测	每个噪声源在评价点的贡献值为：$$L = L_0 - 20\lg\frac{r}{r_0}$$ 所有声源在评价点的贡献值为：$$L = 10\lg(\sum_{i=1}^{n} 10^{0.1L_i})$$	r——受声点与点声源之间的距离，m； r_0——参考位置与点声源之间的距离，m； L_0——参考位置的噪声值，dB； L——评价点噪声预测值，dB； L_i——第i个声源在评价点产生的贡献值，dB； n——点声源总数

预测过程中需注意公路噪声与机动车类型、路面行驶速度等因素。不同类型的机动车辆距行驶路面中心7.5m处的平均辐射噪声级见表3-12。

表3-12 不同类型机动车平均辐射噪声级

车型	标定载重	标定座位	平均辐射噪声级(L)	备注
小型车	2t以下货车	19座以下客车	$59.3 + 0.23V$	V为车辆平均行驶速度，km/h
中型车	2.5~7.0t货车	20~49座客车	$62.6 + 0.32V$	
大型车	7.5t以上货车	50座以上客车	$77.2 + 0.18V$	

四、环境决策

(一) 决策过程

所谓决策，是指人们为了实现某一特定的目标，在拥有系统信息的基础上，根据各种客观条件和种种备选行动方案，借助于科学的理论和方法，进行必要的计算、分析和判断，从备选行动方案中选择一个有利于实现特定目标的最佳行动方案，或选择一个有利于实现特定目标、决策者认为满意的行动方案。不同类型的环境规划，其规划决策过程并不完全相同，但一般均包含 4 个基本环节，即确定目标、拟订备选行动方案、选择方案、方案优选。

1. 确定目标

目标是决策分析中最重要的内容，目标制定不合理必将导致决策失误，确定目标一定要有长远和全局观点。目标必须具体、明确，在时间、地点和数量方面都要有所要求，并且要有一个衡量目标的准则。通常环境规划与管理中的目标并不是单一的，往往有多方面准则进行约束，这就需要根据目标在系统中所处的地位，分清主次，明确先后，抓住关键，并且要考虑达到某种目标可能发生的潜在问题。

2. 拟订备选行动方案

备选行动方案是实现决策目标的途径和手段。决策的核心问题就在于对多种可行性方案的优选。方案是否可行需要进行可行性研究，其基本任务是对规划中的问题和目标从经济、社会、环境、技术等多方面进行系统、综合的研究分析，并对方案实施后的经济效益、社会效益、环境效益等进行预测和评价。

3. 选择方案

根据规划目标建立决策模型，分析评价方案，并求其解。对模拟结果进行分析评价，如采用数学优化方法、决策矩阵、层次分析法、决策树等详尽阐明各种可行方案的利弊。

4. 方案优选

对各个可供选择的可行性方案进行权衡，从中选出一个或者组合出一个新方案，并对方案的实施有可能带来的各种影响进行评估、反馈，以对方案进一步优化。

（二）环境决策分类

从不同角度出发，可以得出不同的环境决策分类，具体分类见图 3-5。

（三）决策方法

1. 定性决策方法

定性决策方法又称主观决策法，是指在决策中主要依靠决策者或有关专家的智慧来进行决策的方法。决策者运用社会科学的原理并依据个人的经验和判断能力，采取一些有效的组织形式，充分发挥各自丰富的经验、知识和能力，从决策对象的本质特征入手，掌握事物的内在联系及其运行规律，最终对决策目标、决策方案的拟订以及方案的选择和实施做出判断。由于环

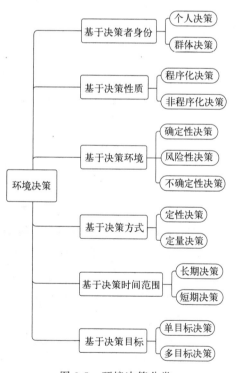

图 3-5　环境决策分类

境规划与管理方案决策涉及经济、社会、技术等多方面因素，并且很多相关影响因素错综复杂，需要通过经验和专业知识进行综合评判，因此，定性决策方法种类较多，包括德尔菲法、头脑风暴法和公众参与法等。

（1）德尔菲法　也称专家调查法，是一种采用通信方式多次征询专家意见，最终逐步取得比较一致结果的决策方法。德尔菲法由以下几个步骤组成：a. 组成专家小组。按照课题所需要的知识范围，确定专家，专家一般不超过20人。b. 向所有专家提出所要预测的问题及有关要求，并附上有关这个问题的所有背景材料，然后由专家做书面答复。c. 各个专家根据他们所收到的材料，提出自己的预测意见，并说明自己是怎样利用这些材料提出预测值的。d. 将各位专家第一次判断意见汇总，列出图表，进行对比，再分发给各位专家，让专家比较自己同他人的不同意见，修改自己的意见和判断。e. 将所有专家的修改意见收集起来，汇总后再次分发给各位专家，以便做第二、第三、第四轮意见，直到专家不再改变自己的意见为止。f. 对专家的意见进行综合处理。

（2）头脑风暴法　可分为直接头脑风暴法和质疑头脑风暴法。前者是在专家群体决策时尽可能激发创造性，产生尽可能多的设想方法，后者则是对前者提出的设想、方案逐一质疑，分析其现实可行性的方法。采用头脑风暴法组织群体决策时，要集中有关专家召开专题会议，主持者以明确的方式向所有参与者阐明问题，说明会议的规则，尽量创造融洽轻松的会议气氛。主持者一般不发表意见，以免影响会议的自由气氛，让专家们"自由"地提出尽可能多的方案。

（3）公众参与法　公众参与是指在制定环境规划与管理方案的过程中吸收公众的意见，特别是请公众对环境污染现状、目标指标、任务优先顺序、方案和项目以及重大环境政策措施等发表意见与建议，使环境规划与管理工作更加贴近民生需求。

2. 定量决策方法

定量决策方法常用于量化决策，主要运用数学工具建立反映各种因素及其关系的数学模型，并通过对这种数学模型的计算和求解，选出最佳决策方案。由于对决策问题进行定量分析可以提高常规决策的时效性和准确性，因此运用定量决策方法进行决策也是决策方法科学化的重要标志。在环境规划决策制定过程中，越来越多地需要更多的数量化指标和数据以支撑决策的制定。本小节主要介绍环境规划过程中常用的规划模型。这些模型是在环境模拟、预测和评价模型的基础上，选用一些反映人类社会未来活动和行为的强度、性质的指标构建的数学模型。对这些模型可利用数学优化或经济优化方法计算出一组规划方案的最优解或满意解，作为合理安排人类社会活动和行为的环境规划方案。

环境规划经常要面临这样一些问题，在一定的人力、物力、财力、自然资源、环境资源条件下，如何恰当地运用这些资源达到最有效的目的，或是为了达到一定的经济目的，如何寻求一组最优资源配置方案。数学规划模型即为解决这一类问题的模型，主要包括线性规划、非线性规划和动态规划等，在许多环境规划中都得到了广泛的应用。线性规划是一种最基本也是最重要的最优化技术。线性规划模型的一般表达式为：

$$\begin{cases} \max(\min)z = \boldsymbol{C}^{\mathrm{T}}\boldsymbol{X} \\ \boldsymbol{AX} \leqslant (\geqslant) \boldsymbol{B} \\ \boldsymbol{X} \geqslant 0 \end{cases}$$

式中　　z——目标函数，一般指规划所要达到的最优化目标；

　　　　X——决策变量向量，$X=(x_1,x_2,\cdots,x_n)^T$，是由 n 个决策变量构成的向量，是规划的备选方案；

　　　　B——资源向量，$B=(b_1,b_2,\cdots,b_n)^T$，是由 m 个资源变量构成的向量；

　　　　C——价值向量，$C=(c_1,c_2,\cdots,c_n)$，由目标函数中决策变量的系数构成；

　　　　A——系数矩阵，由 m 个线性约束条件中常数构成，表示为

$$A=\begin{bmatrix} a_{11} & \cdots & a_{1n} \\ \vdots & \ddots & \vdots \\ a_{m1} & \cdots & a_{mn} \end{bmatrix}$$

在线性规划中，规划模型中的目标函数和约束条件均是线性方程。线性规划有标准的求解算法，最常用的图解法和单纯形法，都有一些标准的计算机程序可供选用。

非线性规划与线性规划的区别在于，规划模型中的目标函数和约束条件不全是线性方程。非线性规划的一般数学模型为：

$$\begin{cases} \max(\min)z=f(\boldsymbol{x}) \\ h_i(\boldsymbol{x}) \leqslant (\geqslant) B(i=1,2,\cdots,m) \\ g_i(\boldsymbol{x}) \geqslant 0(i=1,2,\cdots,n) \end{cases}$$

式中　　　　　　$\boldsymbol{x}$——决策变量，$\boldsymbol{x}=(x_1,x_2,\cdots,x_n)^T$；

$f(\boldsymbol{x})$、$h_i(\boldsymbol{x})$、$g_i(\boldsymbol{x})$——决策变量 $\boldsymbol{x}$ 的函数。

动态规划模型适用于多阶段的环境规划问题，把多阶段过程转化为一系列单阶段问题，利用各阶段之间的关系，逐个求解，通常用于求解具有某种最优性质的问题。其核心思想为"最优性原则"，即用一个基本的递推关系式，从整个问题的终点出发，由后向前使过程连续递推，直至到达过程起点，找到最优解。动态规划逆序求解递推关系的数学表达形式为：

```
                    活动过程顺序
                  ———————————————→
        A | 1 | 2 | 3 | 4 |   | n-1 | n | G
                  ←———————————————
                    求解过程顺序
```

$$\begin{cases} f_k(x_k)=\mathrm{opt}\{\mathrm{d}k[x_k,u_k(x_k)]+f_{k+1}[u_k(x_k)]\} \\ f_n(x_n)=d(x_n,G) \end{cases} \quad (k=n-1,n-2,\cdots,3,2,1)$$

式中　　　　　　x_k——第 k 阶段的状态变量，是 $k-1$ 阶段决策的结果，第 k 阶段所有状态形成一状态集；

　　　　　　　$u_k(x_k)$——第 k 阶段决策变量，它代表第 k 阶段处于状态 x_k 时的选择，即决策；

$\mathrm{d}k[x_k,u_k(x_k)]$——第 k 阶段从状态 x_k 转移到下一阶段状态 $u_k(x_k)$ 时的阶段效果，是衡量阶段效果的指标，在具体的问题中，可以为距离、费用或时间等。

五、环境功能区划

(一) 含义与目的

环境功能是指环境各要素及其构成的系统为人类生存、生活和生产所提供的必要的环境服务的总称。基于环境的健康保证属性,一方面保障与人体直接接触的各环境要素的健康,如空气的干净、饮水的清洁、食品的卫生等,即维护人居环境健康;另一方面保障自然系统的安全和生态调节功能的稳定发挥,构建人类社会经济活动的生态环境支撑体系,即保障自然生态安全。环境功能区划是依据不同地区在生态环境结构、状态和功能上的差异,结合经济社会发展战略布局,合理确定环境功能并执行相应环境管理要求的过程。

不同区域由于其自然条件和人为利用方式不同,具体表现为该区域内所执行的环境功能不同,对环境的影响程度各异,要求不同地区达到同一环境质量标准的难度也就不一样。因此,考虑到环境污染对人体的危害及环境投资效益两方面的因素,在确定环境规划目标前常常要先对研究区域进行功能区的划分,然后根据各功能区的性质分别制定各自的环境目标。环境功能区划的目的主要体现在以下几个方面。

(1) 确定具体的环境目标　通过环境功能区的划分,决策者依据功能区的重要程度、经济开发特点,提出控制污染布局与排放的各种强制性措施,在不同环境功能单元制定具体环境目标。一般情况下具有高功能的区域要高标准保护,低功能的区域低标准保护。

(2) 合理布局　决策者依据不同区域的功能和环境保护目标,可以对区域的经济发展进行合理布局。对于未建成区或新开发区、新兴城市等来说,环境功能区划对其未来环境状态有决定性影响。

(3) 落实环境目标　从定性管理过渡到定量管理,环境质量状况不断得到改善。将环境功能区与环境保护目标建立起对应关系,使之在技术、经济可行性分析的基础上将确定的环境保护目标得到落实。

(4) 科学使用环境投资　治理污染和保护环境需要投资的支持与保证。落实环境保护目标,搞好环境保护,并考虑治理污染和环境保护的效益问题,就要科学地拟订环境保护投资计划,实现区域污染控制总费用最小,使治理方案做到有的放矢。

(5) 各种法律制度得到正确实施　在编制环境规划时,环境功能区类别不同,执行的法律、法规和标准应不同,划分不同的环境功能区将使环境保护法规和标准实施的针对性更强,有利于环境规划的有效实施。

(二) 环境功能区划分类

1. 按空间尺度划分

环境功能区划根据空间尺度可以分为全国环境功能区划和地方环境功能区划。

(1) 全国环境功能区划　全国环境功能区划在国家尺度上对全国陆地国土空间及近岸海域进行环境功能分区,明确各区域的主要环境功能,分区提出维护和保障主要环境功能的总体目标与对策,并对水、大气、土壤和生态等专项环境管理提出管控导则。

根据区域环境保障自然生态安全和维护人群环境健康两方面基本功能,把国土空间划分为五类环境功能区。从保障自然生态安全方面出发划出自然生态保留区(Ⅰ类区)和生态功能调节区（Ⅱ类区）；从维护人群环境健康方面出发划出食物安全保障区（Ⅲ类区）、聚居发展维护区（Ⅳ类区）和资源开发引导区（Ⅴ类区）。五类环境功能区有不同的功能定位。

根据环境功能的体现形式差异或环境管理要求差异，将各类环境功能区进一步划分为12个亚类。

① Ⅰ类区——自然生态保留区。具有一定的自然文化资源价值的区域，包括有代表性的自然生态系统、珍稀濒危野生动植物物种的天然集中分布地，有特殊价值的自然遗迹所在地和文化遗迹等，以及受人类活动破坏规模较小、资源储备不具备开发价值且暂时不再开发的区域。保护的目的是维持区域自然本底状态，维护珍稀物种的自然繁衍，保障未来可持续生存发展的空间。自然生态保留区服务于保障自然生态系统的可持续发展，简称自然区。

自然生态保留区依据是否立法保护分为自然文化资源保护区和后备保留区两类亚区。

② Ⅱ类区——生态功能调节区。生态功能调节区主要维持水源涵养、水土保持、防风固沙、维持生物多样性等生态调节功能的稳定发挥，保障区域生态安全，这类区域关系全国或较大范围的生态安全，参考《全国主体功能区规划》划定的国家级重点生态功能区。生态功能调节区服务于保障区域主体生态功能稳定，简称生态区。

生态功能调节区根据调节功能的类型分为水源涵养区、水土保持区、防风固沙区、生物多样性保护区四类亚区。

③ Ⅲ类区——食物安全保障区。主要保障主要食物产区的环境安全，防控食物产品对人群健康的风险，以确保我国重要食物初级生产地的环境安全为主要目的。保障农产品生产安全的地区，参考主要粮食（油料、经济作物等优势农产品）主产地分布区，主要耕地分布区，重点牧区、牧业县等地区划定，简称食物区，同样属于限制开发。

食物安全保障区内根据食物生产方式和环境管理特点划分为粮食环境安全保障、牧业环境安全保障和近海水产环境安全保障三类亚区。

④ Ⅳ类区——聚居发展维护区。聚居发展维护区是指保障人口密度较高、当前及未来集中进行城镇化和工业化开发地区人群的饮水安全、空气清洁等生产生活环境健康的区域，属于优化和重点开发区。聚居发展维护区服务于保障主要人口集聚地区环境健康，简称聚居区。

聚居发展维护区根据开发强度和发展潜力，分为一般聚居环境维护区和高度聚居环境维护区两类亚区。

⑤ Ⅴ类区——资源开发引导区。资源开发引导区是指维护矿产资源集中连片开发地区生态环境安全，需依据当地及周边地区生态环境条件引导资源有序开发的区域。资源开发引导区服务于保障资源开发区域生态环境安全，简称资源区。参考国土部门确定的能矿资源重点开发地区，以及《全国主体功能区规划》确定为能源矿产资源点状开发的地区。

（2）地方环境功能区划　地方人民政府根据全国环境功能区划的总体部署划分省（区域/流域）级环境功能区划和市县（城镇）级环境功能区划。

各地方环境功能区划结合本辖区环境管理需求，细化和落实国家环境功能区划与省级主体功能区划的总体要求，明确区域内水、大气、土壤、生态等环境要素的管控措施。环境功能类型划分指标和阈值设定可有所不同，但环境功能目标、管理措施和要求应不低于全国环境功能区划相应类型区的标准，原则上也应划分为五类区，也可根据实际情况进行具体调整，但应有自然生态保留区、生态功能调节区和食物安全保障区。

2. 按内容划分

在内容上环境功能区划一般分为两个层次，即综合环境功能区划和单要素环境功能区划。

（1）综合环境功能区划　多环境要素进行分区的区域或者城市环境功能区划都属于综合环境功能区划，一般分为重点环境保护区、一般环境保护区、污染控制区、重点污染治理区、新建经济技术开发（工业集中）区等。

① 重点环境保护区，一般指城市（或城市影响的邻近地区）中风景游览、文物古迹、疗养、旅游、度假等综合环境质量要求高的地区。

② 一般环境保护区，主要是以居住、商业活动为主的综合环境质量要求较高的地区。

③ 污染控制区，一般指目前环境质量相对较好，需严格控制新污染的工业区，这类地区应逐步建成清洁工业区。

④ 重点污染治理区，主要指现状污染比较严重，在规划中要加强治理的工业区。

⑤ 新建经济技术开发（工业集中）区，以其发展速度快、规模大、土地开发强度高和土地利用功能复杂为主要特征，应单独划出。该区环境质量要求以及环境管理水平根据开发区的功能设定，但应从严要求。

（2）单要素环境功能区划　单要素环境功能区划也称为部门环境功能区划，主要有大气环境功能区、水环境功能区、土壤环境功能区、生态环境功能区、噪声环境功能区等。具体划分详见第五章内容。

（三）环境功能区划的内容

① 在所研究的范围内，根据各环境要素的组成、自净能力等条件，合理确定使用功能的不同类型区，确定界面，设立监测控制点位。

② 在所研究范围的层次上，根据社会经济发展目标，以功能区为单元，提出生活和生产布局，以及相应的环境目标与环境标准的建议。

③ 在各功能区内，根据其在生活和生产布局中的分工职能以及所承担的相应的环境负荷，设计出污染物流和环境信息流；对规划区内不同的环境功能区，分别采取不同的对策，确定并控制其环境质量；确定其环境保护目标时，至少应包括环境总体目标（战略目标）、污染物总量控制目标和各环境功能区的环境质量目标三项内容。

④ 建立环境信息库，以便对生产、生活和环境信息进行实时处理，及时掌握环境状况及其发展趋势，并通过反馈做出合理的控制决策。

思考题

1. 什么是可持续发展？可持续发展概念中表达了哪些基本观点？
2. 怎样理解可持续发展的内涵和基本原则？
3. 试述可持续发展战略体现的基本思想。
4. 总结可持续发展理论、生态学理论、人地系统理论以及环境经济学等理论在环境规划与管理中的作用。
5. 环境规划与管理的主要技术方法有哪些？
6. 什么是环境评价？评价的内容是什么？

7. 如何用定量评价方法确定规划区域内的主要污染物和主要污染源？
8. 什么是环境预测？简述环境预测的方法。
9. 什么是环境决策？包含哪些基本环节？
10. 简述环境决策的方法。
11. 简述环境功能区划的含义。
12. 进行环境功能区划的目的是什么？
13. 环境功能区划包括哪些内容？

第四章

环境规划的基本内容

环境规划是指为保护和改善生态环境，促进生态环境与经济社会协调发展，在一定时期内国家或地方政府及有关行政主管部门按一定规范，对生态环境保护目标与措施所作出的预先安排。规划的目的在于调控区域内人类自身活动，减少污染，防止资源破坏。环境规划既表现为一个动态的规划过程，又表现为静态的规划文本，全国、省、市、县等四级行政区域内均可进行环境规划。

第一节 环境规划的类型和编制原则

一、环境规划的类型

环境规划涵盖面非常广泛，关于区域环境的计划安排都可以算是环境规划。因研究问题的角度、采取的划分方法不同，可以对环境规划进行不同的分类，详见表4-1。

表4-1 环境规划类型

依据	类型	特征	内容
时间长度	长期环境规划	纲要性规划，一般为10年以上	确定环境保护战略目标、主要环境问题的重要指标、重大政策措施
	中期环境规划	基本规划，一般为5~10年	确定环境保护目标、主要指标、环境功能区划、主要环境保护设施建设、技术改造项目，以及环保投资的估算和筹集渠道等
	短期环境规划	环境保护年度计划	中期规划的实施计划，内容更为具体、可操作，并有所侧重
内容	环境综合规划	对生态环境保护各个方面作出全面部署和总体安排的规划。包括根据国民经济和社会发展规划编制的五年生态环境保护规划以及中长期生态环境保护战略规划	经济发展和环境保护趋势分析、环境保护目标、环境功能区划、环境保护战略、区域污染控制、生态建设与生态保护规划方案等

续表

依据	类型	特征	内容
内容	环境专项规划	对污染治理、生态环境质量改善、生态保护修复、应对气候变化、核安全与放射性污染防治、生态环境治理体系和治理能力等方面，以及生态文明建设示范等作出生态环境保护细化部署和工作安排的规划	水、大气、土壤、固体废物、噪声、海洋、核安全与放射性污染防治等生态环境要素和应对气候变化、节能减排、农业农村、环境健康、科技人才、生态环境标准、监测监管等生态环境领域规划，以及美丽中国建设、生态文明示范创建、"绿水青山就是金山银山"实践创新基地建设、国家环境保护模范城市等创建规划
	环境区域规划	为统筹推进国家重大战略和特定区域，以及其他跨行政区域生态环境保护，作出的生态环境保护细化部署和工作安排的规划	包括京津冀、长江经济带、粤港澳大湾区、长三角、黄河流域等国家重大战略区，成渝地区双城经济圈、海南等特定区域，以及城市群、都市圈等其他跨行政区域等规划

环境综合规划和区域规划要与环境专项规划相协调，与各环境要素详细规划之间保持目标的一致性，技术措施相互对应，方案之间相互协调。专项环境规划一般还有分年度、分阶段实施的详细方案。例如，在专项大气、水环境规划中，又可以根据区域重点解决问题和所用方法分为污染综合整治规划与污染物排放总量控制规划。如果区域污染比较严重，一般要制定污染综合整治规划；如果是新开发地区，或者要重点考虑区域环境对未来的社会经济发展所能提供的承载能力，要制定污染物排放总量控制规划；如果未达到国家环境质量标准，应编制环境质量限期达标规划，采取措施，在规定的期限达到环境质量标准的要求。

二、编制原则

1. 系统性原则

环境规划编制应支撑推进经济社会高质量发展的全局谋划，注重系统观念在生态环境保护中的科学运用和实践深化，遵循生态系统的整体性、系统性及其内在发展规律，不断提高生态环境治理的系统性、整体性和协同性，持续推动源头治理、系统治理和整体治理。

2. 协调性原则

环境规划应按照《关于统一规划体系更好发挥国家发展规划战略导向作用的意见》的要求，依据国民经济和社会发展规划、基于国土空间规划基础开展编制。应与经济社会发展相协调并适度超前，保持与自然资源、水利、农业、交通、城乡建设等其他相关规划协调一致。等位及相邻行政区域的生态环境规划应相互协调。下一层级生态环境规划应遵循上一层级生态环境规划确定的约束性目标指标、总体布局、主要任务、政策举措、工程项目等内容。

3. 科学性原则

环境规划编制应坚持人与自然和谐共生的理念，尊重自然规律和生态环境保护客观差异，采用准确可信的数据资料、科学严谨的理论方法和先进成熟的技术手段，形成科学合理的规划方案。应围绕生态环境保护重点区域、重点领域、热点难点和突出生态环境问题，开展专题研究，作为规划编制的重要支撑。

4. 开放性原则

环境规划编制应充分调动各方积极性，推动专家、社会公众、相关部门等广泛参与到规划研究编制全过程。规划编制应开门问策、集思广益，切实把社会期盼、群众智慧、专家意见、基层经验充分吸收到规划研究编制中，统一思想，形成共识。

5. 可达性原则

环境规划应遵守相关法律法规要求，严格落实党中央和国务院关于生态文明建设与生态环境保护决策部署，体现美丽中国建设目标和需求，紧密结合规划区域生态环境和经济社会发展实际情况与区域特点，研究制定可操作的规划任务和举措，确保规划方案针对性强、行之有效、重点明确、可行可达。

6. 差异性原则

不同层级生态环境规划之间应体现差异性。国家层面规划重点制定总体战略，明确重点领域和重点区域生态环境保护重要目标、重大任务、重大改革举措、重大工程。省级层面规划重点落实国家相关要求，明确省（区、市）内重点领域和重点地区生态环境保护的目标、任务、工程，协调好跨区域跨流域任务要求。市县层面规划根据自身实际和特点，重点抓好落实，明确规划目标、任务实施的针对性措施。

第二节　环境规划编制的程序

一、工作程序

环境规划编制一般工作流程包括前期研究、思路研究、文本起草、征求意见、规划论证、审议报批等六个阶段。

① 在前期研究阶段，聚焦生态环境保护重大趋势、重大战略、重大政策、重大项目等方面，围绕规划期内生态环境保护全局性问题、重点区域、重点领域、热点难点和突出生态环境问题开展现状调研与专题研究。

② 在思路研究阶段，基于前期研究基础，着重分析国际国内发展环境、发展条件，研判生态环境保护形势，结合经济社会发展中长期目标任务，研究提出生态环境保护总体方向、主要目标、战略任务、改革举措和工程项目方向，形成规划基本思路。

③ 在文本起草阶段，将生态环境保护理念、工作思路、基本原则、目标任务、改革举措等内容明确落于规划方案之中，体现相关方利益诉求，做好目标指标设置与测算，提出规划重点任务和政策举措，谋划工程项目。

④ 在征求意见阶段，听取专家代表、社会公众、相关部门等意见建议，做好意见建议沟通采纳。按照下级规划遵循上级规划，专项规划、区域规划服从综合规划，同级规划之间相互协调原则，开展规划衔接，保障各类规划相互协调。

⑤ 在规划论证阶段，组织相关领域专家，对规划成果的科学性、合理性和可行性进行论证，参加论证的专家应涵盖规划主要内容涉及的专业领域，论证后应出具专家论证报告。

⑥ 在审议报批阶段，应提交规划文本、编制说明、意见采纳情况、专家论证报告、第三方政策评估报告、合法性审核意见和其他按规定需要报送的审批要件。

规划文本应主要包括以下内容：a. 现状基础。总结生态环境保护和相关领域现状基础，分析当前生态环境保护存在的主要问题和短板。b. 面临形势。结合国内外、地区内外发展环境和相关领域形势分析，研判生态环境保护面临的机遇和挑战，明确规划的必要性和重要意义。c. 总体要求。在现状基础与形势分析基础上，明确规划指导思想、基本原则，确定规划功能定位、主要目标，建立指标体系，明确指标属性。d. 规划任务。根据需要，提出空间布局优化、生态环境质量改善、生态保护修复、绿色低碳发展、应对气候变化、生态环境风险防控、环境健康管理、生态环境治理体系和治理能力现代化等方面规划任务及改革举措。e. 工程项目。明确保障规划目标、任务实现的工程项目、具体内容、建设规模等。f. 实施保障。提出保障规划顺利实施的配套措施等内容。

二、技术程序

我国环境规划主要包括以下环节：a. 现状分析与评价；b. 趋势预测和形势研判；c. 目标指标设计与制定；d. 任务方案拟订与优选；e. 工程项目谋划与投资估算；f. 保障措施等。其中目标指标设计与制定和任务方案拟订与优选是规划的核心内容。环境规划编制的技术程序见图4-1。

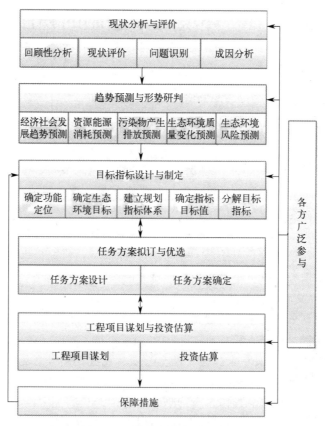

图 4-1　环境规划编制技术程序

三、主要技术方法

实际工作中根据规划编制特点和区域生态环境保护要求，可从表4-2中选择相应技术方法开展规划编制，相关方法具体内容见第三章。

表 4-2　规划编制常用的技术方法

技术流程	可采用的主要方式和方法
现状分析与评价	资料搜集:现场踏勘、问卷调查、访谈、座谈会。 资料信息鉴别:溯源法、比较法、佐证法、逻辑法。 环境要素的评价方式和方法可参考 HJ 130、HJ 1111、《区域生态质量评价办法(试行)》执行。 现状评价:专家咨询、类比分析、对标分析、遥感解译、叠图分析、指数法(单指数、综合指数)
趋势预测与形势研判	数学模型法[时间序列预测法、移(滑)动平均法、回归分析法、压力-状态-响应分析法、投入产出分析法、宏观经济分析与预测模型、环境经济学分析法、生态学分析法]、类比调查法、情景分析法和专业判断法等
目标指标设计与制定	专家咨询、生态环境质量模拟预测模型、情景分析、趋势分析、座谈会
任务方案拟订与优选	专家咨询、多目标规划分析、多情景模拟分析、费用效益分析、决策分析等
工程项目谋划与投资估算	专家咨询、情景分析、趋势分析、类比分析、投入产出分析、投资系数、环境经济学分析(影子价格、支付意愿、费用效益分析等)等。具体方法可参考《中央基本建设投资项目预算编制暂行办法》《关于印发建设项目经济评价方法与参数的通知》执行
各方参与	委托专题研究、专家咨询、问卷调查、访谈、座谈会

第三节　环境规划编制的内容

一、现状分析与评价

(一) 基本要求

① 开展生态环境保护现状分析与评价,评估区域内自然地理、经济社会发展、生态环境质量、自然生态保护、资源能源利用、应对气候变化、生态环境风险防控、生态环境基础设施、生态环境治理体系和治理能力现代化等方面的状况,总结生态环境保护的成效和经验,分析主要生态环境问题及成因,识别重点区域、重点领域生态环境保护短板弱项。

② 充分搜集有关自然、经济、社会、国土、生态环境等基础资料,作为现状分析与评价的重要基础。基础资料搜集应以编制现状年数据为基准,原则上应回溯包括近 5 年或更长时间段的数据资料。基础资料应以相关行政主管部门提供或认可的数据为准,当搜集到的基础资料不能满足分析评价要求时,应酌情开展实地调研、座谈访谈和补充监测等。搜集到的基础数据应进行信息真伪、轻重主次、完善有用等信息鉴别,确保数据可靠准确。

(二) 技术内容

现状分析与评价环节一般包括回顾性分析、现状评价、问题识别、成因分析等内容。

1. 回顾性分析

在规划的开始对上一期环境保护计划的完成情况作回顾性简评,包括污染控制、计划指标完成情况、环境工程项目完成情况等,并总结上期规划已经解决的生态环境问题,找出上期规划存在的问题,以此作为新规划的重要参考。规划区域内若未编制实施类似规划,应重点总结过去生态环境保护方面取得的成效与不足,以及形成的可复制、可推广的经验模式。

例如《全国生态保护"十三五"规划纲要》中的回顾性分析指出,现阶段,我国面临的主要生态问题有：一是生态空间遭受持续威胁。城镇化、工业化、基础设施建设、农业开垦等开发建设活动占用生态空间；生态空间破碎化加剧，交通基础设施建设、河流水电水资源开发和工矿开发建设直接割裂生物生境的整体性与连通性；生态破坏事件时有发生。二是生态系统质量和服务功能低。低质量生态系统分布广，全国土壤侵蚀、土地沙化等问题突出，城镇地区生态产品供给不足，绿地面积小而散，水系人工化严重，生态系统缓解城市热岛效应、净化空气的作用十分有限。三是生物多样性加速下降的总体趋势尚未得到有效遏制。资源过度利用、工程建设以及气候变化影响物种生存和生物资源可持续利用。我国高等植物的受威胁比例达11%，特有高等植物受威胁比例高达65.4%，脊椎动物受威胁比例达21.4%；遗传资源丧失和流失严重，60%～70%的野生稻分布点已经消失；外来入侵物种危害严重，常年大面积发生危害的超过100种。

2. 现状评价

在环境规划工作中，需要对规划区域进行背景资料调查，调查要点见表4-3。根据收集和调查的资料，按照国家制定的环境标准和评价方法对自然地理、经济社会发展、生态环境质量、自然生态保护、资源能源利用、应对气候变化、生态环境风险防控、生态环境基础设施、生态环境治理体系和治理能力等现状内容进行评价，评价内容见表4-4，评价方法详见第三章内容。

表4-3 环境规划现状调查要点

项目			要点
自然概况		区域范围	规划区域范围、环境影响所及区域的确定
	自然条件	地质	地形和地质状况
		水文	区域水系分布、水文状况，如河流、丰平枯水量等；水库或湖泊水量、水位等；海湾、潮流、潮汐和扩散系数等；地下水水位、流向等
		气象	平均气温、降水量、最大风速、风频、风向和日照时间等
		其他	台风、地震等特殊自然现象，反射能
	社会条件	人口	人口数量、组成、分布、流动人口等
		产业	经济发展态势、主导产业、产业构成及布局、产品和产量、绿色低碳发展和城镇化水平、人口变化、城镇居民分布及扩张规模等情况
			农业：农业户数、农田面积、作物种类、产品产量和施肥状况等
			渔业：渔业人口、产品种类、产量等
			畜牧业：畜牧业人口、牲畜种类和存栏数、产品率、牧场面积等
土地和水系		土地	土地利用状况，有关土地利用的规定
		水系	河流、湖泊、水库水面的利用，港湾、渔港区域状况
		水利	水利设施、供水、产业用水等
环境状况	大气	污染源	固定源、移动源、主要大气污染物的产生量
		质量现状	SO_2、NO_x、CO、HF、H_2S、HCl和飘尘等的含量，飘尘中的重金属、苯并[a]芘的含量
		气象条件	发生源、风向、风速等其他与污染物浓度的关系
	水生态	污染状况	BOD、COD等的含量，河流、湖泊透明度等，特殊有机污染物、重金属污染物的含量
		其他	发生源、水化学条件及其与污染物浓度的关系
		土壤	环境质量达标情况、污染源分布特征、主要污染物排放现状、主要污染因子等
		固体废物	区域垃圾、工业废弃物、放射性固体废物、农业废弃物
		噪声	噪声源分布、噪声污染程度、振动污染等
		热污染等	余热利用、废热排放、热污染现状
		化学品登记	生产、运送、使用和排放化学品种类、数量、毒性、处置及去向
		其他污染	恶臭、放射性、电磁波辐射、地面沉降等

续表

项目		要点
生态环境特征	区域生态	植物、动物概况,生态系统状况,外来物种入侵情况,植被覆盖面积等
	生态因子	绿地覆盖率、气象因子、人口密度、经济密度、建筑密度、交通量和水资源
	自然环境值评价	自然环境对象的学术价值、风景价值、野外娱乐价值等
城郊环境质量现状	城郊环境污染状况	"三废"产生量、治理量、排放量,污灌水质、面积
	土壤现状调查	土壤种类、分布,氮磷钾等营养元素和Cd、Pb、Hg等重金属含量,含水率等
居民生活状况	保健	总人口、死亡率、出生率、自然增长率和幼儿保健等
	食品	食品社区状况,农产品和水产品中Cd、Pb、Hg等的检出水平与一般值比较,食品添加剂的状况等
与环境有关的市政设施		区域排水系统分布结构,公园及其他环境卫生设施分布情况
环境污染效应调查		环境污染与人群健康状况(主要疾病发病率和死亡率)调查
		环境污染经济损失调查

表 4-4 环境规划现状评价内容

项目	评价内容
自然地理现状评价	自然地貌特征、气象风场、流域产汇流格局等,分析自然生态环境承载能力
经济社会发展现状评价	经济发展态势、主导产业、产业结构与空间布局、经济发展效率、绿色低碳发展和城镇化水平、人口变化、城镇居民分布及扩张规模等的评价
生态环境质量现状评价	水生态环境、大气环境、土壤环境、声环境、海洋生态环境等质量达标情况、污染源分布特征、主要污染物排放现状、主要污染因子等,分析生态环境质量状况和时空演变特征
自然生态保护现状评价	包括生态系统结构、生态系统功能和过程、生态保护修复、生态保护红线分布、重点生态功能区和生态环境敏感区类型及分布、生物多样性保护、重点保护动植物分布、外来物种入侵情况等
资源能源利用现状评价	土地资源开发利用、水资源开发利用、能源结构及利用效率、矿产资源分布与利用效率、旅游资源开发利用、海洋资源开发利用、重要生物资源开发利用等情况,分析各类资源利用现状水平和变化趋势
应对气候变化现状评价	气候要素历史变化趋势和年代际变化、主要极端天气气候事件时空分布特征、温室气体排放,分析气候变化特征、变化趋势
生态环境风险防控现状评价	危险废物、危化品、重金属、尾矿库等风险源分布和管理情况,新污染物治理情况,核安全与放射性污染防治情况,分析生态环境污染事故变化趋势和风险态势
生态环境基础设施现状评价	城镇污水收集处理、农村生活污水治理、工业废水集中处理、生活垃圾收运处置、固体废物处置利用、基础设施管理能力等情况,分析建设运维水平
生态环境治理体系和治理能力现状评价	包括生态环境管理体制机制、法律法规、管理制度和监测监管、执法、应急、信息化以及核安全与放射性污染防治等能力建设情况

3. 问题识别

根据生态环境质量标准、国内国际对标比较等方面,评估生态环境保护水平,明确生态环境保护主要差距。从生态环境质量改善、源头管控、结构调整、布局优化、过程监管、治理体系和治理能力、区域差异等方面识别主要生态环境问题。

4. 成因分析

从区域自然本底情况、生产生活方式、能源利用形式和产业结构的合理性,产业布局、开发行为与生态环境空间特征的协调性,污染物减排与碳排放控制的协同性,自然气象因素与生态环境质量改善的关联性,污染物排放量、空间分布与生态环境质量改善的一致性,生态环境基础设施处理处置能力与污染减排的匹配性,治理体系和治理能力与生态环境保护工作需求对等性等方面，开展生态环境问题成因分析。

二、趋势预测与形势研判

（一）基本要求

① 在现状分析与评价基础上，开展趋势预测，判断生态环境保护形势，识别影响未来生态环境质量的主要因素，寻求改善生态环境以及促进生态环境与经济社会协调发展的路径。

② 趋势预测与形势研判应包括经济社会发展趋势预测、资源能源消耗预测、污染物产生排放预测、生态环境质量变化预测、生态环境风险趋势预测等内容。综合考虑减污降碳协同增效要求和区域生态环境问题成因，多情景研判规划期内生态环境保护面临的形势与挑战。

（二）技术内容

环境预测是根据已经掌握的信息和资料，通过各种科学的手段和方法对未来规划期内环境变化趋势进行科学的预见与推测。根据环境预测结果，找出今后区域发展的主要环境问题，常用的环境预测方法模型见第三章。

1. 经济社会发展趋势预测

主要对经济结构、城镇化、人口等进行预测，提出中长期区域经济社会发展情况，分析对生态环境保护的影响。

2. 资源能源消耗预测

主要对能源消耗总量、能源结构、水资源消耗总量等方面进行预测，提出中长期资源能源消耗情况和生态环境的承载能力，研判资源能源消耗对生态环境保护带来的影响。

3. 污染物产生排放预测

主要对大气污染物、水体污染物、固体废物等各类污染物的产生量、新增量、减排潜力等进行预测。在设定一定污染物削减目标条件下，预测污染物排放种类、数量，必要时应定量给出污染造成的危害和损失等，制定不同减排政策情景，研判对生态环境保护的影响。

4. 生态环境质量变化预测

主要对中长期生态环境质量变化、碳排放、生态系统质量、新型生态环境问题等进行预测，研判未来生态环境保护存在的压力和挑战。

5. 生态环境风险预测

主要对重大的区域性生态环境灾害，以及偶然或意外发生的对生态环境造成危害的环境污染事故进行风险预测，分析对生态环境保护的影响。环境风险有两种类型：一类是指一些重大的环境问题，例如全球气候变化、臭氧层破坏或严重的环境污染问题等，一旦发生会造成全球或区域性危害甚至灾难；另一类是指偶然的或意外发生的事故对环境或人群安全和健康造成的危害，这类事故往往所排放的污染物量大、集中、浓度高，危害也比常规排放严重，例如核电站泄漏事故、化工厂爆炸、采油井喷、海上溢油、水库溃坝、交通运输中有毒物质的溢泄和尾矿库或电厂储灰库溃坝等。对环境风险的预测和评价，有助于有针对性地采取措施，防患于未然；或者制定应急措施，在事故发生时减少损失。

三、目标指标设计与制定

环境目标是在一定条件下决策者所要达到的环境质量状况或标准，是环境规划的核心。环境规划目标是通过环境指标体系来表征的，而环境指标体系则是在一定时空范围内所有环境因素构成的环境系统的整体反映。

（一）基本要求

① 在遵循党中央、国务院以及所在省、市、县提出的关于生态文明建设、生态环境保护的重大战略部署和总体要求基础上，充分衔接国民经济和社会发展规划目标要求，提出规划主要目标。

② 在满足指标可量化、可监测、可评估、可分解、可考核的要求下，确定规划目标指标体系，明确约束性指标和预期性指标。

③ 规划指标体系设计应能对目标指标完成情况进行动态科学评价，引导各地区、各部门推进规划实施。

④ 指标目标值应符合相关生态环境保护政策、标准、规划等要求。

（二）技术内容

1. 确定规划对象生态环境功能定位

依据自然地理区位、经济社会发展、绿色低碳水平、生态环境现状、生态环境典型特征等因素，从长周期、大尺度、多维度、多要素、多情景等方面分析，确定规划对象所承载的生态环境功能定位。

2. 确定生态环境保护目标

围绕生态环境功能定位，针对主要生态环境问题，充分考虑经济社会环境发展阶段、生态环境治理水平，确定能体现广泛形成绿色生产生活方式、碳排放达峰后稳中有降、生态环境质量改善提升等实现美丽中国建设要求的目标。

3. 建立规划指标体系

目标一般以定性描述为主，需要量化的目标可通过建立规划指标体系来完成。综合考虑规划往年指标设置情况、上一层级规划指标要求、同级国民经济和社会发展规划的指标设置情况，衔接生态环境保护目标要求，从空间格局、生态环境质量改善、生态保护修复、绿色低碳发展、应对气候变化、生态环境风险防控、环境健康管理、生态环境治理体系和治理能力等方面构建规划指标体系，明确指标属性。

4. 确定指标目标值

在指标体系制定后，还需要界定各指标的标准值或参考值，这一数值可来自生态环境部的考核标准或相对先进、相对发达城市的数据。根据拟规划对象的现状值（一般指规划基准年的值）与标准值（或参考值）的差距以及规划目标，设定各规划年的规划目标值。采用预测模型等对指标进行趋势分析，判断指标目标完成情况的可达性，预测可达潜力。若指标目标完成的可达性差，应调整优化规划指标目标。表4-5为我国"十五"到"十三五"期间的总量控制目标。

表 4-5 不同时期污染物排放总量控制目标

规划	污染物	总量控制目标
"十五"	化学需氧量、氨氮、二氧化硫、烟尘、工业粉尘、工业固体废弃物	比"九五"末削减 10%
"十一五"	化学需氧量、二氧化硫	计划到 2010 年,全国主要污染物排放总量比 2005 年减少 10%
"十二五"	化学需氧量、氨氮、二氧化硫和氮氧化物	全国主要污染物排放总量 2015 年比 2010 年减少 8%～10%,其中 COD 和 SO_2 排放量下降 8%,NH_3-N 和 NO_x 排放量下降 10%
"十三五"	化学需氧量、氨氮、二氧化硫和氮氧化物	全国主要污染物排放总量 2020 年比 2015 年减少 10%～15%,其中 COD 和 NH_3-N 排放量下降 10%,SO_2 和 NO_x 排放量下降 15%

5. 分解目标指标

对制定的目标指标开展时间序列和空间序列的分解。时间序列分解是指把规划目标根据规划实施期作出时间序列上的落实安排。空间序列分解是指将规划目标按照行政区域（省、市、县）等分解并落实到有关责任主体。

四、任务方案拟订与优选

（一）基本要求

针对识别的生态环境问题、生态环境发展趋势、生态环境目标指标等方面，提出具体任务措施方案；若提出的任务方案不能支撑指标目标实现时，应调整规划任务方案；当任务措施有多个方案时，应进行方案的投资估算和可行性分析，规划方案根据经济性、技术政策、法规、标准进行评估，研究各类方案实施的效果、实现目标的可能性及方案本身的可行性，比较各方案，择优选取。

（二）技术内容

1. 任务方案设计

环境规划任务方案的设计是整个规划工作的中心，与确定目标一样都是工作重点。它是在考虑国家或地区有关政策规定、环境问题和环境目标、污染状况和污染削减量、投资能力和效益的情况下，提出具体的污染防治和自然保护的措施与对策。根据规划对象和实际情况提出规划任务，包括但不限于以下方面：

① 空间布局优化任务方案，根据区域发展战略，落实生态环境分区管控相关要求，提出经济社会发展布局、产业布局、重大基础设施建设等空间布局优化任务措施。

② 生态环境质量改善任务方案，包括环境污染防治、水生态环境、大气环境、土壤环境、声环境、海洋生态环境、城市农村生态环境等方面生态环境质量改善的重点任务和改革举措。

③ 生态保护修复任务方案，包括推进山水林田湖草沙系统治理，强化生态保护修复，开展生物多样性保护，加强自然保护地建设，加强生态保护监管的重点任务和改革举措。

④ 绿色低碳发展任务方案，包括发展方式绿色转型、调整产业结构、能源结构、交通运输结构、用地结构，推动绿色升级，推进资源节约集约利用，建设无废城市，推动绿色生

活等方面重点任务和改革举措。

⑤ 应对气候变化任务方案，围绕碳达峰碳中和目标愿景，提出减缓和适应气候变化、推动减污降碳协同治理等方面的重点任务和改革举措。

⑥ 生态环境风险防控任务方案，包括危险废物、重金属和尾矿库风险防控，固体废物处理处置，新污染物治理，核安全与放射性污染防治等方面的重点任务和改革举措。

⑦ 环境健康管理任务方案，提出促进居民环境健康素养水平、提升环境健康工作能力等方面的任务和举措。

⑧ 生态环境治理体系和治理能力现代化任务方案，提出健全生态环境体制机制、法律法规、管理制度、经济政策，提升生态环境监测监管能力，加强国内国际生态环境治理合作等方面的重点任务和改革举措。

2. 任务方案确定

对拟订的规划任务草案进行经济效益、环境效益、社会效益、生态效益和气候效益等方面的可行性分析。经过分析、比较和论证，选出适用的规划任务方案。

（1）规划方案综合论证　规划方案的综合论证包括环境合理性论证和环境效益论证两部分内容。前者从规划实施对资源、生态、环境综合影响的角度，论证规划内容的合理性；后者从规划实施对区域经济、社会与环境发挥的作用，以及协调当前利益与长远利益之间关系的角度，论证规划方案的合理性。

① 规划方案的环境合理性论证

a. 基于区域环境保护目标以及"三线一单"要求，结合规划协调性分析结论，论证规划目标与发展定位的环境合理性。

b. 基于环境影响预测与评价和资源与环境承载力评估结论，结合资源利用上线和环境质量底线等要求，论证规划规模和建设时序的环境合理性。

c. 基于规划布局与生态保护红线、重点生态功能区、其他环境敏感区的空间位置关系和对以上区域的影响预测结果，结合环境风险评价的结论，论证规划布局的环境合理性。

d. 基于环境影响预测与评价和资源与环境承载力评估结论，结合区域环境管理和循环经济发展要求，以及规划重点产业的环境准入条件和清洁生产水平，论证规划用地结构、能源结构、产业结构的环境合理性。

e. 基于规划实施环境影响预测与评价结果，结合生态环境保护措施的经济技术可行性、有效性，论证环境目标的可达性。

② 规划方案的环境效益论证。分析规划措施在维护生态功能、改善环境质量、提高资源利用效率、减少温室气体排放、保障人居安全、优化区域空间格局和产业结构等方面的环境效益。

③ 不同类型规划方案综合论证重点。进行综合论证时，应针对不同类型和不同层级规划的环境影响特点，选择论证方向，突出重点。

a. 对于资源能源消耗量大、污染物排放量高的行业规划，重点从流域和区域资源利用上线、环境质量底线对规划实施的约束，规划实施可能对环境质量的影响程度，环境风险以及人群健康风险等方面，论述规划拟订的发展规模、布局（及选址）和产业结构的环境合理性。

b. 对于土地利用的有关规划，区域、流域、海域的建设、开发利用规划，农业、畜牧业、林业、能源、水利、旅游、自然资源开发专项规划，重点从流域或区域生态保护红线、资源利用上线对规划实施的约束，规划实施对生态系统及环境敏感区、重点生态功能区结构、功能的影响，以及生态风险等角度，论述规划方案的环境合理性。

c. 对于公路、铁路、城市轨道交通、航运等交通类规划，重点从规划实施对生态系统结构、功能所造成的影响，规划布局与评价区域生态保护红线、重点生态功能区、其他环境敏感区的协调性等方面，论述规划布局（及选线、选址）的环境合理性。

d. 对于产业园区等规划，重点从区域资源利用上线、环境质量底线对规划实施的约束，规划及包括的交通运输实施可能对环境质量的影响程度以及环境风险与人群健康风险等方面，综合论述规划规模、布局、结构、建设时序以及规划环境基础设施、重大建设项目的环境合理性。

e. 对于城市规划、国民经济与社会发展规划等综合类规划，重点从区域资源利用上线、生态保护红线、环境质量底线对规划实施的约束，城市环境基础设施对规划实施的支撑能力，规划及相关交通运输实施对改善环境质量、优化城市生态格局、提高资源利用效率的作用等方面，综合论述规划方案的环境合理性。

（2）规划方案的优化调整建议

① 根据规划方案的环境合理性和环境效益论证结果，对规划内容提出明确的、具有可操作性的优化调整建议，特别是出现以下情形时：

a. 规划的主要目标、发展定位不符合上层位主体功能区规划、区域"三线一单"等要求。

b. 规划空间布局和包含的具体建设项目选址、选线不符合生态保护红线、重点生态功能区以及其他环境敏感区的保护要求。

c. 规划开发活动或包含的具体建设项目不满足区域生态环境准入清单要求，属于国家明令禁止的产业类型或不符合国家产业政策、环境保护政策。

d. 规划方案中配套的生态保护、污染防治和风险防控措施实施后，区域的资源、生态、环境承载力仍无法支撑规划实施，环境质量无法满足评价目标，或仍可能造成重大的生态破坏和环境污染，或仍存在显著的环境风险。

e. 规划方案中有依据现有科学水平和技术条件，无法或难以对其产生的不良环境影响的程度或范围作出科学、准确判断的内容。

② 应明确优化调整后的规划布局、规模、结构、建设时序，给出相应的优化调整图、表，说明优化调整后的规划方案具备资源、生态和环境方面的可支撑性。

③ 将优化调整后的规划方案作为评价推荐的规划方案。

④ 说明规划环评与规划编制的互动过程、互动内容和各时段向规划编制机关反馈的建议及其被采纳情况等互动结果。

五、工程项目谋划与投资估算

（一）基本原则

针对规划目标任务，落实上一层级规划相关要求，结合同区域生态环境和经济社会发展水平及未来发展趋势，谋划技术先进、工艺成熟、运维经济、使用寿命长的工程项目，支撑规划任务落实，保障规划目标达成。

（二）技术内容

1. 谋划设计

坚持问题导向、目标导向、需求导向，坚持"项目跟着规划走"的原则，系统性地对在建拟建的工程项目进行梳理、整合、优化，结合规划目标任务要求，谋划一批强基础、增功能、利长远的工程项目，建立工程项目台账。

2. 涵盖内容

明确工程项目的投资规模、主要内容、实施地点、组织实施部门、实施年限等内容。

3. 投资估算

市县级规划工程项目谋划应明确投资估算。投资估算范围以国家相关规范为准，根据当地基础设施工程项目造价和调查的有关市场参考价等确定估算额，并根据规划实施进度分期安排建设资金。公益性建设项目应明确国家和地方的投资比例，经营性项目提出可行的筹资方案。

（1）明确资金筹措方式　市县级规划工程项目投资估算，宜明确资金筹措方式。宜通过中央财政资金、地方财政资金、地方政府专项债、绿色金融、社会资金等多源融资渠道筹措工程项目资金。

（2）可行性分析　市县级规划工程项目投资估算，应分析财力对工程项目投资的承受能力，判断资金来源是否可行，验证工程项目投资可行性。

六、保障措施

为保证规划的顺利实施以及计划目标的顺利完成，在规划编制的最后都要提出规划保障措施，这也是规划必不可少的内容。保障措施要求如下。

1. 加强组织领导

地方人民政府是环境规划实施的责任主体，要切实加强组织领导，按照规划要求，制定规划实施方案，并将规划目标和各项任务分解落实到城市与企业，制订年度工作计划，明确年度工作任务和部门职责分工，确保任务到位、项目到位、资金到位、责任到位。各有关部门应加强协调配合，按照职责分工开展相应工作，制定相关配套措施，保证规划任务的落实。

2. 严格考核评估

生态环境部会同国务院有关部门制定考核办法，每年对规划实施情况进行评估考核，在规划期末，组织开展规划终期评估，评估结果作为地方各级人民政府领导班子和领导干部综合考核评价的重要依据，实行问责制，并向社会公开。

3. 加大资金投入

建立政府、企业、社会多元化投资机制，拓宽融资渠道。污染治理资金以企业自筹为主，政府投入资金优先支持列入规划的污染治理项目。

4. 完善法规标准，强化科技支撑

加快环境保护法、大气污染防治法、水污染防治法等法律法规的修订工作，以及重点行业污染防治技术政策和技术规范的制定；加大污染防治科技研发的支持力度，开展重点行业多污染物协同控制技术的研究。

5. 加强宣传教育

开展广泛的环境宣传教育活动，充分利用世界环境日、地球日等重大环境纪念日等宣传平台，普及大气环境保护知识，全面提升公民环境意识，不断增强公众参与环境保护的能力；加强人员培训，提高各级领导干部对污染防治工作重要性的认识，提升环保人员业务能力水平；充分发挥新闻媒体在环境保护中的作用，宣传先进典型，加强舆论监督，为改善环境质量营造良好的氛围。

思考题

1. 环境规划编制的原则是什么？
2. 简述环境规划编制的工作程序。
3. 环境规划文本应该包括的具体内容是什么？
4. 环境规划编制的技术流程包含哪几个步骤？
5. 总结环境规划编制的内容。
6. 环境风险有哪些类型？
7. 怎样设计与制定环境规划目标和指标？
8. 从哪些方面可以提出环境规划任务？
9. 如何进行规划任务方案的确定？
10. 环境规划方案实施的条件是什么？

美国环境规划研究现状

拓展阅读

第五章

环境保护专项规划

第一节 水环境保护规划

一、水环境保护规划的发展

按区域编制实施水污染防治规划是《中华人民共和国水污染防治法》的法定要求，也是我国改善水生态环境的重要举措。与其相关的还包括水环境综合整治规划、水质管理规划、主要水污染物排放总量控制规划、水资源环境保护规划、水生态保护规划等。水污染防治规划是指在水污染物排放和环境质量现状评估以及水环境压力预测的基础上，制定特定时期和范围的水环境保护目标，确定实现水环境保护目标的任务、工程和政策措施的过程，已成为地方政府解决当地水污染问题的计划依据。

我国的水污染防治工作于20世纪70年代起步，1996年《中华人民共和国水污染防治法》第一次修订，标志着水污染防治向面源和流域、区域综合整治发展；从侧重污染的末端治理逐步向源头和工业生产全过程控制发展；从浓度控制向浓度和总量控制相结合发展；从分散的点源治理向集中控制与分散治理相结合转变。进入21世纪以来，环境保护在国家战略层面上逐步上升到与经济发展并重的地位，从主要用行政办法保护环境，转变为综合运用法律、经济、技术和必要的行政办法解决环境问题，深化了人们对水污染防治思路、目标、手段等的认识。

我国自"九五"以来，针对国家确定的重点流域，以5年为周期编制实施水污染防治规划，"十三五"起，我国重点流域规划开始采取自下而上与自上而下相结合的方式，深化流域"分区、分级、分类"管理，以控制单元差别化、精细化、科学化的治污方案为核心，实现流域、饮用水、地下水、黑臭水体、近岸海域等各类水体的统筹，务求因地制宜、可达可行。2019年，生态环境部启动重点流域"十四五"规划编制工作，印发了《重点流域水生态环境保护"十四五"规划编制技术大纲》，确定了水生态环境规划的总体思路，即"一点两线"和"三水统筹"。其中，"一点"是指水生态环境质量状况；"两线"是指污染减排和生态扩容。

二、水生态环境保护规划的内容

水生态环境保护规划编制没有严格固定的内容，实际中应根据规划的问题和目标导向确定编制内容。以下内容参考生态环境部印发的《重点流域水生态环境保护"十四五"规划编制技术大纲》，主要包括：对区域水生态环境状况进行调查与分析，水环境预测，划分控制单元，确定规划目标，设计规划方案，并对所设计规划方案进行优化分析与决策。

（一）水生态环境状况调查与分析

收集整理水资源、水生态、水环境、经济社会等方面长时间序列数据，各类数据应按照流域汇水特征，归集到各控制单元。通过收集的数据，选择适宜的水质模型，系统分析水生态环境状况，从各水域的实际出发，深入分析水域存在的突出问题。

1. 水环境状况分析

按照《地表水环境质量标准》（GB 3838—2002）、《地表水环境质量评价办法（试行）》和《全国集中式生活饮用水水源地水质监测实施方案》，分析评价地表水、饮用水水源水环境质量。分析内容包括水环境质量总体状况、主要污染物时空变化以及水环境质量达标情况等。

根据水环境状况分析结果，可分为饮用水水源水环境质量不达标、存在黑臭水体、存在劣质Ⅴ类或不达标水体等问题。

2. 水资源状况分析

分析水资源多年变化趋势、时空分布特征、供需关系、用水结构和用水效率等。根据水文监测数据、遥感解译结果、实地调研情况等，重点分析规划区域内河湖生态流量（水位）保障情况、河流湖泊断流干涸情况，评价河流断流河长、时长（湖库干涸面积、时长），梳理河流湖泊断流干涸或生态流量（水位）不足问题。

3. 水生态状况分析

分析规划区域内湖库富营养化状况、蓝藻水华暴发频次范围，以及自然保护区、湿地和饮用水水源等重要生态空间水生态状况变化情况，包括水生生物、栖息地、河流生态缓冲带等情况；针对公众关注度高、具有重要生态功能的水体，开展水生态调查；通过实地考察，掌握当地现有鱼类、底栖生物、浮游生物和水生植物状况；走访当地年长百姓、查阅文献资料等，调查历史上有记录的土著鱼类或水生植物；流域层面试点开展水生态健康评价。

根据水生态状况分析结果，可分析河湖生物完整性指数下降、河湖自净能力降低、湖库富营养化等问题。

4. 水环境风险分析

结合污染源普查、环境统计等数据库，筛选涉及有毒有害污染物及持久性有机污染物生产、排放的污染源，包括历史上曾存在的和目前仍在生产运行的工业企业、矿场、尾矿库等；各地根据实际需求，针对具有重要生态功能的水体，开展底泥、滩涂有毒有害污染物或持久性有机污染物调查。

根据水环境风险分析结果，可分析饮用水水源安全风险、底泥滩涂重金属污染风险、重要水体环境风险等问题。

通过上述调查和分析，最终确定问题的主要成因。常见问题成因参见表 5-1。

表 5-1　水生态环境问题可能的成因

类型	问题	成因
水环境	(1)饮用水水源水环境质量不达标； (2)存在黑臭水体； (3)存在劣质Ⅴ类或不达标水体	(1)工业污染 ①结构性污染突出，如落后、重污染企业占比大等。 ②产业布局不合理，如敏感区域存在重污染企业等。 ③治污设施不完善，如企业未安装治污设施、治污设施不正常运行等。 (2)城镇污染 ①基础设施建设短板突出，如污水处理设施建设滞后、污水管网收集系统不健全、生活垃圾及污泥未收集处理等。 ②初期雨水面源污染重，如初期雨水未收集处理等。 ③城市管理不到位，如污水、垃圾倒入雨水井，随降雨入河等。 (3)农业农村污染 ①养殖业污染，如规模化畜禽养殖污染未有效治理、畜禽养殖散户多且废水直排入河、水产养殖尾水未治理等。 ②种植业污染，如农药化肥施用过量、农田退水污染等。 ③农村生活污染，如农村污水未有效处理、农村垃圾收集处理处置体系不完善等。 (4)其他
水资源	河流湖泊断流干涸或生态流量(水位)不足	①缺水地区存在高耗水生产方式，如缺水地区存在高耗水行业、高耗水农业灌溉等。 ②水资源配置不合理、生态用水不足，如水资源配置中生态用水占比低、河流闸坝下泄流量不足等。 ③区域再生水利用不足，如再生水利用设施和管网建设滞后、再生水管理体系不健全等。 ④其他
水生态	(1)河湖生物完整性指数下降； (2)河湖自净能力降低； (3)湖库富营养化	①存在明显破坏水生态的生产方式，如拖网捕捞、过度捕捞水生生物等。 ②侵占敏感生态空间，如生产活动侵占湿地、水源涵养区、水体及其缓冲带等。 ③河湖水系连通性差，如已建水利设施阻断河湖水力联系等。 ④其他
水环境风险	(1)饮用水水源安全风险； (2)底泥重金属污染风险； (3)重要水体环境风险	①累积性风险，如饮用水水源保护区内存在排放污染物的建设项目、河湖底泥重金属累积等。 ②突发性风险，如敏感水体周边分布高风险企业及尾矿库、危险化学品运输带来环境风险等。 ③原生性风险，如地质原因导致的 Fe、Mn、F、As、SO_4^{2-} 超标问题等

（二）水环境预测

水环境预测包括排污量预测和水环境质量预测两方面的内容。区域水体污染的控制目标应包括水质目标和总量削减目标。

对于水污染控制区（单元）来说，排放的污染物总量和水体浓度之间，并不是简单的水量稀释关系，而是由沉降、再悬浮、吸附、解吸、光解、挥发、物化、生化等多种过程的综合效应所决定的。因此，确定水污染总量削减目标的技术关键是建立反映污染物在水体中运动变化规律及影响因素相互关系的水质模型，据此在一定的设计条件和排放条件下，建立反映污染物排放总量与水质浓度之间关系的输入-响应模型。常用模型有完全混合的河流水质预测模型、一维河流水质预测模型、湖泊水质预测模型、单一河段 S-P 模型等，详见第三章。

（三）水体功能区划和水污染控制单元划分

区域水环境往往需要满足多种用水需求，对每一种用途，国家都有相应的管理法规和水质标准。划分水功能区的目的是保证国家重要水体生态环境功能，按流域形成水陆统筹的保护空间。不同水域的水功能区可依据《全国重要江河湖泊水功能区划（2011—2030年）》进行划分。如地表水环境功能区可分为五类，Ⅰ类水域，主要适用于源头水、国家自然保护区；Ⅱ类水域，主要适用于集中式生活饮用水地表水源地一级保护区、珍稀水生生物栖息地、鱼虾类产卵场、仔稚幼鱼的索饵场等；Ⅲ类水域，主要适用于集中式生活饮用水地表水源地二级保护区、鱼虾类越冬场、洄游通道、水产养殖区等渔业水域及游泳区；Ⅳ类水域，主要适用于一般工业用水区及人体非直接接触的娱乐用水区；Ⅴ类水域，主要适用于农业用水及一般景观要求水域。

控制单元是细化水功能区保护要求，尽可能按小流域实施精细化管理措施的空间载体。在此基础上，通过控制断面将流域保护责任层层落实到行政区域。国家层面统一开展水功能区和控制单元划分工作，地方层面对接细化落地。水污染控制单元是根据水域使用功能的要求，同时考虑行政区划、水域特征和污染源分布特点进行划分，划分的原则为：

① 每个控制单元有单独进行评价、实施不同控制路线的可能；

② 针对不同的污染物、不同的保护目标，同一地区可以有多种控制单元划分方案，以适应解决不同环境问题的需要，即对于不同的控制目标，能够有不同的控制单元与之对应；

③ 在每个控制单元内，污染物排放清单应齐全，水域水质控制断面应有常规监测资料；

④ 各控制单元之间的相互影响，应能通过污染物的输入、输出来定量表达，做到水量平衡、质量平衡。

我国"九五"期间在淮河流域规划上就建立了"控制区—控制单元—控制子单元"分区体系，在"十二五"规划中建立了"流域—控制区—控制单元"三级分区管理体系；"十三五"对控制单元做进一步优化，建立由流域（一级区）、水生态控制区（二级区）、控制单元（三级区）构成的流域水生态环境功能分区管理体系；"十四五"时期，按照"流域统筹、区域落实"的思路，逐步建立包括全国—流域—水功能区—控制单元—行政区域5个层级、覆盖全国的流域空间管控体系。

（四）制定规划目标

根据水环境监测结果，采用恰当的分析、评价方法和预测模型，确定超标的河段和主要污染物，合理确定各断面水环境质量目标、水功能区达标率目标、城市集中式饮用水水源达到或优于Ⅲ类比例，原则上规划目标不低于现状；根据水资源状况分析结果，结合水生态环境质量改善需求，以解决断流河流"有水"为重点，衔接水利部门相关工作安排，合理确定生态流量（水位）底线要求；根据水生态系统功能初步恢复的要求，合理确定水生生物完整性指数、河流生态缓冲带修复长度以及湿地恢复（建设）面积。

"十四五"期间重点流域水生态环境保护建立的水资源、水生态、水环境的规划指标体系见表5-2和表5-3。

表5-2 "十四五"规划常规指标

类别	序号	指标
水环境	1	地表水优良（达到或优于Ⅲ类）比例(%)
	2	地表水劣质Ⅴ类水体比例(%)
	3	水功能区达标率(%)
	4	城市集中式饮用水水源达到或优于Ⅲ类比例(%)

续表

类别	序号	指标
水资源	5	达到生态流量（水位）底线要求的河湖数量（个）
水生态	6	水生生物完整性指数
	7	河湖生态缓冲带修复长度（km）
	8	湿地恢复（建设）面积（km^2）

表 5-3 "十四五"规划亲民指标

类别	指标
水环境	城市建成区黑臭水体控制比例（%）
水资源	恢复"有水"的河流数量（个）
水生态	重现土著鱼类或水生植物的水体数量（个）

（五）水生态环境综合整治方案的设计

水生态环境综合整治是指应用多种手段，采取系统分析的方法，提升水生态环境质量。首先针对饮用水水源不达标问题和规范化建设方面的差距，全面提高城镇和农村饮用水安全保障水平；其次，按照"三水统筹"的思路，从污染减排、水资源保障、水生态保护修复3个方面提出针对性的措施；最后，针对各地存在的突发性和累积性环境风险，从预防设施建设、预警体系建设、应急处置能力提升等方面提出针对性的解决方案。

1. 加强饮用水水源保护

针对县级及以上城市饮用水水源不达标问题，以及农村饮用水源保护工作中存在的突出生态环境问题采取措施。排查对其产生影响的工业企业、居民集聚区、养殖种植等污染源，确定治理重点和保护任务，提升水源保护区整治和水源监控能力，解决县级及以上城市饮用水水源不达标问题。

2. 减少污染物排放

（1）实施入河排污口排查整治　以城市建成区及重要水体为重点，摸清所有直接、间接排放的各类排污口数量、位置，了解排污口的排放状况，掌握排放的污染物种类及排放量，查清排污单位，厘清排污责任；结合水生态环境状况，确定禁止设置排污区域和限制设置排污区域，优化排污口设置布局；按照工业、生活、农业等不同类型排污口特征，进行清理整治和达标排放。

（2）建立"减排-监测-环境质量"联动模式　水污染减排应尽快完成由总量控制向质量目标控制的转型，将改善环境质量作为减排工作成效的终极标准。"十四五"水污染减排应强化以改善环境质量为核心，将总量减排作为重要手段，建立"减排-监测-环境质量"联动模式。整合减排数据、污染源出口在线监测、河流断面水质在线监测、日常人工监测、生态遥感监测系统、气象条件等建立大数据平台，建立水环境质量评价模型，实时评价污染源的减排成效，并对区域水环境质量状况及潜在风险进行预警，根据综合评价情况，及时调整污染源减排措施。

（3）推进工业污染防治　调整优化产业结构布局。对有条件的地区，宜优先提出整合重组、升级改造任务；对存在高污染企业的水污染严重地区、敏感区域、城市建成区，提出退城入园、场地搬迁等任务；对落后产能，提出淘汰关闭任务；转变粗放生产方式。按照清洁生产相关法律法规要求及《水污染防治重点行业清洁生产技术推行方案》等技术文件，根据成因研判结果，推动企业开展清洁生产工作；鼓励有条件的地区，实行工业和生活等不同领域废水及造纸、印染、化工、电镀等不同行业废水分质分类处理。

（4）全面提升城镇污染治理

① 完善污水收集体系。对污水管网未全覆盖的区域，明确现状与需求差距，进行管网建设；对管网漏损率高的区域，查明管网破损情况，进行管网维修维护；对雨污合流导致污水处理设施进水浓度低的区域，进行雨污合流管网改造。

② 补齐污水处理设施短板。对存在污水直排口、长期超负荷运行处理设施等情况的区域，实事求是确定污水处理能力缺口，合理确定污水处理能力建设规模；对城镇生活污染负荷较重的区域，根据水生态环境质量评价结果，确定污水处理厂的提标改造规模及需执行的排放标准，排入封闭式水域及对近岸海域水质有直接影响的地区污水处理厂必须选用具有强化除磷脱氮功能的处理工艺；根据污泥无害化处理处置率差距，提出污泥无害化处理处置建设规模，鼓励采用资源化利用方式处理处置污泥，鼓励经处理处置后达到《农用污泥污染物控制标准》（GB 4284—2018）要求的污泥还田利用。

③ 控制初期雨水污染。根据区域内水生态环境保护需求，因地制宜进行初期雨水截留纳管、初期雨水处理设施建设等工作。

（5）强化农业农村污染防治

① 加强养殖污染防治。对畜禽养殖场（小区）密集、治污水平较低的区域，鼓励采用"种养平衡"、废弃物资源化利用的模式，根据当地养殖废弃物产生量及农田消纳能力，切合实际进行规模化畜禽养殖场（小区）养殖废弃物资源化利用及污染治理设施的建设。对水产养殖污染较重的水体，根据水体生态环境功能保护需要，进行与养殖用水和排放尾水相适应的物理沉淀、生物净化等设施建设运行，并依法确定水产养殖清理整顿面积。

② 推进种植污染管控。根据化肥、农药施用强度及需求量分析结果，结合畜禽养殖废弃物资源化利用任务要求，进行农田化肥、农药减施及推广有机肥等工作，提出生态拦截沟等面源污染防治措施。

③ 对农村生活污水直排现象严重的区域，按照分散与集中相结合的原则，合理进行农村生活污水设施及管网建设。对管网不配套导致农村生活污水处理设施未运行的，进行污水收集管网建设。对农村生活垃圾乱堆乱放现象严重的区域，根据生活垃圾产生量及处置能力现状，进行农村垃圾收集转运处置能力建设；鼓励有条件的地区，按照政府主导、市场主体、农民参与的原则，试点推广企业统一收集、垃圾分类转化、资源回收利用的农村垃圾处理处置模式。

（6）加强移动源污染防治　针对船舶污水直排、港口码头船舶水污染物接收设施不完善及接收转运衔接不畅等问题，进行船舶污水整治、老旧及难以达标船舶淘汰、港口码头船舶水污染物收集转运处理能力的建设。

3. 水资源保障

（1）转变高耗水方式　根据用水结构和用水效率，提出各领域、行业节水任务。鼓励新、改扩建项目优先利用污水处理厂再生水。

（2）调控调度闸坝、水库　按照生态保护优先的原则，明确闸坝、水库各时段生态下泄流量要求；根据河湖连通性等生态环境功能需求及水利工程建设现状，明确小水电站整治、改造等要求，提出水体纵向、横向、垂向连通工程。

（3）完善区域再生水循环利用体系　根据污水水源、城镇污水排放和处理情况、城镇再生水生产和使用现状、水资源开发利用状况及用水需求分析，以促进生态流量恢复为主要目的，设计区域再生水循环利用体系；有条件的地区，以区域为单位，按照污水处理厂设计、建设与出水人工湿地净化、调蓄设施储备等环节有效衔接的思路，进行人工湿地水质净化工程和再生水调蓄设施建设，明确污水处理厂优化布局要求，构建"截、蓄、导、用"并举的区域再生水循环利用体系。

4．水生态保护修复

（1）湿地恢复与建设　针对湿地面积萎缩、重要物种生境受损等问题，采用不同的保护与修复措施，主要包括湿地封育保护、退耕还湿、湿地生态补水、生物栖息地恢复与重建等。其中，对于面积明显萎缩、生境受损的湿地，确定退耕还湿、退养还滩等生态恢复任务。因地制宜在污水处理厂下游、支流入干流口、河湖入库口等关键节点设计人工湿地水质净化工程建设任务。

（2）河湖生态恢复

① 合理确定范围。对水源涵养区，应根据《全国生态功能区划》等成果及相关技术方法，结合实际，进一步细化涵养区边界；对河湖生态缓冲带，可参照国内外相关工作实践实验及研究成果，按照水体生态环境保护需要，合理确定边界。

② 明确管控要求。按照相应水体功能及水生态环境质量现状，对上述生态空间划分结果进行分类，并按照自然恢复为主的方针，因地制宜提出管控要求。对与水源涵养区、水体及其生态缓冲带主导功能不相符的生产、生活活动，提出清理整治任务；对水生态系统严重受损的情况，包括水下生态系统受损、河湖生态缓冲带受损等，明确河湖生态缓冲带恢复、水生植被恢复等规模化生态保护恢复任务。

（3）水生生物完整性恢复　水生生物群落恢复应坚持保护优先、自然恢复为主的方针，根据水生生物完整性指数及重现土著鱼类或土著水生植物的水体清单等规划目标要求，进行洄游通道保护、天然生境恢复、生境替代保护、"三场"保护与修复及增殖放流等工作。

5．水环境风险防控

（1）突发性风险防控

① 预防设施建设。以环境风险较高的企业为重点，进行预防性设施（事故调蓄池、应急闸坝等事故排水收集截留设施）建设。

② 预警体系建设。以饮用水水源等敏感受体和环境风险较高、事故频发区域为重点，针对有毒有害污染物或持续性有机污染物，进行在线监测设施的建设，明确预警监测、预警管理机制建设等任务。

③ 应急处置能力提升。根据水生态环境保护需要，明确加强应急物资储备建设、应急队伍建设、风险防范制度建设和建立健全联防联控应急机制等。

（2）累积性风险防控　根据河湖底泥、滩涂有毒有害污染物或持久性有机污染累积风险调查评估结果，视情况开展治理修复工作。

（六）选择规划方法、建立规划模型

根据设计方案的特点，选择适宜的规划方法和模型。污水集中与分散处理相结合的治理方案，可依据系统分析原理建立相应的数学规划模型。水污染问题主要有系统的最优化问题和规划方案的模拟优选问题两大类。

1．最优化问题

所谓水污染控制系统的最优化问题，就是利用数学规划方法，科学地组织污染物的排放或协调各个治理环节,以便用最小的费用达到所规定的水质目标。对于这类问题可分为三种:排污口最优规划、均匀处理最优规划和区域处理最优规划。

(1) 排污口最优规划 排污口最优规划是以各小区的污水处理厂为基础,以总处理费用最低为目标,在水体水质条件的约束下,寻求各处理厂处理效率的最佳组合,其数学模型为:

$$\min Z = \sum_{i=1}^{n} C_i(\eta_i) \tag{5-1}$$

$$st. \mathbf{UL} + \mathbf{m} \leqslant \mathbf{L}^0$$

$$\mathbf{VL} + \mathbf{n} \geqslant \mathbf{O}^0$$

$$\mathbf{L} \geqslant 0$$

$$\eta_i^1 \leqslant \eta_i \leqslant \eta_i^2 \quad \forall_i$$

式中 $C_i(\eta_i)$——第 i 个小区污水处理厂的污水处理费用,它是污水处理效率 η_i 的单值函数;

$\mathbf{L}^0$——河流各断面的 BOD 约束组成的 n 维向量;

$\mathbf{O}^0$——河流各断面的 DO 约束组成的 n 维向量;

η_i^1, η_i^2——第 i 个污水处理厂处理效率的下限与上限约束;

$\mathbf{L}$——输入河流的 BOD 向量;

$\mathbf{U}, \mathbf{V}$——河流中 BOD 和 DO 的响应矩阵;

$\mathbf{m}, \mathbf{n}$——起始断面 BOD 和 DO 对下游各断面影响的向量。

(2) 均匀处理最优规划 在均匀处理最优规划问题中,污水处理效率是已知值,处理费用只是污水处理规模的函数,在约束条件中不出现水质约束。模型为:

$$\min Z = \sum_{i=1}^{n} C_i(Q_i) + \sum_{i=1}^{n}\sum_{j=1}^{n} C_{ij}(Q_{ij}) \tag{5-2}$$

$$st. q_i + \sum_{j=1}^{n} Q_{ji} - \sum_{i=1}^{n} Q_{ij} - Q_i = 0 \quad \forall_i$$

$$Q_i, q_i \geqslant 0 \quad \forall_i$$

$$Q_{ji}, Q_{ij} \geqslant 0 \quad \forall_i$$

式中 $C_i(Q_i)$——第 i 个小区污水处理厂的污水处理费用,它是污水处理效率 η_i 的单值函数;

$C_{ij}(Q_{ij})$——节点 i 输水至节点 j 的输水费用,它是输水量 Q_{ij} 的函数;

q_i——第 i 个小区本地收集的污水量;

Q_{ji}——第 j 个小区输往第 i 个污水处理厂的水量;

Q_{ij}——第 i 个小区输往第 j 个污水处理厂的水量;

Q_i——第 i 个小区的污水处理厂接受处理的水量。

(3) 区域处理最优规划 区域处理最优规划是排放口处理最优规划和均匀处理最优规划的综合。在区域处理最优规划中,既要寻求最佳的污水处理厂的位置和处理量,又要寻求污水处理厂处理效率的最佳组合。

$$\min Z = \sum_{i=1}^{n} C_i(Q_i, \eta_i) + \sum_{i=1}^{n}\sum_{j=1}^{n} C_{ij}(Q_{ij}) \tag{5-3}$$

$$st. \mathbf{UL} + \mathbf{m} \leqslant \mathbf{L}^0$$

$$\mathbf{VL} + \mathbf{n} \geqslant \mathbf{O}^0$$

$$st. q_i + \sum_{j=1}^{n} Q_{ji} - \sum_{i=1}^{n} Q_{ij} - Q_i = 0 \quad \forall_i$$

$$L \geqslant 0$$

$$Q_i, q_i \geqslant 0 \quad \forall_i$$

$$Q_{ji}, Q_{ij} \geqslant 0 \quad \forall_{i,j}$$

$$\eta_i^1 \leqslant \eta_i \leqslant \eta_i^2 \quad \forall_i$$

式中 $C_i(Q_i, \eta_i)$——第 i 个小区污水处理厂的污水处理费用,该式中它既是污水处理规模 Q_i 的函数,又是污水处理效率 η_i 的单值函数。

2. 模拟优选问题

在许多情况下,采用数学方法进行最优化的条件难以具备,这时规划方案的模拟优选就成为水污染控制系统规划的主要方法。规划方案的模拟优选与最优规划方法不同,它是先进行污水输送与处理设施规划,提出几种可供选择的规划方案,然后采用水质模型,计算各种方案中污水排放后水域控制断面的水质,找出比较好的方案。这种方法优选的结果,在很大程度上取决于规划人员的经验,因此,采用模拟优选方法时,要求尽可能多提出一些初步规划方案,以供筛选。

(七)规划方案的筛选和优化分析

根据特定的水生态环境问题、保护目标、保护要求和规划任务措施,将规划项目进行分类、整合。常见的项目类型详见表5-4。

表5-4 规划项目类型

类别	项目大类	项目细类
饮用水水源保护	饮用水水源地规范化建设	标识设立及防护隔离工程建设、保护区内环境违法问题整治、保护区矢量确定等
	不达标水源地达标治理	汇水区范围内污染源治理、地下水污染场地防渗改造、地下水污染修复等
污染减排	城镇污水处理及管网建设	城镇污水处理设施建设与改造、配套管网工程、污泥处理处置设施建设与改造、初期雨水收集与处理工程、再生水利用工程等
	工业污染防治	工业集聚区污水集中处理设施建设与改造、配套管网建设、工业企业达标整治、清洁化改造等
	农业农村污染防治	规模化畜禽养殖场污水和废弃物处理工程、农田退水和地表径流净化工程、农村污水收集与处理工程、农村环境连片整治等
	移动源污染防治	老旧船舶淘汰、船舶标准化改造、港口码头污水垃圾收集处理设施建设等
	排污口整治	排污口规范化建设、入河排污口综合整治等
生态流量保障	水资源优化调度	水系连通工程等
	区域再生水循环利用	污水再生利用设施、再生水输送管网、人工湿地水质净化工程等
水生态保护修复	水生态保护修复	河湖生态缓冲带修复、河湖水生植被恢复等
水环境风险防控	风险预防	事故应急池、应急闸坝等预防设施建设、河湖底泥、滩涂重金属治理等

规划项目筛选过程中要遵循以下原则:一是问题导向,以解决突出水生态环境问题为导向,项目实施对污染减排或生态环境自净能力提升有直接贡献;二是合理可行,项目技术路线科学,核心工艺成熟,项目建成后运营维护经济,能够可持续运行;三是绩效明确,遵循可监测、可统计、可考核的原则,突出项目COD、氨氮、总氮、总磷以及特征污染物的削减效果,河湖生态缓冲带修复长度增加,以及湿地面积恢复等生态环境效益。

针对不同类型、不同控制水平的规划方案,运用方案对比或规划模型模拟,用系统分析方法进行方案优化,以寻求在满足环境目标下的最小费用方案。此外,优化过程还要遵循项目实施对污染减排或生态环境自净能力提升有直接贡献;项目技术路线科学,核心工艺成熟,项目建成后运营维护经济,能够可持续运行;突出项目COD、氨氮、总氮、总磷以及特征污染物的削减效果。

(八)制定政策措施

为确保实现规划目标和任务,从组织领导、法规标准、经济政策、科技支撑、监督管理、公众参与等方面建立健全生态环境保护机制。

第二节 大气污染防治规划

一、大气污染防治规划的发展

"十一五"以来,我国在大气污染防治工作方面取得积极进展,将二氧化硫、氮氧化物总量减排作为经济社会发展的约束性指标,取得明显成效。但是我国大气污染问题依然十分严峻。美国、欧洲各国等发达国家在几百年的工业化时期分阶段呈现的环境问题,在我国近二三十年内集中出现,以细颗粒物和臭氧为特征污染物的区域性复合型污染日益显现,已成为制约社会经济可持续发展的瓶颈之一。2012年10月,环保部生态环境部等三部委联合发布《重点区域大气污染防治"十二五"规划》,确立了大气污染综合治理的基本模式;2013年9月国务院发布《大气污染防治行动计划》(简称"大气十条"),从国家层面开展大气环境治理工作。"大气十条"如期完成之后,2018年7月3日,《打赢蓝天保卫战三年行动计划》(简称"行动计划"),由国务院公开发布。"行动计划"延续"大气十条"以颗粒物浓度降低为主要目标,同时降低重污染天数的思路,促进环境空气质量的总体改善。

对于新建或污染较轻的区域,制定大气污染防治规划可为区域及其工业的发展提供足够的环境容量,且提出可以实现的大气污染物排放总量控制方案。对于已经受到污染或部分污染的区域,制定大气污染防治规划可寻求实现区域大气环境质量改善的技术方案和管理对策。

二、大气污染防治规划的主要内容

大气污染防治规划的主要内容包括大气环境现状调查与分析、大气环境功能区划、大气环境预测、规划目标的确定、大气污染总量控制、规划方案的制定及其评价与决策、规划方案的分解和实施等。

(一)大气环境现状调查与分析

1. 环境基本状况调查

对规划范围内的自然和社会经济发展状况进行调查分析。为了进行大气环境质量模拟预测和容量测算,需要开展污染气象调查,调查内容包括:风向、风速及其出现频率(风玫瑰图);太阳辐射与云量;温度及其垂直变化;湿度、降水量及其年日变化。分析影响区域大气污染物扩散的主要气象要素及参数。

2. 环境空气质量调查分析

环境空气质量调查分析是大气污染防治规划的基础。在分析前,需要收集和整理规划区域现有的环境空气质量数据,主要包括:

① 明确规划区域内的环境空气质量监测点信息。包括所有监测点的位置、性质(区域背景点、城市对照点、城市普通点、交通路边点等)、监测大气污染物的种类、监测频率、监测方法等。

② 收集所有监测点近3年来的环境空气质量监测数据。

在上述数据的基础上,对规划区域内的环境空气质量状况进行分析。主要分析内容包括:

① 将规划区域内3年来环境空气质量监测数据进行平均,比较主要大气污染物年均浓度以及日均浓度特定百分位数3年平均值与《环境空气质量标准》(GB 3095—2012)限值的差距,以及与全国类似区域浓度的差距。

② 对近年来主要大气污染物环境质量浓度的年均值进行分析,了解规划区域空气质量整体变化趋势。

③ 对近年来主要大气污染物环境质量浓度的日均值进行分析,着重分析主要大气污染物浓度变化的季节性特征,厘清不同大气污染物高浓度出现的主要月份,并结合温度、湿度、风速、风向等气象因素,以及是否采暖等季节性人为活动因素,初步分析季节性特征产生的原因。

④ 对不同站点大气污染物环境质量浓度进行空间分析,着重分析污染物浓度高值区所在的空间区域和监测站点性质,并结合污染源分布,初步分析空间差异产生的原因。

3. 大气污染源状况调查分析

调查分析内容包括建立规划区域内污染源排放清单,分析规划区域内主要大气污染源排放水平和时空分布特征,结合空气质量模型确定各类污染源对大气环境质量的贡献程度。

① 收集大气污染物排放清单所需的基础数据,包括规划区域内的人口及分布、能源消费总量及消费结构、机动车保有量;主要工业企业的基本信息(包括地理位置、主要产品和原/燃料种类、生产工艺、大气污染物排放控制技术和管理水平、产量和原/燃料消费量等)。调查所得的基础资料和数据,必须能满足环境污染预测与制定污染综合防治方案的需要。

② 使用大气污染物排放清单编制技术,编制规划区域内大气污染物排放清单,包括二氧化硫、氮氧化物、挥发性有机物、颗粒物、氨等。

③ 在排放清单的基础上,对不同污染物排放的特征进行统计分析,包括规划区域内不同子区域的大气污染物排放强度分布、主要污染物排放源的部门分布和空间分布、工业污染源的整体污染控制水平等。

④ 对规划区域重点行业及重点污染源根据污染物排放量进行排名,并结合其对环境空气质量的初步分析,得出首要污染控制行业和污染源名单。

⑤ 结合空气质量模型,分析本地污染源和外地污染输入对大气污染的贡献。

(二)大气环境功能区划

大气环境功能区划是按功能区对大气污染物实行总量控制和进行大气环境管理的依据。大气环境功能区划的要求如下。

(1)保证区域社会功能正常发挥 具有不同社会功能的区域(如居民区、商业区、工业区、文化区和旅游区等），按照我国《环境空气质量标准》（GB 3095—2012），环境空气功能区可分为一类区和二类区，其中一类区为自然保护区、风景名胜区和其他需要特殊保护的区域；二类区为居住区、商业交通居民混合区、文化区、工业区和农村地区。各功能区分别采用不同的大气环境标准。

（2）充分考虑规划区的地理、气候条件，科学合理地划分大气环境功能区　一方面要充分利用自然环境的界线（如山脉、丘陵、河流及道路等），作为相邻功能区的边界线，尽量减少边界的处理。另一方面应特别注意风向的影响，如一类功能区应放在最大风频的上风向，以通过最大限度地开发利用环境空气的自净能力，达到既扩大区域污染物的允许排放总量，又减少治理费用的目的。

（3）应因地制宜采取对策　划分大气环境功能区，对不同的功能区实行不同大气环境目标的控制对策，有利于实行新的环境管理机制。

（三）大气环境预测

在进行大气环境预测时，首先应确定主要大气污染物以及影响排污量增长的主要因素，预测在不追加任何新的政策措施的情况下，规划目标年的主要大气污染物排放量，并建立或选择能够表达排污量增长对大气环境质量影响的数学模型，预测规划水平年和目标年的环境空气质量，综合分析其与规划目标的差距。大气环境预测主要包括两部分：一是污染物排放量（源强）预测；二是大气环境质量变化预测。

1. 污染物排放量预测

工业大气污染物排放量预测，需要考虑工业结构调整、现有工业大气污染物排放标准等因素对污染物排放量的影响；移动源污染物排放量的预测，需要考虑随着新车标准的进一步实施、现有老旧车辆逐步淘汰、油品优化等正面因素，以及机动车保有量和交通周转量的持续升高等负面因素对污染物排放量的影响；居民污染源排放量的预测，需要考虑随着城镇化进程加快，对炊事、采暖等需求的升高导致的化石燃料使用增加而排放的污染物等面源排放量的预测。

2. 大气环境质量变化预测

大气环境质量变化预测的最终目的是构造污染物排放量变化与规划区域大气污染物浓度水平的相关关系，以此预测区域由于实施经济、社会发展规划而产生的环境影响。常用于大气环境规划工作的主要预测模型见第三章。

（四）规划目标的确定

大气环境规划的最终目的是要实现设定的环境目标。区域大气污染防治规划的目标主要包括两点：一是规划区域内环境空气质量整体改善，并尽快达到环境空气质量标准；二是大气重污染事件发生的频率降低、时间缩短、强度减小。所以目标确定应体现在空气质量改善、污染物排放总量控制、大气环境风险防范、产业结构调整和清洁能源化等方面。其中，改善空气质量是大气污染防治规划的核心目标。同时，在技术支持条件许可的情况下，规划目标也尽可能与公众健康保护相关联。一般在初步拟订大气环境目标时，要编制达到大气环境目标的方案，论证环境目标方案的可行性；当可行性出现问题时，反馈回去重新修改大气环境目标和实现目标的方案，再进行综合平衡，经过多次反复论证后，比较科学地确定大气环境目标。指标主要包括大气环境质量指标、大气污染控制指标、城市环境建设指标和城市社会经济指标。

（五）大气污染总量控制

1. 规划区的划定

一般将规划区划分为若干网格，用网格点作控制点。在确定总量控制区域时，对于大气污染严重的区域和地区，规划区一定要包括全部大气环境质量超标区，以及对超标区影响比较大的全部污染源。非超标区根据未来城市规划、经济发展适当地将一些重要的污染源和新的规划区包括在内。在划定规划区时，要考虑当地的主导风向，一般在主导风向下风方位，规划区边界应在烟流的最大落地浓度处。

2. 区域大气环境容量的计算方法

实施大气污染物的总量控制，大气环境容量的确定是一个很重要的环节。只有确定大气环境容量后，才能建立污染源排放总量与环境目标的输入响应关系。目前在大气环境容量计算中主要使用的是箱式模型，A 值法和 A-P 值法是箱式模型的具体运用。

（1）箱式模型确定区域大气环境容量　假设大气总量控制区域是一个矩形的箱子，便可根据区域大气环境质量标准，用箱式模型来反推区域大气环境的容许纳污量，即：

$$W_c = (C_s - C_0) u L H \tag{5-4}$$

式中　W_c——区域大气环境的容许纳污量，kg/a；
　　　C_s——区域大气环境质量标准值，mg/m^3；
　　　C_0——区域大气环境污染物本底值，mg/m^3；
　　　u——进入区域内（箱内）的平均风速，m/s；
　　　L——区域（箱）的边长，m；
　　　H——区域（箱）高，即区域大气环境混合层高度，m。

（2）A 值法　A 值法是箱式模型的具体运用，属于地区系数法，只要给出控制区总面积及各功能分区的面积，再根据当地总量控制系数 A 值就能计算出该面积上的总允许排放量。A 值法的基本原理：如果假定某城市分为 n 个区，每分区面积为 S_i，总面积 S 为各个分区面积之和。全市 k 污染物允许排放的总量为各功能区 k 污染物排放量之和。

各功能分区 k 污染物排放总量限值由下式计算：

$$Q_{aki} = A \rho_{ki} \frac{S_{ki}}{\sqrt{S}} \tag{5-5}$$

式中　Q_{aki}——第 i 功能区 k 污染物排放总量限值，10^4 t；
　　　A——地理区域性总量控制系数，10^4 km^2/a，其值可参照表 5-5 所列数据确定；
　　　ρ_{ki}——国家和地方有关大气环境质量标准所规定的与第 i 功能区类别相应的 k 污染物年日平均浓度限值，mg/m^3。

在夜间大气温度层结稳定时，高架源对地面影响不大，但低架源及地面源都能产生严重污染，因此需确定夜间低架源的允许排放总量。总量控制区内低架源的大气 k 污染物年允许排放总量为各功能区内其排放量之和，各功能区低架源 k 污染物排放总量限值按下式计算：

$$Q_{bki} = \alpha Q_{aki} \tag{5-6}$$

式中　Q_{bki}——第 i 功能区 k 污染物低架源年允许排放总量限值，10^4 t；
　　　α——低架源排放分担率，见表 5-5。

表 5-5 我国各地区总量控制系数 A 值、低架源排放分担率 α、点源控制系数 P 值表

序号	省（自治区、直辖市）	A	α	P 总量控制区	P 非总量控制区
1	新疆、西藏、青海	7.0～8.4	0.15	100～150	100～200
2	黑龙江、吉林、辽宁、内蒙古（阴山以北）	5.6～7.0	0.25	120～180	120～240
3	北京、天津、河北、河南、山东	4.2～5.6	0.15	100～180	120～240
4	内蒙古（阴山以南）、山西、陕西（秦岭以北）、宁夏、甘肃（渭河以北）	3.5～4.9	0.20	100～150	100～200
5	上海、广东、广西、湖南、湖北、江苏、浙江、安徽、海南、台湾、福建、江西	3.5～4.9	0.25	50～100	50～150
6	云南、贵州、四川、甘肃（渭河以南）、陕西（秦岭以南）	2.8～4.2	0.15	50～75	50～100
7	静风区（年平均风速小于 1m/s）	1.4～2.8	0.25	40～80	40～90

（3）A-P 值法 A 值法中只规定了各区域总允许排放量而无法确定每个源的允许排放量；而对固定的某个烟囱 P 值法可以控制其排放总量，但无法对区域内烟囱个数进行限制，即无法控制区域排放总量。将两者结合起来，则可以解决其单独应用时存在的问题。所谓 A-P 值法是指用 A 值法计算控制区域中允许排放总量，用修正的 P 值法将允许排放总量分配到每个污染源的一种方法，其同样也是箱式模型的应用。

$$\begin{cases} P_{ki} = \beta_k \beta_{ki} P \\ \beta_k = (Q_{ak} - Q_{bk})/(Q_{mk} + Q_{hk}) \\ \beta_{ki} = (Q_{aki} - Q_{bki})/Q_{mki} \\ Q_{mki} = PH_e^2 \rho_{ki} \times 10^{-6} \\ Q_{pki} = \beta_k \beta_{ki} PH_e^2 \rho_{ki} \times 10^{-6} \end{cases} \quad (5-7)$$

式中 P_{ki}——第 i 功能区内 k 污染物修正后的点源控制系数；

P——点源控制系数，见表 5-5；

β_k——全控制区 k 污染物总调整系数；

β_{ki}——第 i 功能区的 k 污染物调整系数；

Q_{aki}、Q_{bki}、Q_{mki}——第 i 功能区的全区、低架源（几何高度<30m）、中架源（30m≤几何高度<100m）k 污染物总允许排放量，10^4 t；

H_e——烟囱有效高度，m；

Q_{ak}——全控制区 k 污染物允许排放总量，$\times 10^4$ t；

Q_{bk}——全控制区低架源（几何高度<30m）k 污染物允许排放总量，$\times 10^4$ t；

Q_{mk}——全控制区中架源（30m≤几何高度<100m）k 污染物允许排放总量，$\times 10^4$ t；

Q_{hk}——全控制区高架源（几何高度≥100m）k 污染物允许排放总量，$\times 10^4$ t；

Q_{pki}——各功能区点源某污染物允许排放率限值，t/h。

Q_{pki} 值即为分配给点源的某污染物允许排放量。当实施该限值后，各功能区即可保证排放总量不超过总限值。

3. 区域大气污染物允许排放总量控制

大气允许排放总量，是在污染严重、污染源集中的区域或重点保护的区域范围内，通过

有效的措施，把排入这一区域的大气污染物总量控制在一定的数量之内，使其达到预定环境目标的一种控制手段。区域的大气污染物排放总量是区域内工业、交通、生活等污染源产生的大气污染物排放量总和。国内实施的总量控制一般分为容量总量控制、目标总量控制和行业总量控制。

4. 总量负荷分配原则

控制区域内包括众多污染源和污染控制单元，如何合理地将污染物总量分配到每个污染源，是总量控制的核心问题。常用的分配原则如下。

（1）等比例分配原则 即在承认区域内各污染源排污现状的基础上，将总量控制系统内允许排污总量按各污染源核定的当前排污量，以相同百分率进行削减，各源分担等比例排放责任。这是一种在承认排污现状的基础上，一刀切的比较简单易行的分配方法。但存在着一个生产技术和管理水平高、排污少的企业要与污染物排放量大的落后企业承担相同义务的问题。

（2）费用最小分配原则 即以区域为整体，以治理费用为目标函数，将环境目标值作为约束条件，使全区域的污染治理投资费用总和最小，求得各污染源的允许排放负荷。显然，此数学优化规划求得的结果反映污染控制系统整体的经济合理性，但并不能反映区域内每个污染源的负荷分担是合理的。为了总体方案优化，有些污染源要承担超过本单位应承担的削减量，而另外一些污染源则可能承担少于应承担的削减量。这种分配结果在市场经济条件下，不利于企业间的公平竞争。

（3）按贡献率削减排放量的分配原则 按各个污染源对总量控制区域内环境影响程度的大小来削减污染负荷。即环境影响大的污染源多削减，反之少削减。它体现每个排污者公平承担损坏环境资源价值的责任。对排污者来说，这是一种公平的分配原则，有利于加强企业管理、提高效率和开展竞争。但是，这种分配原则并不涉及采取什么污染防治的方法以及相应的污染治理费用，也不具备治理费用总和最小的优化规划特点，所以在总体上不一定合理。

（4）绩效方法分配原则 绩效方法分配原则主要用于电力行业二氧化硫总量的分配。电力行业二氧化硫总量由省级环境保护行政主管部门按照规定的绩效要求直接分配到电力企业。考虑到不同时期建设的发电机组治理条件的差异，实行全国统一的排放控制要求在技术上有难度，经济上也不够合理，因此在确定排放绩效时要根据火电建设项目建成投产或环境影响报告书通过审批的时间，分时段确定排放绩效。

（六）规划方案的制定及其评价与决策

从产业和能源的结构及布局、工业污染排放深度治理、机动车等移动污染源防治、扬尘等面源管理等方面，提出大气污染防治的主要措施，并组合产生规划方案。

1. 措施制定的基本原则

（1）经济发展与环境保护相协调 采取污染物总量和煤炭消费总量控制等措施，实现环境保护优化经济发展。通过调整产业结构和能源结构，促进经济社会与资源环境的协调发展。

（2）联防联控与属地管理相结合 建立健全区域大气污染联防联控管理机制，实现区域"统一规划、统一监测、统一监管、统一评估、统一协调"；对重点控制区与一般控制区，实施分区分类规划措施,明确区域内污染减排的责任与主体。

(3) 总量减排与质量改善相统一　建立以空气质量改善为核心的控制、评估、考核体系。实施二氧化硫、氮氧化物、颗粒物、挥发性有机物等多污染物的协同控制和均衡控制。

(4) 先行先试与全面推进相配合　从重点区域、重点行业和重点污染物抓起,以点带面,集中整治,着力解决危害群众身体健康、威胁地区环境安全、影响经济社会可持续发展的突出大气环境问题。

2. 综合防治措施

(1) 减少大气污染物排放量的技术与方法

① 实现区域大气污染集中控制,降低污染物排放量。大气污染综合整治措施以集中控制为主,并与分散治理相结合。所谓集中控制,就是从区域的整体着眼,采取宏观调控和综合防治措施。如:调整工业结构,改变能源结构,集中供热,发展无污染少污染的新能源(太阳能、风能、地热等),集中加工和处理燃料,采取优质煤(或燃料)供民用的能源政策等。对局部污染物,如工业生产过程排放的大气污染物,工业粉尘,制酸及氮肥生产排放的 SO_2、NO_x、HF 等,以及汽车尾气 NO_x、CO,则要因地制宜采取分散防治措施。

② 强化区域污染源治理,降低污染物排放量。在我国目前的能源结构(以煤为主)、燃烧技术等条件下,很多燃烧装置不可能消除污染物排放,加上一些较落后的工艺技术,不进行污染源治理,就不可能彻底控制污染。因此,在注意集中控制的同时,还应强化污染源治理。主要治理技术包括烟尘治理技术、二氧化硫治理技术、氮氧化物治理技术和臭氧污染防治等,其中关注臭氧前体物 VOCs 和氮氧化物的源头减排与协同控制是目前非常重要的治理途径。

③ 发展生物净化技术。对于大气中的污染物而言,生物净化技术主要指植物净化。植物具有美化环境、调节气候、截留粉尘、吸收大气中有害气体等功能,可以在大范围内长时间地、连续地净化大气,尤其是在大气中污染物影响范围广、浓度比较低的情况下,植物净化是行之有效的方法。因此,在大气污染综合整治中,结合绿化选择抗污物种,发展植物净化是进一步改善大气环境质量的主要措施。

(2) 充分利用大气自净能力　我国区域大气环境容量的利用很不合理,一方面局部地区"超载"严重,另一方面相当一部分地区容量没有合理利用,这种现象是造成区域大气污染的重要根源。合理利用大气自净能力要做到调整工业布局,合理开发大气环境容量。工业布局不合理是造成大气环境容量使用不合理的直接原因,如污染源在某一小的区域内密集,必然造成局部污染严重,并可能导致事故的发生。因此,在合理开发大气环境容量时,应着重实行工业布局的调整。

3. 规划方案评价与决策

规划区域性质各异,大气环境的特点也不相同,应根据各自大气环境的基本特点建立相应的规划方法与模型,目前普遍采用的是系统分析方法和数学规划模型。通过模拟分析规划方案,预测主要大气污染物排放量的削减情况,以及环境空气质量的改善效果,对规划方案进行优化。

将经过优化分析的各规划方案,采用环境目标和经济承受能力等因素综合协调的方法,进行规划方案的决策分析。当以上各因素存在较大矛盾时应适当修改环境目标,以保证规划方案的可实施性。"十二五"起，我国开始注重对不同区域实施分区分类规划措施，在重点控制区和一般控制区，实施差异化的控制要求，制定有针对性的污染防治策略。

（七）规划方案的分解和实施

将决策可行的规划方案根据轻、重、缓、急，按时间安排分解落实到各执行部门和污染源单位，使决策方案成为可实施的方案，并进行工程项目设计实施。我国的大气污染防治规划项目主要包括落后产能淘汰工程、清洁能源替代工程、工业企业污染治理工程、黄标车淘汰工程、面源综合整治项目、煤炭清洁利用项目、集中供热能效提高项目和监管能力建设项目等。

第三节　固体废物管理规划

一、固体废物管理规划的发展实施

固体废物管理规划的对象主要是规划区域范围内的工业固体废物、生活垃圾和危险废物等。通常，固体废物污染防治规划有两个层次：一是政策管理规划，如固体废物产业发展规划、处理及处置技术发展规划，侧重于法律规定与技术规范层面的管理要求；二是工程技术方案，是关于固体废物管理规划的各个环节具体运行的要求，如收集线路的设计、处理处置方式的选择、填埋场址的确定等。《中华人民共和国固体废物污染环境防治法》第三十五条规定"县级以上地方人民政府应当制定工业固体废物污染环境防治工作规划，组织建设工业固体废物集中处置等设施，推动工业固体废物污染环境防治工作"，第六十条规定"县级以上地方人民政府应当制定包括源头减量、分类处理、消纳设施和场所布局及建设等在内的建筑垃圾污染环境防治工作规划"。

2011年，国务院发布了《国家环境保护"十二五"规划》，垃圾处理工程被列入重点建设工程项目。规划要求到2015年，全国城市生活垃圾无害化处理率达到80%。同年，工业和信息化部出台了《大宗工业固体废弃物综合利用发展"十二五"规划》，根据规划，到2015年，我国工业固体废弃物综合利用率达到50%左右，到2017年，我国工业固体废弃物综合利用率达到54%左右，综合利用量接近30×10^8 t。2016年发布的《国家环境保护"十三五"规划》中要求加快县城垃圾处理设施建设，实现城镇垃圾处理设施全覆盖；提高城市生活垃圾处理减量化、资源化和无害化水平，全国城市生活垃圾无害化处理率达到95%以上，90%以上村庄的生活垃圾得到有效治理。2020年，全国工业固体废物综合利用率提高到73%，实现化肥、农药零增长，实施循环农业示范工程，推进秸秆高值化和产业化利用，秸秆综合利用率达到85%，国家现代农业示范区和粮食主产县基本实现农业资源循环利用。

二、指导思想与基本原则

1. 指导思想

（1）全面落实"三化"。"三化"即固体废物的减量化、资源化、无害化。"减量化"指减少固体废物产生量和排放量,即"源削减",包括减少固体废物数量、体积、种类,降低危险废物中有害成分的浓度,减轻或清除其危险特性等。"资源化"指采取管理和工艺措施,回收物质和能源,加速物质和能量的循环与代谢,创造经济价值。"无害化"指对已产生又无法或暂时尚不能综合利用的固体废物,经过物理、化学或生物方法,进行对环境无害或低危害的安全处理、处置,达到废物消毒、解毒或稳定化,以减少危害。

（2）实施全过程管理　全过程管理是实现固体废物"三化"的基本要求,指对固体废物的产生、收集、运输、利用、储存、处理和处置的全过程及各个环节实行有效的控制与管理,开展污染防治与科学处置。

（3）加强分类管理　不同类型的固体废物对环境的作用方式与危害程度各不相同,应根据不同危险特性和危害程度,区别对待和重点管理。

（4）贯彻循环经济理念　完善固体废物循环再生与综合利用链网建设,尤其注重系统中分解者、再生者的建设,从产品、企业、区域等多层次上进行物质、信息的交换,降低系统物质流动的比率与规模,实现固体废物的多级利用。

（5）坚持可持续导向　固体废物管理规划应处理好工程建设、环境保护、居民生活质量与环境卫生之间的关系,以环境友好的方式利用资源。妥善处理废物,正确处理好固体废物处理的经济效益与社会效益、环境效益的关系,避免因固体废物的不合理处置与利用影响社会公平、区域公平和代际公平,坚持可持续发展。

2. 基本原则

（1）实事求是、因地制宜　规划要考虑当地实际,包括地理气候条件、资源环境条件、社会生活习惯和经济发展水平等,提出恰当的规划与管理目标,制定可操作性管理方案与实施策略,使规划与现状有机结合。

（2）远近结合、以近为主　固体废物管理规划应与区域总体规划、国民经济发展规划、社会经济发展战略相适应,与各部门的发展目标相衔接,正确处理近期建设和远景发展要求,立足于长远发展,重点突出近中期内容,宏观规划远期发展方向。

（3）弹性规划、突出重点　规划中应考虑到众多的不确定因素,如人口增长率变动、生活方式变化、国家宏观政策调整等,全面与重点相结合,突出解决瓶颈问题,提供可替代方案与选择。

（4）区域组团、统筹规划　规划中应打破"就地论地"局限,实现在城市带、城市圈甚至更大区域范围内固体废物的统筹管理,优化固体废物综合利用网络,实现设施的统一设置和区域共享,按照区域一体化发展的要求,在空间上进行分层次、组团式设施布局,优先实施重点示范项目,逐步推广,实现均衡发展。

三、固体废物管理规划的内容

区域固体废物管理规划应在分析区域固体废物排放现状的基础上,综合分析其环境影响,预测固体废物污染趋势,根据其经济发展承受能力和固体废物处理处置技术,确定综合整治规划目标,制定具体处理处置规划方案。因此,固废管理规划包括现状调查与评价、趋势预测、目标和指标设置、规划方案形成与优化、规划方案确定、方案实施及后续管理等内容。

1. 现状调查与评价

(1) 生活垃圾情况调查　调查生活垃圾分类收集方式、现有的垃圾回收站点、垃圾清运站数量、垃圾转运点的分布、垃圾转运方式；生活垃圾现有回收利用方式、回收利用率；现有生活垃圾处理设施，包括地理位置、处理类型、设计处理能力、实际处理能力、设施运营机构及管理水平、设施运营状况等。

(2) 工业固体废物情况调查　对于工业固体废物，除了调查其来源、产生量外，还应调查其处理量、处理率、堆存量、累积占地面积、占耕地面积、综合利用量、综合利用率、产品利用量、产值、利润、非产品利用量，以及工业固体废物集中处置场所的数量、能力、处理量等。

(3) 危险废物情况调查　调查危险废物的种类、产生量、处置量、处置率、储存率、储存位置、利用量、利用率、危险废物集中处置设施、工艺类型、场所、处置能力等。

(4) 社会经济数据调查分析　收集并分析相关的经济结构、产业结构、工业结构及布局现状，以及社会与经济发展远景规划目标数据等。

2. 趋势预测

固体废物趋势预测是固体废物管理规划的关键环节。科学地预测固体废物产生量、排放量、成分变化及环境影响，分析可行的固体废物收运方式、处理处置与资源化技术。在区域固体废物的预测分析中，对区域生活固体废物主要采取人口预测的方法，对工业固体废物主要采取按行业划分产值或产量法。在此基础上预测区域固体废物发展趋势，并应特别注意区域固体废物的可积累性，尤其是工业固体废物。

3. 目标和指标设置

根据总量控制原则，结合本区域特点以及经济承受能力，确定有关综合利用和处置的数量与程度的总体目标，并按照行业和污染源单位的具体情况进行合理分配，将总目标分解到行业和企业。根据不同时间、不同类型的预测量与区域固体废物环境规划总目标，可以获得区域垃圾及工业固体废物在不同时间的削减量。如果是工业固体废物，要将削减量分配到各行业，即确定各行业的固体废物控制分目标。但由于无法在各行业中推行同一控制目标，因此控制的重点放在污染严重的行业上。此外，还要考虑废物量削减技术的可行性，以及投资、运行费用、经济效益及环境效益等方面的因素。

4. 规划方案形成与优化

根据全过程管理减量化、资源化、无害化的优先顺序，考虑生态保护、资源利用、经济有效等多个目标，建立规划方案优化模型，拟订出切实可行的各类固体废物的基本治理途径。模型模拟与专家论证相结合，筛选出源头管理、收运管理、产业发展、处理处置与资源化方面的措施，形成规划方案。

5. 规划方案确定

根据规划目标要求，考虑现实可行性与环境目标可达性，将规划期固体废物产生量、综合利用量、处置量进行分解，并估算所需投资和效益，对规划方案进行修正、补充和调整，形成正式方案。

6. 方案实施及后续管理

固体废物管理规划涉及社会、经济、环境等许多领域，且规划时段一般较长（至少为 5

年),具有不确定性。为保证规划的时效性,应依据技术发展水平与经济支撑能力变化进行动态跟踪管理,适时调整,制定促进规划实施的法律、法规、政策与组织管理保障体系。

四、固体废物管理的措施与手段

目前,我国固体废物的产生量、堆存量增长很快,固体废物的污染已成为许多区域环境污染的主要因素。我国固体废物的综合整治在今后一段时间内将会越来越重要,而确定固体废物综合整治规划将成为控制和解决废物污染的首要手段。

1. 固体废物处理处置与综合利用模式

固体废物处理处置与综合利用模式是指区域固体废物管理系统中各种不同的固体废物处理处置与综合利用技术的组合,它可分为单一模式与复合模式。复合模式是指采用两种或多种技术方法对固体废物进行处理处置与综合利用。在复合模式中,分为填埋为主的复合模式、焚烧为主的复合模式和综合利用为主的复合模式,不同模式的具体特征见表 5-6。

表 5-6 固体废物处理处置与综合利用模式特征

类型	特征	特点
填埋为主的复合模式	填埋是主要处置处理方式,一般认为填埋处置量不低于 50%	一次投资费用较低,对土地资源占用量较大
焚烧为主的复合模式	焚烧是主要处理方式	可实现大幅度减量化,减少最终处置量,可节约土地,还可获取能源,具有一定的资源环境效益。缺陷是一次性投资大,自动化控制程度要求高
综合利用为主的复合模式	重点是从固体废物中回收各类物质	优点是资源化率高,需与完善的分类收集系统相配套,更符合循环经济建设与可持续发展的战略目标,是固体废物处理处置模式的发展方向

固体废物的产生量、物理组成、元素组成、有机质含量、热值等特性指标是选择处理模式的主要依据,区域社会经济条件、自然环境特点与各类技术的经济性也是需要关注的内容。

2. 固体废物处理处置技术

(1) 固体废物处理与处置的定义 固体废物处理是指通过物理、化学、生物等不同方法,使固体废物转化成适于运输、储存和资源化利用,以及最终处置状态的过程。固体废物处理方法有物理法、化学法、生物法、热处理、固化处理等。

固体废物处置是指最终处置或安全处置,是固体废物污染控制的末端环节,目的是解决固体废物的归宿问题。固体废物处置有海洋处置、陆地处置两大类。其中海洋处置又有海洋倾倒、远洋焚烧两种,近年来海洋处置已受到越来越多的限制。陆地处置包括土地耕作、工程库或贮留池贮存、土地填埋以及深井灌注等。

(2) 一般工业固体废物的处理处置 工业固体废物的成分复杂,产生量大,处理难,一般投资很大。但工业固体废物具有时空特征,同时具有"废物"和"资源"的二重特性,被称为"放错地方的资源",因此对其处置也尽可能综合利用,发展企业间的横向联系,促进固体废物重新进入生产循环系统。对目前没有条件综合利用的,要处理处置、安全存放,待条件成熟时再作为原料重新利用。

(3) 有毒有害固体废物的处理处置　有毒有害固体废物指生产和生活过程中所排放的有毒的、易燃的、有腐蚀性的、传染疾病的、有化学反应性的固体废物。主要采取下列措施处理。

① 处理方法

a. 焚烧法。废渣中有害物质的毒性如果是由物质的分子结构，而不是由所含元素造成的，一般可采用焚烧法分解其分子结构。如有机物经焚烧变为二氧化碳、水和灰渣，以及少量含硫、氮、磷和卤素的化合物等。这种方法效果好，占地少，对环境影响小。但是设备和操作较为复杂，费用大，还必须处理剩余的有害灰渣。

b. 化学处理法

ⅰ. 酸碱中和法。可采用弱酸或弱碱就地中和。

ⅱ. 氧化和还原处理法。如处理氰化物和铬酸盐应用强氧化剂和还原剂，通常要有一个避免过量的运转反应池。

ⅲ. 沉淀处理法。利用沉淀作用，形成溶解度低的水合氧化物和硫化物等，减少毒性。

ⅳ. 化学固定。常能使有害物质形成溶解度较低的物质。固定剂有沥青、硅酸盐、离子交换树脂、土壤黏合剂、脲醛以及硫黄泡沫材料等。

② 安全存放。掩埋有害废物，必须做到安全填埋。预先进行地质和水文调查，选定合适的场地，保证不发生滤沥、渗漏等现象，确保这些废物或淋溶流体不排入地下水或地面水体，也不会污染空气。对被处理的有害废弃物的数量、种类、存放位置等均应做记录，避免引起各种成分间的化学反应。对淋出液要进行监测。对水溶性物质的填埋，要铺设沥青、塑料等，以防底层渗漏。安全填埋的场地最好选在干旱或半干旱地区。

(4) 生活垃圾处理处置技术　常用的生活垃圾处理处置技术包括卫生填埋、焚烧与堆肥，技术比较见表5-7。

表 5-7　卫生填埋、焚烧和堆肥三种技术的比较

项目	卫生填埋	焚烧	堆肥
特点	处理量、工艺相对简单，技术可靠；其他处理方式残渣的最终消纳场；建设投资和运行成本较低	减量化、无害化程度高；可回收能源；使用期限长，占地面积小，运行可靠；可靠近城市建设	使用年限不受自然条件限制；无害化、资源化技术程度较高；有机物返还自然；有利于生态保护
适用条件	进场垃圾的含水率小于30%，无机成分大于60%	进炉垃圾的低位热值高于4127kJ/kg，含水率小于50%，灰分低于30%	垃圾中可生物降解有机含量大于40%
资源化	可利用沼气进行发电或热能回收	可利用垃圾焚烧的余热发电或供热；焚烧残渣可综合利用	采用厌氧消化工艺并进行沼气收集的堆肥，可利用沼气发电，堆肥产品作肥料
最终处置	填埋本身是一种最终处置方式	焚烧炉渣需做处置，占进炉垃圾量的10%~15%	不可堆肥物需做处置，占进场垃圾量的30%~40%
管理要求	一般	很高	较高
制约因素	工程选址	发电上网	产品销路
主要风险	沼气引起爆炸，场地渗漏或渗沥水污染	垃圾燃烧不稳定，烟气治理不达标	生产成本过高或堆肥质量不佳影响产品销售

续表

项目	卫生填埋	焚烧	堆肥
运输距离	远,一般建在郊外,运输距离通常大于25km	较近,常处市郊接合部,运距视规模和服务范围而定,一般为10km	较远,一般位于市郊,运距为10~15km
占地面积	大	小	中等
运行成本（计提折旧）	35~55元/t	80~140元/t	50~80元/t

第四节 噪声污染控制规划

噪声污染防治与人民群众的生活息息相关，是最普惠民生福祉的组成部分，也是生态文明建设的重要内容。近几年随着区域规模的扩大，交通运输事业和娱乐业的发展，区域噪声污染程度迅速上升，已成为我国环境污染的重要组成部分之一。据不完全统计，2021年我国地级及以上城市噪声投诉举报约401万件，社会生活噪声投诉举报占57.9%，建筑施工噪声占33.3%，工业噪声占4.5%，交通运输噪声占4.2%。噪声扰民问题占全部环境问题举报的45.0%，所以加强区域噪声污染综合防治是尤为重要的。

由于城市噪声污染来源复杂、突出性强，且与城市功能区规划和交通基础设施布局密切相关，需要结合区域土地利用规划和声环境功能区划，开展城市噪声污染控制规划。噪声污染控制规划的重点是以声环境质量的总体要求为核心，在区域噪声污染现状与发展趋势分析的基础上，根据区域声环境功能区划，提出声环境规划目标及实现目标所采取的综合整治措施，包括区域噪声污染现状调查与评价、区域声环境功能区划分、区域噪声污染趋势预测、区域噪声污染控制规划目标和指标制定、区域噪声污染控制规划方案制定等。

一、区域噪声污染现状调查与评价

收集和调查城市总体发展规划、社会与经济发展规划、土地利用规划、交通发展规划及其他相关行业规划资料；城市区域内现有噪声源种类、数量和相应的噪声级、噪声特性、主要噪声源分布情况；主要噪声环境污染问题、受噪声影响的人口分布情况；噪声敏感区、保护目标的分布情况；城市有关控制噪声污染的法律法规及政策文件。

分析统计收集和监测的噪声数据，并对照《声环境质量标准》（GB 3096—2008）中相应的功能区标准，做出噪声污染状况评价。根据环境噪声污染历年变化规律、区域总体规划，预测区域噪声源结构及强度的变化趋势。

二、区域声环境功能区划分

区域声环境功能区划分的目的是根据不同的影响对象确定不同的功能分区，并根据功能分区的特点确定每个区内具体的环境目标。划分时应重点考虑以下原则：a. 以区域总体规划为指导，结合城市土地利用规划和土地利用现状，按区域规划用地的主导功能来确定声环境保护目标，有利于区域环境噪声管理和促进噪声污染治理。b. 功能区划应有利于城市规划的实施和城市改造，做到功能区划分科学合理，促进环境、经济和社会协调发展。c. 功能区划应强调以人为本，真正保障居民的正常生活、学习和工作场所的安静，提高声环境质量，有效控制噪声污染的程度和范围。

根据《声环境质量标准》(GB 3096—2008) 将区域声环境划分为 5 类区域：0 类区域，适用于疗养区、高级别墅区、高级宾馆区等特别需要安静的区域；1 类区域，适用于以居住、文教机关为主的区域，含乡村居住环境；2 类区域，适用于居住、商业、工业混杂区；3 类区域，适用于工业区；4 类区域，适用于道路交通干线两侧区域，穿越城区的内河航道两侧区域。

三、区域噪声污染趋势预测

根据区域噪声污染现状调查与评价的结果，对规划区域内噪声污染情况进行模拟预测，从而为识别噪声污染严重区域，构建规划目标和指标体系提供定量化支持。噪声污染预测主要包括工业企业噪声预测、交通噪声预测和环境噪声预测。详见第三章内容。

四、区域噪声污染控制规划目标和指标制定

在符合城市总体规划、土地利用规划的要求，并考虑区域经济发展水平的前提下，区域噪声污染控制规划的总体目标是为城市居民提供一个安静的生活、学习和工作环境。在对区域环境噪声污染现状进行评价的基础上，进行合理的噪声污染预测，结合各噪声控制功能区的基本要求，确定规划区域内各功能区的噪声控制目标。噪声控制指标应主要包括以下三方面：a. 环境噪声达标率，即对各功能区环境噪声的规划水平年、近期年限和远期年限的达标率提出具体指标要求；b. 交通噪声达标率，即对各交通干线噪声的规划水平年、近期年限和远期年限的达标率提出具体指标要求；c. 厂区噪声达标率和建筑施工噪声达标率，即对工业区内和建筑施工地的规划水平年、近期年限和远期年限的达标率提出具体指标要求。《"十四五"噪声污染防治行动计划》中对区域环境噪声的目标设定为"到 2025 年，全国声环境功能区夜间达标率达到 85%"。

五、区域噪声污染控制规划方案的制定

根据上述指定的噪声污染控制目标和指标，对不同类别、不同时期的噪声污染制定综合整治措施，并提出控制规划方案。噪声控制规划方案可以分为宏观噪声污染控制方案和噪声源污染控制方案。宏观噪声污染控制方案是指从区域整体角度出发，严格按照功能区划对区域内噪声超标情况进行控制，包括提高噪声环境标准、加大噪声敏感区建设力度、加大噪声污染控制监管力度等；噪声源污染控制方案是指针对突出明显的噪声源，如立交桥、机械工厂、建筑施工地、文化娱乐区等区域进行噪声防控。

六、区域噪声污染综合整治措施

1. 区域环境噪声综合整治

(1) 计算区域环境噪声降低值，制定区域环境噪声控制措施　根据区域声功能区划结果、各功能区环境噪声控制目标以及噪声预测结果，确定各功能区环境噪声降低值。

(2) 制订噪声控制小区建设计划，逐步扩大噪声控制小区覆盖率

根据控制噪声、保障居民身体健康和正常休息的原则，对人口密度过低、工业生产点与住宅民房犬牙交错现象严重、厂群矛盾激烈、治理难度很大的街道、混合区，暂时不宜选作控制小区；对人口密度适中、开发建设基本定型的工商业与居民住宅混合区，有一定的工厂企业或厂群矛盾，治理有难度，但经过强化管理基本上可以达到要求的地区，可作为备选区域；对人口密度高、以居住为主的区域，应优先考虑建设噪声控制小区。根据噪声控制小区目标要求，确定规划小区建设项目。

(3) 规定工厂和建筑工地与其他区域的边界噪声值，超标的要限期治理

① 对混杂在居民区的工厂。对严重扰民的噪声源，必须治理，可分别采用隔声、吸声、减振、消声等技术，无法治理的要转产或搬迁；厂内可以通过合理调整布局解决噪声问题。例如噪声大、离居民区很近的噪声源，可迁至厂区适当位置，减少对居民区的干扰；在居民区中的建筑施工工地，规定使用低噪声设备，规定超标机械使用时间；工厂与居民区之间应留有一定的间隔，应用间隔的绿化带来防噪。

② 对混杂在工业区的居住区。从长远规划考虑，应限制工业区中居民区的发展，并应制订计划，逐步将居民迁出工业区。短期内，必须在居民区四周设置绿化隔离林带，根据噪声防治的要求，选择绿化树种、绿化带宽度。

(4) 划定噪声敏感建筑物集中区域　根据《中华人民共和国噪声污染防治法》，结合国家声环境质量标准、国土空间规划和相关规划、噪声敏感建筑物布局等，对噪声敏感建筑物集中区域进行划定。合理安排大型交通基础设施、工业集中区等与噪声敏感建筑物集中区域之间的布局。交通基础设施选线选址时，尽量避开噪声敏感建筑物集中区域。统筹推进穿越中心城区的既有铁路改造和货运铁路外迁，新建铁路项目应尽量绕避噪声敏感建筑物集中区域。优化噪声敏感建筑物建设布局，在交通干线两侧、工业企业周边等地方建设噪声敏感建筑物，应间隔一定距离，提出相应规划设计要求。科学规划住宅、学校等噪声敏感建筑物位置，避免受到周边噪声的影响；中小学校合理布置操场等课外活动场地，加强校内广播管理，降低对周边环境的影响。

2. 工业企业噪声污染防治

排放噪声的工业企业应切实采取减振降噪措施，加强厂区内固定设备、运输工具、货物装卸等噪声源管理，同时避免突发噪声扰民。企业采用先进治理技术，从源头上削减噪声污染的产生。工业园区进行噪声污染分区管控，优化设备布局和物流运输路线，采用低噪声设备和运输工具。

3. 建筑施工噪声污染防治

限制或禁用易产生噪声污染的落后施工工艺和设备。采取有效隔声降噪设备、设施或施工工艺。采用噪声敏感建筑物集中区域施工措施，噪声敏感建筑物集中区域的施工场地使用

低噪声施工工艺和设备，采取减振降噪措施，加强进出场地运输车辆管理。

4. 交通噪声综合整治

根据主要交通干线交通噪声的预测结果和主要交通干线交通噪声控制目标值，计算交通噪声降低值。根据交通噪声降低值，针对区域布局和道路建设规划，公路路网结构和布局、铁路建设和场站布局、机场和港口布局，提出改进建议和改造方案，加强流动噪声源的管理，分期分批淘汰超标的交通工具。

思考题

1. 试述我国水环境保护规划的发展历程。
2. 水生态环境保护规划的内容有哪些？
3. 怎样进行水污染控制单元的划分？
4. 总结水生态环境规划项目类型。
5. 大气污染防治规划中主要采用哪些大气环境容量计算方法？每种方法的优缺点分别是什么？
6. 简述大气环境污染控制规划的内容。
7. 怎样进行大气污染物允许排放总量的控制？
8. 总结大气污染综合防治措施。
9. 简述固体废物管理规划的基本原则。
10. 依据确定噪声控制小区的基本原则，试确定所在城市的噪声控制小区。

"十四五"环境健康工作规划的主要任务

拓展阅读

第六章 生态规划

生态规划是区域发展和环境保护规划的重要组成部分，是实施生态建设的基础，也是进行生态系统管理的基本依据之一。其实质是模拟自然而进行的人为规划，以促进人与环境关系的协调发展，建立与自然和谐的资源利用开发方式、经济发展方式及人的生活方式，有计划地保育和改善生态系统的结构与功能。

第一节 生态规划基础

一、生态规划的概念

20 世纪初，在生态学已发展为一门独立学科的大背景下，生态规划的理论与实践得到快速发展。受英国生态学家 E. Howard（1898）"田园城运动"的影响，在美国开始了从区域整体角度探索城市环境恶化及解决城市拥挤问题的途径，例如：重视城市-农村过渡带的规划与保护，通过在过渡带建设缓冲绿带及公园创造一个更接近自然的居住环境，限制城市的扩张。这些理论与实践对后来美国的生态规划工作产生了深刻影响。

20 世纪 60 年代后，生态规划的思想逐步成熟。现代生态规划的奠基人，麦克哈格在他的《设计结合自然》（*Design with Nature*）一书中指出，"生态规划是在通盘考虑了全部或多数因素，并在无任何有害或多数无害条件下，对土地的某种可能用途进行规划和设计，确定其最适宜的利用"。我国学者也提出了自己的观点，如王如松指出生态规划的本质是一种系统认识和重新安排人与环境关系的复合生态系统规划。欧阳志云和王如松则认为，生态规划系指运用生态学原理及相关学科的知识，通过生态适宜度分析，寻求与自然协调、资源潜力相适应的资源开发方式及社会经济发展途径。

二、生态规划的内涵和任务

1. 生态规划的内涵

生态规划是运用整体优化的系统论观点,对规划区域内城乡生态系统的人工生态因子和自然生态因子的动态变化过程与相互作用特征进行调查,研究物质循环和能量流动的途径,进而提出资源合理开发利用、环境保护和生态建设的规划对策。与传统的规划相比,有很大的不同,主要表现在以下几个方面。

① 生态规划中特别强调生态系统的整体性,以使系统达到整体优化的目标。生态规划的对象是复合生态系统,在规划过程中,要注重考虑生态系统的结构与功能的完整性,同时强调以人类活动与环境的关系为出发点,强调人在系统调控中的主观能动性。

② 以资源环境承载力和环境容量为前提,强调系统的发展应立足于当地的资源环境承载力,在充分了解系统内部资源和自然环境特征及其环境容量,了解自然生态过程的特征与人类活动关系的基础上,确定科学合理的资源开发利用规模和人类社会经济活动的强度及空间布局。

③ 注重运用生态评价分析方法,特别是生态适宜性评价、生态敏感性评价、生态环境承载力评价以及生态环境影响评价等评价方法;注重生物多样性与生态环境的保护模式和措施制定;注重生态环境建设项目的安排。

④ 生态规划中强调对系统生态过程和生态关系的调节,注重系统的可持续发展,而非单纯的系统组分数量的多少。

⑤ 生态规划是基于一种生态思维方式,强调系统思想、共生思维和演替思想,遵循"循环再生,协调共生,持续稳生"的生态原则,注重系统过程,采用进化式的发展过程。

2. 生态规划的任务

① 根据生态适宜度,制定区域经济战略方针,确定相宜的产业结构,进行合理布局,以避免土地利用不适宜和布局不合理造成生态环境问题。

② 根据土地承载力或环境容量的评价结果,搞好区域生态区划、人口适宜容量、环境污染防治规划和资源利用规划等;提出不同功能区的产业布局以及人口密度、建筑密度、容积率和基础设施密度限值。

③ 根据区域气候特点和人类生存对环境质量的要求,搞好林业生态工程、城乡园林绿化布局、水域生态保护等规划设计,提出各类生态功能区内森林与绿地面积、群落结构和类型方案。生态规划是生态建设的基础和依据,生态规划的目标都是通过生态建设来逐步实现的。

三、生态规划的基本原则

生态规划是生态建设的核心内容,与其他规划一样,具有综合性、协调性、战略性、区域性和实用性的特点,需要确定制定的基本原则,主要包括以下几个方面。

1. 整体优化原则

生态规划与设计要依据系统分析的原理和方法,追求社会、经济和环境的整体最佳效益,实现生态规划的目标与区域或城乡总体规划目标的一致性,努力构建一个社会文明、经济高效、生态和谐、环境洁净的人工复合生态系统。

2. 人-地系统协调共生原则

人-地系统具有结构多元化和组成多样性的特点。人-地系统协调就是要保持区域与城乡、部门与子系统各层次、各要素以及周围环境之间相互关系的和谐、有序和动态平衡，保持生态规划与总体规划近期和远期目标的一致性。共生即包括产业结构的调整和生产力的合理布局，同时不同种类子系统间应合作共存、互惠互利，系统实现多重效益的并举，提高资源的利用效率。

3. 高效和谐原则

生态规划的目的之一是构建高效和谐的社会-经济-自然复合生态系统，使其内部的物质代谢、能量流动和信息传递形成环环相扣的网络，物质和能量得到多层次分级利用，废物资源化和循环再生，实现资源的高效率利用。

4. 生态功能分区原则

不同地区的生态系统有不同的特征，生态过程和功能、规划的目的也不尽相同，因此生态规划要综合考虑国土规划（或区域规划）、城市总体规划的要求和城乡现状布局。搞好生态功能分区，是实现资源保育的重要途径，也是科学利用资源的手段。关键是使不同功能区服务于系统整体，系统整体又能促进各功能区作用的发挥。

5. 最小风险原则

在长期的生态演替中，只有生存在与限制因子上下限相距较远的那些物种生存机会最大、风险最小。生态规划要依据生态学的限制因子原理，使系统中的组分、要素处于最小风险状态，保证系统的健康运行和发展。

6. 可持续发展原则

生态规划要遵循可持续发展的理论，强调资源的开发利用与保护增殖同时并重，合理利用自然资源，为后代维护和保留充分的资源条件，使人类社会得到公平持续发展。

四、生态规划与其他规划的关系

生态规划的模式是多样的，如景观规划模式、景观生态学模式、环境影响评价模式等；按空间尺度不同、规划对象不同及学科方向不同，又可划分出多种类型，见图 6-1。但无论何种模式或类型，其共同特点均是以人为本，通过加强生态管理，实现人与自然关系的和谐，充分注重各种干预压力都能控制在生态系统承载力之内，强调系统的开放性、整体性，以及高效、和谐和可持续。生态规划与其他规划相比，既有联系又有区别。

1. 生态规划与环境规划

环境规划也属经济和社会发展规划或总体规划的一个组成部分，是应用各种科学技术信息，在预测经济社会发展对环境的影响及环境质量变化趋势的基础上，为达到预定的环境质量，进行综合分析做出的带有指令性的最佳选择方案。其目的是在发展的同时，保护环境，维护生态安全。环境规划与生态规划二者之间有着密切的联系，但又有一定的区别。生态规划是强调运用生态系统整体优化的观点，重视规划区域内城乡生态系统的社会因素（如土地利用状况、产业布局状况、环境污染状况、人口密度和分布，以及建筑、桥梁、道路、城市管线基础设施分布等）和自然生态因素（气候、水系、地形地貌、生物多样性、资源状况

图 6-1 生态规划类型

等）的动态变化过程及相互作用特征，寻求系统中物质循环和能量流动的最佳方式及途径，进而提出资源合理开发利用、环境保护和生态建设的规划与对策。环境规划主要体现在不同环境要素的保护与污染防治上。此外，环境规划常常以问题为导向，随着时间的推移，规划的侧重点可能发生变化。

2. 生态规划与国民经济和社会发展规划

国民经济和社会发展规划是全国或者某一地区经济、社会发展的总体纲要，是具有战略意义的指导性规划。国民经济和社会发展规划统筹安排与指导全国或某一地区的社会、经济、文化、生态环境建设工作。

生态规划是国民经济和社会发展规划体系的重要组成部分，也是对国民经济和社会发展规划中有关生态建设安排的补充与细化。因此，生态规划应与国民经济和社会发展规划同步编制，并纳入其中。生态规划目标应与国民经济和社会发展规划相互协调，所确定的主要任务都应纳入国民经济和社会发展规划，参与资金综合平衡，保证同步规划和同步实施。所以，生态规划的制定与实施是保障国民经济和社会发展规划目标得以实现的重要条件。

3. 生态规划与国土规划

国土规划是从土地、水、矿产、气候、海洋、旅游、劳动力等资源的合理开发利用角度，确定经济布局，协调经济发展与人口、资源、环境之间的关系，明确资源综合开发的方向、目标、重点和步骤，提出国土开发、利用、整治的重大措施和基本构想。生态规划也是国土规划的重要组成部分，它对环境资源的生态适宜性所做的分析和评价，可作为国土资源合理开发利用和综合整治的技术支持与科学依据。

第二节　生态规划的内容

一、生态规划的程序

生态规划的方法主要以"麦克哈格生态规划法"为基础，其核心在于根据区域自然环境与自然资源性能，对其进行生态适宜性分析，以确定土地利用方式与发展及生态保护规划，从而使自然的利用、开发及人类其他活动与自然特征、自然过程协调统一起来。生态规划程序见图 6-2。

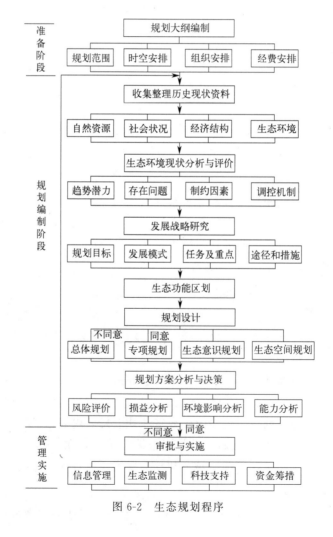

图 6-2　生态规划程序

二、生态规划的步骤

生态规划程序一般可以概括为三个阶段。第一阶段为规划的准备阶段,主要任务是确定规划的总则,编制规划大纲。第二阶段为规划的编制阶段,主要任务是完成生态调查和评价、规划设计及决策,编写规划及相关图件。第三阶段为规划的管理与实施。主要内容如下。

1. 编制生态规划大纲

根据生态规划任务,确定规划的范围和时空边界,在区域可持续发展总目标下,确定规划的总体目标、阶段目标及指标体系,规划原则和总体思路,编制规划大纲。规划大纲除以上内容外,还应包括规划采用的方法和内容、规划的组织、时间安排及经费安排。

2. 生态调查和评价

(1) 生态调查的内容　调查项目和内容见表6-1。

表6-1　生态调查项目和内容

项目	内容
自然环境状况调查	气候气象因素和地理特征因素,如地形地貌、坡向坡位、海拔、经纬度等;生态系统类型、结构及功能,特别注意土地利用类型的调查、城市绿化系统结构的调查、生态流及生态功能的调查;自然资源状况,如水资源、土地资源、野生动植物资源状况,特别是珍稀物种和濒危物种的种类、数量、分布、生活习性、生长、繁殖以及迁移行为等的调查;人类开发历史、方式和强度;自然灾害及其对生态环境的干扰破坏情况;生态环境演变的基本特征;基础图件收集和编制,主要收集地形图、土地利用现状图、植被图和土壤侵蚀图等
社会经济状况调查	社会结构情况,如人口密度、人均资源量、人口年龄构成、人口发展状况、生活水平的历史和现状、科技与文化水平的历史和现状、规划区域的主要生产方式等;经济结构与经济增长方式,如产业构成的历史、现状及发展,自然资源的利用方式和强度等
环境质量状况调查	包括空气、水体、土壤、声环境质量现状的监测和调查
区域特殊保护目标调查	属于地方性敏感生态目标的有自然景观与风景名胜,水源地、水源林与集水区,脆弱生态系统,生态安全区,重要生境等

要仔细研究并确定生态调查清单,以便充分了解规划区域自然特点与自然过程。生态调查多采用网格法,即在筛选生态因子的基础上,按网格逐个进行生态状况的调查与登记。有些调查可应用卫星遥感数据或航测照片来完成登记工作,还可借助于专家咨询、民意测验等公众参与的方法来弥补数据的不足。

(2) 生态环境现状分析与评价　生态环境现状分析与评价主要运用生态系统及景观生态学理论和方法,对规划区域系统的组成、结构、功能与过程进行分析评价,认识和了解规划区域发展的生态潜力与限制因素,主要包括生态过程分析、生态潜力分析、生态敏感性分析、生态适宜度分析、土地质量及区位评价等,目的在于认识和了解评价区域环境质量及资源现状、生态潜力的制约因素等（详见表6-2）。

表6-2　生态环境现状分析与评价的主要项目和内容

项目	内容
生态过程分析	生态过程的特征是由生态系统（或景观）的结构和功能决定的。对于城市生态系统来说,其自然资源及能流特征、景观生态格局及动态都是以生态系统功能为基础。同时,在人类生产、生活及交通等经济活动影响下,各种功能的生态过程及其与自然生态过程的关系是关注的重点

续表

项目	内容
生态潜力分析	生态潜力是指在单位面积土地上可能达到的初级生产水平。它是一个综合反映区域光、温、水、土资源配合效果的一个综合定量指标，根据这4种自然资源的稳定性和可调控性，生态潜力可分为4个层次：光合生产潜力、光温生产潜力、气候生产潜力及土地承载力
生态敏感性分析	不同的生态系统对人类活动干扰的反应结果不同，它们中有的对干扰具有较强的抵抗力和恢复能力；有的则很脆弱，容易受到损害或破坏，恢复也很难。生态敏感性分析的目的就是判定区域内各子系统对人类活动的反应。
生态适宜度分析	生态适宜度是指在规划区域内土地利用方式对生态要素的影响程度，是确定土地开发利用适宜程度的依据。生态适宜度可为生态规划中区域或城市污染物的总量排放控制、搞好生态功能分区提供科学依据
土地质量及区位评价	土地质量的评价因用途不同而在评价指标、内容、方法上有所不同，如在绿地系统规划中对土地质量的评价涉及的是与绿化密切相关的气候、土壤养分与土壤结构、水分有效性、植物生态特性等属性。区位评价的主要目的是为区域发展、产业经济布局与城镇建设提供基础。区位评价的指标主要有地形地貌条件、河流水系分布、植被与土壤等因素，以及交通、人口、工农业产值、土地利用现状等方面

3. 生态规划的指标体系及目标

生态规划的总目标、近期和远期目标应同区域规划与总体规划的近期、远期目标相一致。指标的确定要结合生态系统开放性的特点，从协调社会经济发展与环境保护的关系着手，充分发挥人对复杂系统的辨识能力，在各类分指标的权重中，人口密度、土地利用强度、绿地覆盖率、人均公共绿地、建筑密度、经济密度、能耗强度与密度、污染负荷密度及交通量等，常是被重点考虑的生态指标。

4. 生态功能区划

(1) 生态功能区划概念　生态功能是指自然生态系统支持人类社会和经济发展的功能。《全国生态功能区划（修编版）》中将生态功能区划定义为：根据区域生态系统格局、生态环境敏感性与生态系统服务功能空间分异规律，将区域划分成不同生态功能的地区。

全国生态功能区划是以全国生态调查评估为基础，综合分析确定不同地域单元的主导生态功能，制定全国生态功能分区方案。全国生态功能区划是实施区域生态分区管理、构建国家和区域生态安全格局的基础，为全国生态保护与建设规划、维护区域生态安全、促进社会经济可持续发展与生态文明建设提供科学依据。

(2) 生态功能区划原则　《全国生态功能区划（修编版）》中生态功能区划的原则包括主导功能原则、区域相关性原则、协调原则和分级区划原则。

① 主导功能原则。区域生态功能的确定以生态系统的主导服务功能为主。在具有多种生态系统服务功能的地域，以生态调节功能优先；在具有多种生态调节功能的地域，以主导调节功能优先。

② 区域相关性原则。在区划过程中，综合考虑流域上下游的关系、区域间生态功能的互补作用，根据保障区域、流域与国家生态安全的要求，分析和确定区域的主导生态功能。

③ 协调原则。生态功能区划是国土空间开发利用的基础性区划，是国民经济发展综合规划、国家主体功能区规划、土地利用规划、农业区划、城镇体系规划等区划、规划编制的科学基础。在制订生态功能区划时，与已经形成的国土空间开发利用格局现状进行衔接。

④ 分级区划原则。全国生态功能区划应从满足国家经济社会发展和生态保护工作宏观

管理的需要出发，进行大尺度范围划分。

（3）生态功能区划内容　在生态功能分区过程中，通过对大量数据资料进行现状评价、生态敏感性分析和生态服务功能评价等深入分析研究的基础上，运用3S技术，通过图形叠置与分区处理，利用地形地貌等自然地理空间特征、行政边界和区域社会经济模式确定各级生态功能区的边界。生态功能分区程序见图6-3。

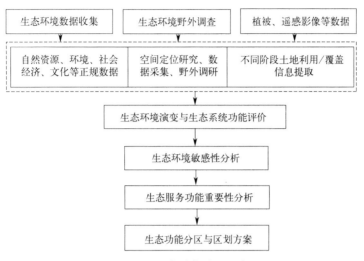

图6-3　生态功能分区程序

① 生态环境敏感性分析。生态环境敏感性的分析内容包括土壤侵蚀敏感性、沙漠化敏感性、盐渍化敏感性、石漠化敏感性和酸雨敏感性。根据各类生态问题的形成机制和主要影响因素，分析各地域单元的生态敏感性特征，按敏感程度划分为敏感、较敏感、较不敏感、不敏感4个等级。

② 生态服务功能重要性分析。生态服务功能重要性分析的目的是明确全国生态系统服务功能类型、空间分布与重要性格局，以及其对国家和区域生态安全的作用。全国生态服务功能分为生态调节功能、产品提供功能与人居保障功能三个类型。生态调节功能主要包括水源涵养、生物多样性保护、土壤保持、防风固沙、洪水调蓄等维持生态平衡、保障全国和区域生态安全等方面的功能。产品提供功能主要包括提供农产品、畜产品、林产品等功能。人居保障功能主要是指满足人类居住需要和城镇建设的功能，主要区域包括大都市群和重点城镇群等。生态系统服务功能重要性评价是根据生态系统结构、过程与生态系统服务功能的关系，分析生态系统服务功能特征，按其对全国和区域生态安全的重要性程度分为极重要、较重要、中等重要、一般重要4个等级。

③ 生态功能分区与区划方案。根据生态功能类型及其空间分布特征，以及生态系统类型的空间分布特征、地形差异、土地利用的组合，划分生态功能区。

全国生态功能区划包括生态功能区242个，其中生态调节功能区148个，产品提供功能区63个，人居保障功能区31个。

5. 规划设计及决策

在现状调查与评价的基础上，充分研究国家的有关政策、法规、区域发展规划，综合考虑人口发展、经济发展及环境保护的关系，提出生态规划的目标及建设的指标体系，确定区域发展的主要任务、重点领域，在区内生态环境、资源及社会条件的适宜度和承载力范围内，选择最适于区域发展的对策措施。方案的设计要结合规划的实际，体现社会效益、环境效益、经济效益三者的高度统一。

生态规划的最终目的是提出区域发展的方案与途径。生态决策分析就是在生态评价的基础上，根据规划对象的发展与要求以及资源环境及社会经济条件，分析并选择经济学与生态学合理的发展方案和措施。其内容包括：根据发展目标分析资源要求，通过与现状资源的匹配性分析确定初步的方案和措施，再运用生态学、经济学等相关学科知识对方案进行分析、评价和筛选。

6. 规划方案的审批与实施

规划编制完成后，报有关部门进行审批实施。生态规划由所在地的环境保护行政主管部门会同有关部门组织编制、论证，经上级环境保护行政主管部门审查同意后，报当地人民政府批准实施，审批后的规划应纳入区内相关的发展规划，以保证规划的实施。

根据生态规划目标要素和存在的问题，有针对性地提出与规划主要建设领域和重点任务相配套的经济措施、行政措施、法律措施、市场措施、能力建设、国内与国际交流合作、资金筹措等措施。对规划的实施进行动态追踪和管理，及时修正，保证规划目标的实施。

第三节 生态规划的方法

对规划区域选取正确的方法进行生态分析，是生态规划的核心问题，分析规划区的生态适宜度、生态敏感性、生态足迹（生态承载力），为区域开发建设提供生态设计依据，确定生态目标。

一、生态适宜度分析法

生态适宜度分析是制定规划方案的基础。生态适宜度分析的目标是根据区域自然资源与环境状况，评价其对某种用途的适宜性和限制性，并划分适宜等级，弄清限制因素，为资源的最佳利用方向提供依据。

1. 生态适宜度分析程序

生态适宜度分析是在网格调查的基础上，对所有网格进行生态分析和分类，将生态状况相近的作为一类，计算每种类型的网格数，以及其在总网格中所占的百分比。

① 明确生态规划区范围及可能存在的土地利用方式，根据规划要求，将规划区域划分为网格，明确各网格内土地或资源特性。

② 分别筛选出对各种土地利用方式（用地类型）有显著影响的生态因子，并确定其影响作用的相对大小，即权重。

③ 对生态规划区的各网格分别进行生态登记。

④ 制定生态适宜度评价标准。根据各生态因素对给定土地利用方式的影响规律，制定出单因子评价标准，在此基础上利用合适的方法制定出多因子综合适宜度评价标准。

⑤ 先逐格确定单因子生态适宜度评价值，然后应用数学模型由单因子生态适宜度评价

值或评分求出各网格对给定土地利用方式的生态适宜度综合评价值。

⑥ 编制城市生态规划区生态适宜度综合评价表。

2. 筛选生态适宜度评价因子的原则

① 所选择的生态因子对给定的资源利用方式具有较显著的影响。

② 所选择的生态因子在各网格中的分布存在较显著的差异性。

例如,以居住用地为目标的土地利用方式,与大气、生活饮用水、噪声等因子,土地开发利用程度以及绿化状况等密切相关,因此,分析居住用地适宜度时,一般选定大气环境质量、生活饮用水、土地利用率、环境噪声及绿化覆盖率五项作为评价因子。在进行工业用地适宜度分析时则一般选定位置、风向、大气环境质量以及土地利用熵四项作为评价因子。

3. 生态适宜度单因子评价标准

① 生态适宜度单因子评价标准的制定,主要依据生态因素(单因子)对给定的土地利用方式(类型)的影响和作用,生态因子在生态规划区的时空分布情况和生态规划区社会、经济等指标有关。

② 单因子生态适宜度的评价分级。通常分为三级,即适宜、基本适宜、不适宜;还可划分为五级,即非常适宜、适宜、基本适宜、基本不适宜、不适宜。同时分别赋权值5、3、1或9、7、5、3、1,数值大小与该因素生态适宜度的大小成正相关。非常适宜,指土地可持久地用于某种用途而不受重要限制,不至于破坏生态环境、降低生产力或效益;适宜,指土地有限性,当持久用于规划用途时会出现中等程度的不利,以至于破坏生态环境、降低效益;不适宜,指有严重的限制性,某种用途的持续利用对其影响是严重的,将严重破坏生态环境,利用勉强合理。

4. 生态适宜度综合评价值

计算生态适宜度综合评价值的数学表达式主要有以下几种。

(1) 代数和表达式:

$$B_{ij} = \sum_{s=1}^{n} B_{isj}$$

式中,i 为网格编号(或地块编号);j 为土地利用方式编号(或土地类型编号);s 为影响土地利用方式(或用地类型)的生态因子编号;n 为影响土地利用方式(或用地类型)的生态因子的总个数;B_{ij} 为第 i 个网格,其利用方式是 j 时的综合评价值;B_{isj} 为土地利用方式为 j 的第 i 个网格的第 s 个生态因子对该利用方式(或类型)的适宜度评价值(简称单因子 s 的评价值)。

(2) 算术平均值表达式:

$$B_{ij} = \frac{1}{n} B_{isj}$$

(3) 加权平均值表达式:

$$B_{ij} = \sum_{s=1}^{n} W_s B_{isj}$$

式中,W_s 为第 s 个生态因子的权值。

通常根据综合生态适宜度值确定适宜度分级的上下限,结合单因素的生态适宜度分级标准进行分级。

二、生态敏感性分析法

生态敏感性是指生态系统对人类活动反应的敏感程度，用来反映产生生态失衡与生态环境问题的可能性大小。在生态规划过程中，可以此确定生态环境影响最敏感的地区和最具有保护价值的地区。相对适宜度分析而言，生态敏感性分析是从另一个侧面分析用地选择的稳定性，为生态功能区划提供依据。

1. 生态敏感性分析的程序

城市生态敏感性分析有如下步骤：
① 明确区域可能发生的主要生态环境问题类型与可能性大小。
② 建立生态敏感性评价指标体系。
③ 确定敏感性评价标准并划分敏感性等级后，应采用直接叠加法或加权叠加法等计算方法得出规划区生态环境敏感性分析图。

2. 生态敏感性分析的内容

影响一个地区生态敏感性的因素很多，通常选用影响开发建设较大的因子作为生态敏感性分析的生态因子。具体分析内容如下。
① 土壤侵蚀敏感性。以通用土壤侵蚀方程（USLE）为基础，综合考虑降水、地貌、植被与土壤质地等因素，运用地理信息系统来评价土壤侵蚀敏感性及其空间分布特征。
② 沙漠化敏感性。用湿润指数、土壤质地及起沙风的天数等评价沙漠化敏感性程度。
③ 盐渍化敏感性。土壤盐渍化敏感性是指旱地灌溉土壤发生盐渍化的可能性。根据地下水位划分敏感区域，再采用蒸发量、降雨量、地下水矿化度与地形等因素划分敏感性等级。
④ 石漠化敏感性。根据是否为喀斯特地貌、土层厚度以及植被覆盖率等进行评价。
⑤ 酸雨敏感性。可根据区域的气候、土壤类型与母质、植被及土地利用方式等特征来综合评价区域的酸雨敏感性。

通过制定单因子生态敏感性标准及其权重对各单因子等级及其权重进行评估然后用加权多因素分析公式进行单因子图加权叠加、聚类得出综合因子的生态环境敏感性分析图。评价分级分为敏感、较敏感、较不敏感和不敏感四级。对生态敏感、景观独特的地带，适宜保持原貌成为保护区；对于生态不敏感、不适合动植物生长的地带，可以进行工业区或商业区的开发。

3. 图形叠置法

图形叠置法是一种传统的区划方法，常在较大尺度的区划工作中使用，该方法在一定程度上可以克服专家在确定区划界线时的主观臆断性。其基本做法是将若干自然要素、社会经济要素和生态环境要素的分布图与区划图叠置在一起得出一定的网格，然后选择其中重叠最多的线条作为区划依据。

4. 聚类分析法

聚类分析又称群分析，它是研究如何将一组样品类内相近、类间有别的若干类群进行分类的一种多元统计分析方法。它的基本思想是认为研究的样本或指标之间存在着不同程度的相似性，把一些相似程度较大的样本聚合为一类。

目前在实际应用中使用最多的一种聚类方法是系统聚类法。系统聚类的基本过程可描述为：开始每个对象自成一类，然后每次将最相似的两类合并，合并后重新计算新类与其他类的距离或相近性程度。这一过程一直继续到所有对象归为一类为止。计算样本间的相似程度的分类统计量的计算方法多种多样，应用比较广泛、分类效果较好的聚类法是离差平方和法。

还有一种聚类分析法是模糊C均值聚类算法。模糊C均值聚类算法是由经典的模糊聚类的方法改进后得出的一种方法，该算法在各个领域获得了非常成功的应用，是目前使用最为广泛的聚类方法之一。

5. 生态融合法

在模糊聚类定性分析的基础上，根据当地实际生态状况对聚类结果进行适当的调整。当区域行政边界与模糊聚类的生态边界存在一定程度的差异时，可进行生态融合，使生态功能区域边界与行政边界尽量保持一致，使区域划分结果更符合生态系统的完整性和管理的需求。

思考题

1. 什么是生态规划？
2. 简述生态规划与其他规划的区别和联系。
3. 生态规划的任务和基本原则是什么？
4. 简述生态规划的步骤。
5. 生态评价的主要项目和内容有哪些？
6. 简述生态适宜度分析的程序。
7. 什么是生态功能区划？生态功能区划应遵循哪些原则？
8. 简述生态功能分区过程。

第七章

环境管理的基本内容

第一节 环境管理模式

环境问题由来已久,但人类对环境问题进行系统管理的历史相对较短。世界各国在政策、制度、措施的选择、设计过程中,明显受到当时的政治、经济、科学文化、道德水准等诸多因素的影响和制约,形成了具有时代特色和不断改进的环境管理模式。就我国而言,就经历了基于末端控制的传统环境管理模式向污染预防的环境管理模式的变迁过程,管理手段也从以行政管理为主向多种管理方式综合运用进行转变。

一、末端控制为基础的环境管理模式

(一)末端控制的环境管理模式的建立

20世纪50年代以来,随着制造业的快速发展与技术革新速度的加快,人类所依赖的资源与生产的产品范围得到扩大,人工合成的各种化学物质被不断地生产与制造,引发了严重的环境污染问题。同时制造过程中能源与资源消耗大,排放了大量的废弃物,环境的容纳与循环能力不能承载,导致环境问题日益突出。基于此背景,各国政府制定了一系列的环境污染法律法规、排放标准,对工矿企业进入环境的工业废弃物的最高允许量进行限制,对企业污染和破坏环境的行为进行控制,该种管理模式也称为"管道末端"治理,或称为"末端控制"。

到20世纪60年代,随着环境问题的日益加剧,这种基于末端控制的传统管理模式成为当时各国政府管理环境、调整环境冲突的主要方式。随着污染者负担原则的提出,各国法律都规定了企业对其排放污染物的行为必须承担经济责任,凡是污染物的排放量超过了规定的排放标准,都需要缴纳超标排污费;造成环境损害的,需要承担治理污染的费用并赔偿相应的损失。在这一阶段,面对严厉的法律、法规、标准、政策,企业只能遵循相关的制度约

束，以便能够在制度约束的范围内进行经营活动。

（二）末端控制的含义

末端控制又称末端治理或末端处理，是指在生产过程的终端或者是在废弃物排放到自然界之前，采取一系列措施对其进行物理、化学或生物过程的处理，以减少排放到环境中的废物总量。

末端控制模式的环境手段往往是在其制造的最后工序或排污口建立各种防治环境污染的设施来处理污染，如建污水处理站，安装除尘、脱硫装置，为固体废弃物配置焚烧炉或修建填埋场等，使废弃物排放达到排放标准的要求。这种环境管理模式是以"管道控制污染"思想为核心，强调的是对排放物的末端管理。

（三）末端控制的特点

末端控制的环境管理模式没有从经济运行机制和传统经济流程的缺陷上揭示出产生环境污染与生态破坏的本质，也没有从经济和生产的源头上寻找问题的症结所在。此模式具有线性经济模式的基本特征。

① 末端控制是对生态环境先污染、再治理。末端控制是一种"资源-产品-废弃物排放"的线性经济的产物，对资源的利用是粗放型、一次性的。因此，"边生产、边污染、边治理"和"先生产、后污染、再治理"是当时的普遍现象。

② 在进行废弃物的处理与污染的控制时，强调的是企业自身制造过程中废弃物的控制，而对分销过程及消费者使用过程中所产生的废弃物则不予以考虑和控制。

③ 末端控制型环境管理的目标是通过对制造过程中的废弃物与污染的控制达到规定的最低排放标准和最大排放量的要求。

④ 末端治理措施治标不治本，投资大，效果不理想。末端治理投资一般难以在投资期限内收回，再有治理设施常年运转费用累加，增加了企业的运行成本，在这样的背景下，也滋长了企业的消极性。

（四）基于末端控制的环境管理方法

当前基于末端控制的环境管理方法主要是污染排放浓度控制和环境污染总量控制。

1. 污染排放浓度控制

（1）浓度控制的定义　浓度控制是指以控制污染源排放口排出污染物的浓度为核心的环境管理的方法体系。其核心内容为国家制定环境污染物排放标准，规定企业排放的废气和废水中各种污染物的浓度不得超过国家规定的限值。此外，还有不同行业污染物排放标准和省级污染物排放标准。控制污染源排放浓度的方法，是我国20世纪70~80年代环境管理中一直执行的管理方法，在我国环境保护管理初期起到了重要作用。浓度控制法的优点在于直观简单，可操作性强，管理方便，易于检查和控制排污单位的环境行为；而弊端在于不能从环境质量要求出发，仅采取控制相应污染物排放的方法，使污染源的监控和环境质量执行要求脱节，污染源排放浓度达标后也会引起环境质量的不利变化。

（2）浓度控制的方法和手段　以浓度控制为核心的环境管理，主要以污染物排放标准为依据。国家污染物排放标准是各种环境污染物排放活动应遵循的行为规范，国家污染物排放标准依法制定并具有强制效力。按照我国现行环境保护法律确立的排放标准体系，国家污物排放标准包括污水综合排放标准、大气污染物排放标准、噪声排放标准、固体废物污染控制标准、放射性和电磁辐射污染防治标准等。依据一定的标准，监测对照排出的污染物浓度，以控制污染物排放量。其管理模式主要是监控排污单位排放口的达标状况，以此来作为环境管理的技术手段和依据，结合环境影响评价制度、"三同时"制度、排污收费制度的实施，实现区域环境管理的目标任务。就环保管理部门来说，其主要任务和流程为：制定污染物排放标准和环境质量标准，并颁布实施；对排污单位污染防治措施进行检查和监测；对管辖区域环境质量进行监测；编制环境整治规划和管理方案；组织协调和监督管理。浓度控制环境管理模式见图7-1。

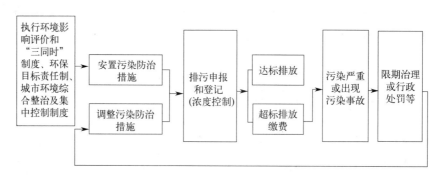

图7-1 浓度控制环境管理模式

2. 环境污染总量控制

（1）总量控制的定义 总量控制是污染物排放总量控制的简称。总量控制方法自20世纪70年代末由日本提出以后，在日本、美国等发达国家得到了广泛应用，并取得了良好的效果。20世纪90年代中期后，我国开始推行污染物排放总量控制措施，并正式作为我国环境保护的一项重大举措。

污染物总量控制是将某一控制区域作为一个完整的系统，采取措施将排入这一区域内的污染物总量控制在一定数量之内，以满足该区域的环境质量要求。在实施总量控制时，基本依据为环境质量目标。污染物的排放总量应小于或等于允许排放总量，区域的允许排污量应当等于该区域环境允许的纳污量，环境允许纳污量则根据环境允许负荷量和环境自净容量确定。污染物总量控制管理比排放浓度控制管理具有较明显的优点，它与实际的环境质量目标相联系，在排污量的控制上宽严适度，可避免浓度控制所引起的不合理稀释排放废水、浪费水资源等问题，有利于区域水污染控制费用的最小化。

（2）总量控制的步骤和类型 总量控制的真正意义是负荷分配，即根据排污地点、数量和方式对各控制区域不均等地分配环境容量资源。首先根据环境功能区划分，确定总量控制区域，选取控制点（控制断面），经验确定或计算环境容量，核定区域污染物允许排污总量；然后按照各种污染源对环境质量的影响程度和污染源贡献率，按照一定的原则和方法，将允许排污总量分配到具体的排污单位，对排污单位核发排污许可证，实行排污总量管理；最后对排污单位进行监督监测，制定总量控制管理政策和措施。

在总量控制管理实践中，根据区域允许排放总量确定的不同，总量控制可以分为以下三种类型。

① 容量总量控制。把允许排放的污染物总量控制在受纳环境具体功能所对应的环境标准范围内。容量总量控制的"总量"系受纳环境中的污染物不超过环境标准所允许的排放限

额。它把污染物控制管理目标与环境目标联系起来,用环境容量(环境承载能力)推算受纳环境的允许纳污总量,并将其分配到污染控制区各污染源(污染单元)。

容量总量控制可以分为新开发区和老城市或老工业开发区两种情况,在这两种情况下都应预留未来发展所需的允许排放量。

新开发区:
$$G_i \leqslant EC_i$$
$$G_i = G_{i1} + G_{i2} \quad (G_{i1} = \sum g_{ij} \quad j = 1, 2, \cdots, m)$$

老区开发:
$$G_i > EC_i$$

式中　G_i,EC_i——排入一个环境要素中第 i 类污染物的允许总量及环境容量;

　　　G_{i1},G_{i2}——拟排放污染物 i 的总量及预留排放量;

　　　m——区域内污染源数目;

　　　g_{ij}——要求 j 污染源削减污染物 i 的排放量。

② 目标总量控制。把允许排放污染物总量控制在管理目标所规定的范围内。目标总量控制的"总量"指污染源排放的污染物不超过管理上人为规定能达到的允许限额。它是用行政干预的办法,通过对控制区域内污染源治理水平所能投入的费用及产生的效益进行综合分析,可以确定污染负荷的适宜削减率,并将其分配到源。但目标总量控制在污染物排放量与环境质量未建立明确的响应关系前,不能明确污染物排放对环境造成的损害及其对人体的损害和带来的经济损失。目标总量控制一般用在污染较严重的老城市或老工业区开发中。由于这类控制方式是在不清楚环境容量条件下开展的,因此只能在初步调查基础上,先规定一个削减量 G_{i1},等实施后再分阶段调整。

$$\Delta G_i = \Delta G_{i1} + G_{i2} = G_i - EC_i + G_{i2}$$
$$\Delta G_{i1} = \sum \Delta g_{ij}$$

式中　ΔG_i——要求全区域污染物 i 削减总量;

　　　ΔG_{i1}——要求现有污染源 i 削减污染物的总量;

　　　其余符号同上。

③ 行业总量控制。即从行业生产工艺着手,通过控制生产过程中资源、能源的投入种类与数量和预防污染物的产生,使排放的污染物总量限制在管理目标所规定的限额之内。行业总量控制是基于清洁生产的发展水平,它的特点是把污染控制与生产工艺的革新及资源、能源的有效利用联系起来,以实现行业污染物排放量的最少化。

我国目前的总量控制主要采用目标总量控制,同时辅以部分的容量总量控制。具体地说,在宏观层面,即全国范围内实施目标总量控制,从国家、省、自治区、直辖市,到辖区的市、区、县逐级下达的总量控制指标,按照污染物来源,核定分配污染源总量控制指标;在中微观尺度,针对某些区域,如"三河"、"三湖"、"两区"和环境保护重点城市的空气、地面水环境功能区,实施容量总量控制。

(五)末端控制的局限性

末端控制在环境管理发展过程中是一个重要的阶段,它有利于消除污染事件,也在一定程度上减缓了生产活动对环境的污染和破坏的程度与趋势。但末端治理是一种治标的措施,投资大并且环境保护与治理的效果差,不利于生态环境的持久发展。随着时间的推移、工业化进程的加速，末端控制的弊端日益显露，主要表现为以下几个方面。

① 末端处理技术常常使污染物从一种环境介质中转移到另一种环境介质中。常用的污染控制技术只解决工艺中产生的并受法律约束的污染物，而忽视了废弃物处理过程中或处理后产生的二次污染问题。如烟气的脱硫及除尘过程形成的大量废渣，废水集中处理过程产生的大量污泥等，所以难以做到从根源上去除污染。

② 现行环境保护法规、管理、投资、科技等占支配地位的是单纯污染控制，而很少对面临全球系统的环境威胁提出适当的解决办法。

③ 环境问题的解决远比原来设想的要困难得多。末端治理作为传统生产过程的延长，不仅需要投入大量的设备费用、维护开支和最终处理费用，而且本身还要消耗大量资源与能源，环境问题给世界各国带来了越来越沉重的经济负担，控制污染问题之复杂、所需资金之巨大远远超出预期。

④ 经济社会高速发展，新老环境问题交织，环境污染呈现复合型的特点。末端治理难度大，处理污染的设施投资大、运行费用高，使企业生产成本上升，经济效益下降。

⑤ 末端治理未考虑到资源的有效利用，难以遏制自然资源的浪费和生态环境的破坏。

⑥ 末端治理甚至未涉及产品的销售和使用过程。产品在分销及使用过程中产生了大量废弃物，它们的处理过程没有被妥善考虑。如日益受到关注的电子垃圾已经对自然环境产生了巨大的环境压力。

自然环境对污染物的自然降解、吸纳和消除的能力是有一定限度的，以管道控制为核心的末端控制环境管理模式不能真正实现人与自然的和谐发展，要真正解决污染问题，需要实施源头控制、过程控制，减少污染的产生，这样才能从根本上解决环境问题。

二、污染预防为基础的环境管理模式

（一）污染预防的定义

减少污染废物及防止污染的策略，称为污染预防。因此，污染预防的定义为：在人类活动各种过程中，如材料、产品的制造、使用过程以及服务过程，采取消除或减少污染的控制措施，它包括不用或少用有害物质，采用无污染或少污染制造技术与工艺等，以达到尽可能消除或减少各种（生产、使用）过程中产生的废物，最大限度地节约和有效利用能源与资源，减少对环境的污染。

污染预防是在可能的最大限度内减少生产场地产生的全部废物量，按照优先度可以将其分为三个层次的污染预防方式。

高优先度：避免污染的产生。进行源头控制，采取无污工艺，采用清洁的能源和原辅材料来组织生产活动，避免污染物质的产生。

中优先度：减少污染的产生。进行过程控制，组织可通过对产品的生命周期的全过程进行控制，实施清洁生产，采用先进工艺和设备提高能源与资源利用率，实现闭路循环等，尽可能减少每一环节污染物质的排放。

低优先度：控制污染对环境的不利影响。通过采用污染治理设施对产生的污染物进行末端治理，尽量减少其对环境的不利影响。

在开展污染预防工作时应按上述优先度的原则来选择采用污染预防措施（优先度越高，污染控制的费用越低，且效果越好，从而其控制污染的效率就越高）。采用一种方式方法往往不能达到污染预防的目的，组织应结合自己的情况，综合采用源头控制、过程控制和末端治理来开展污染预防工作。

（二）基于污染预防思想的环境管理模式

基于污染预防思想的环境管理模式涉及以下相关问题。

1. 源削减

源削减也称为源头控制，是针对末端控制而提出的一种控制方式，是指在"源头"削减或消除污染物，尽量减少污染物的产生量。实施源削减，包括减少在回收利用、处理或处置以前进入废物流或环境中的有害物质、污染物的数量的活动，以及减少这些有害物质、污染物的排放对公众健康和环境危害的活动。明确指出污染排放后的回收和利用、处理、处置不是源削减，使污染预防更显示其与过去的污染控制有截然的区别。

源削减的主要途径和手段是改变产品、改进工艺。其内容包括设备或技术改造、工艺或程序改革、产品的重新配制或重新设计、原料替代，以及改进内务管理、维修、培训或库存控制。源削减不会带来任何形式的废物管理（例如再生利用和处理），但减少了产品的生命周期和废物处置中废物及制成品的数量与毒性。

源削减显示了世界对环境保护的思维方式发生了重要转折，使环境保护的立法、管理工作的重点首先是避免污染的产生，而不是在其产生后试图进行管理。源削减是一种治本的措施，是一种通过原材料替代、生产工艺更新等措施在技术进步的同时控制污染的方法，采取了包括废物交换、废物审计、举办研讨班和学习班、召开专业会议、审查预防计划、与学术界合作等内容的污染预防计划。

2. 废物减量化

废物减量化（也称为废物最少化），指将产生的或随后处理、储存或处置的有害废物量减少到可行的最低程度。其目的是减少有害废物的总体积或数量，或者降低有害废物的毒性，这将有利于减少有害废物对人体健康和未来环境的威胁，将有害废物的环境影响减小到最低限度。废物减量化包括源削减、重复利用、再生回收以及减少有害物的体积和毒性，如削减废物产生的活动及废物产生后进行回收利用与减少废物体积和毒性的处理、处置，但不包括用来回收能源的废物处置和焚烧处理。"减量化"不一定要鼓励削减废物的产生量和废物本身的毒性，而仅要求减少需要处置的废物的体积和毒性。

废物减量化与末端治理相比，有明显的优越性。但由于废物的处理和回收利用仍有可能对健康、安全和环境造成危害，因而废物减量化往往是废物管理措施的改进，而不是消除它们。所以"废物减量化"仍然是一个与排放后的有害废物处理息息相关的术语，其实效性如同末端治理，仍有很大局限性。

3. 循环经济

循环经济理念的产生和发展，是人类对人与自然关系深刻认识和反思的结果，也是人类在社会经济高速发展中陷入资源危机、环境危机、生存危机背景下深刻反省自身发展模式的产物。

循环经济本质上是一种生态经济，就是把清洁生产和废物的综合利用融为一体的经济，它要求遵循生态规律和经济规律，按照自然生态系统物质循环和能量流动规律重构经济系统，使得经济系统和谐地纳入类似于自然生态系统的物质循环过程中，在物质不断循环利用的基础上发展经济，建立起一种新的经济形态。

循环经济把传统的依赖资源消耗的线性增长，转变为依靠生态型资源的循环发展。循环经济既是一种新的经济增长方式，也是一种新的污染治理模式，同时又是经济发展、资源节约与环境保护的一体化战略，符合可持续发展理念的经济增长模式。

循环经济的具体内容详见第九章。

（三）污染预防环境管理模式的基本内容

污染预防环境管理模式的主要内容包括组织层面的环境管理、产品层面的环境管理和活动层面的环境管理。

1. 组织层面的环境管理

从管理职能角度出发，"组织"一词具有双重意义：一是名词意义上的组织，主要指组织形态；二是动词意义上的组织，系指组织各项管理活动。本任务所讨论的组织层面，则包含了这两方面的内容。作为组织层面环境管理的一项重要内容，清洁生产在工业污染从传统的末端治理转向污染预防为主的生产全过程控制中扮演了极其重要的角色。

清洁生产是要从根本上解决工业污染的问题，即在污染前采取防止对策，而不是在污染后采取措施治理，将污染物消除在生产过程之中，实行工业生产全过程控制。包括节约原材料和能源，消除有毒材料，减少所有排放物与废物的数量、毒性。产品的清洁生产则侧重在产品的整个生命周期中，即从原材料提取到产品的最终处理处置，减少对环境的影响。

清洁生产的具体内容详见第九章。

2. 产品层面的环境管理

产品是环境管理的基本要素，而产品层面的环境管理主要是从管理的协调职能出发，重点研究单个产品及其在生命周期不同阶段的环境影响，并通过面向环境的产品设计，来协调发展与环境的矛盾。因此，产品层面的环境管理主要涉及工业企业的污染预防和 ISO 14000 系列标准认证两部分内容。

（1）工业企业的污染预防　工业企业既是环境污染的主要根源之一，也是环境保护和工业污染的防治主体，所以环境体系的建立与实施，多以企业为主要对象，将环境管理贯穿渗透到它们的管理范围内，坚持污染预防的原则，不断改进企业的环境行为与环境表现，逐步减少甚至消除对环境的污染。作为一个企业，坚持污染预防的方针，应贯彻以下原则。

① 采取一切可行的先进技术，消除或减少生产、使用和服务过程中产生的废物或对环境产生的污染。

② 对于在上述全过程中不能消除的废物，尽可能回收再利用或综合利用；对于无法再利用的废弃污染物，在充分保证环境安全的前提下，进行妥善处置，如填埋等，减少对人类健康和环境的影响。

③ 对于在源头控制过程中还未消除的污染，要采取适用的末端处理技术，达到环境控制标准的要求。在污染预防方针的指导下，出现了各种控制污染的对策和技术措施，如清洁生产、生态工业、废物削减化工艺、产品生态设计以及生命周期评价管理等。在实施环境管理体系中，要实现其环境指标及污染预防目标，还必须依赖于污染防治技术。

（2）污染预防与 ISO 14000 系列标准　为了避免各个国家、地区、经济组织、集团公司制定实施各自的环境管理标准和环境标志制度而产生新的贸易壁垒，有必要制定一个全球统一的包括环境标志、生命周期在内的环境管理体系，这就唤起了 ISO 14000 标准系列的产生和应用。ISO 14000 标准是一个庞大的体系，主要内容包括环境管理体系、标准审核、环境标志和生命周期评价等（详见第九章第四节）。

ISO 14000 的最终目标是：从环境管理和经济发展的结合上来规范企业、事业与社会团体等所有组织的环境行为，科学合理地配置和节约资源，最大限度地减少人类活动对环境的污染，保护自然资源和人类生存环境，保证经济的可持续发展。

3. 活动层面的环境管理

活动层面的环境管理主要体现管理的控制职能，着眼于阐明各类环境管理的内容、程序和要求，而可持续发展的战略和其所倡导的全过程控制思想则贯穿于各类环境管理之中。我国的可持续环境战略包括三个方面：一是污染防治与生态保护并重；二是以防为主，实施全过程控制；三是以流域环境综合治理带动区域环境保护。尤其是第二点，对环境污染和生态破坏实施全过程控制，就是从"源头"上控制环境问题的产生，是体现环境战略思想和污染预防环境管理模式的一个重要环境战略。以防为主实施全过程控制包括三方面的内容。

(1) 经济决策的全过程控制　经济决策是可持续发展决策的重要组成部分，它涉及环境与发展的各个方面，已不是传统意义上的纯经济领域的决策问题。对经济决策进行全过程控制是实施环境污染与生态破坏全过程控制的先决条件，它要求建立环境与发展综合决策机制，对区域经济政策进行环境影响评价，在宏观经济决策层次将未来可能的环境污染与生态破坏问题控制在最低的限度。我国的《中华人民共和国环境影响评价法》明确规定，对规划的环境影响评价，是经济决策全过程控制的重要保障。

(2) 物质流通领域的全过程控制　物质流通是在生产和消费两个领域中完成的，污染物也是在这两个领域中产生的。对污染物的全过程控制包括生产领域和消费领域的全过程控制。生产领域全过程控制是从资源的开发与管理开始，到产品的开发、生产方向的确定、生产方式的选择、企业生产管理对策的选择等。消费领域的全过程控制包括消费方式选择、消费结构调整、消费市场管理、消费过程的环境保护对策选择以及消费后产品回收和处置等。现在世界上很多国家，包括我国在内都先后建立了环境标志产品制度，实行产品的市场环境准入。然而，产品进入市场后，还要运用经济法规手段，加强环境管理，如推行垃圾袋装化、部分固体废物的押金制、消费型的污染付费制度等。

(3) 企业生产的全过程控制　企业是环境污染与破坏的制造者，实施企业生产的全过程控制是有效防治工业污染的关键，要通过 ISO 14001 认证和清洁生产来实现。清洁生产是国家环境政策、产业政策、资源政策、经济政策和环境科技等在污染防治方面的综合体现，是实施污染物总量控制的根本性措施，是贯彻"三同步、三统一"大政方针，转变企业投资方向，解决工业环境问题，推进经济持续增长的根本途径和最终出路。

第二节　我国环境管理制度

环境管理制度是根据环境保护的任务和目的，以环境保护法基本原则为指导而建立的具有重要作用的法律制度，是由环境保护法律规范组成的相互配合、相互联系的特定体系。自1972 年我国的环境保护工作正式开展以来，我国的环境管理制度不断地发展和完善。1979年《中华人民共和国环境保护法（试行）》明确规定了老三项制度，包括环境影响评价制度、"三同时"制度和排污收费制度；继而1989年第三次全国环境保护会议上正式推出新五项制度，即环境保护目标责任制、城市环境综合整治定量考核制度、排污许可管理制度、污染集中控制制度、污染限期治理制度。此八项管理制度目前仍然在我国的环境管理中发挥着基础性的作用，是我国现行的最主要环境管理制度。除了这八项基本环境管理制度以外，我国现行的环境管理制度还包括排污总量控制制度、突发环境事件应急制度、环境规划制度、环境标准制度、环境监测制度、生态保护红线制度、生态补偿制度、环保督政问责制度等，都是在我国环境管理实践中形成、确立的，并一直发挥着积极且重要的作用。本章重点阐述和详细介绍环境管理的八项制度。

一、环境影响评价制度

环境影响评价制度是我国环境管理中一项最基本的法律制度。《中华人民共和国环境影响评价法》指出，环境影响评价是指对规划和建设项目实施后可能造成的环境影响进行分析、预测与评估，提出预防或者减轻不良环境影响的对策和措施，进行跟踪监测的方法与制度。环境影响评价制度与行政许可紧密联系，建设项目或相关规划必须经环境影响评价和审批后方可进入下一步行政许可审批程序或准入实施，因此，环境影响评价与各类开发建设决策和具体活动直接相关，处在发展与保护矛盾交织的第一线。

（一）环境影响评价的形式

国家根据建设项目对环境的影响程度，对建设项目的环境影响评价实行分类管理。建设项目环境影响评价文件可以分为环境影响评价报告书、环境影响评价报告表和环境影响评价登记表。

1. 环境影响评价报告书

环境影响评价报告书是对可能造成重大环境影响的建设项目产生的环境影响进行深入全面评价的一种环境影响评价文件。其适用对象是大中型基本建设项目、产排污较大的新建和技术改造项目。其目的是弄清建设项目的基本情况及其环境影响情况，以便有针对性地采取环境保护措施。

报告书的内容主要包括概述、总则、建设项目工程分析、环境现状调查与评价、环境影响预测与评价、环境保护措施及其可行性论证、环境影响经济损益分析、环境管理与监测计划、环境影响评价结论、附录和附件共10个方面。报告应结合环境质量目标要求，明确给出建设项目的环境影响可行性结论。

2. 环境影响评价报告表

环境影响评价报告表是环境影响评价结果的表格表现形式，是对可能造成较轻微环境影响的建设项目进行分析评价的环境影响评价文件。其适用对象是小型建设项目、国家规定的污染较轻的技术改造项目，以及经省环境保护行政主管部门确认为对环境影响较小的大中型基本建设项目和限额以上技术改造项目。

报告表的主要内容包括建设项目的基本情况、所在地自然环境简况、环境保护目标、环境质量状况、评价适用标准、工程分析、项目主要污染物产生及预计排放情况、环境影响分析、拟采用的防治措施及预期治理效果、结论与建议。环境影响报告表的填写单位必须是受建设单位委托的持有环境影响评价证书的单位。

3. 环境影响评价登记表

环境影响评价登记表是建设单位在建设项目建成并投入生产运营前，登录网上备案系统，注册真实信息，在线填报并提交建设项目的表格。其适用范围是对环境影响很小、不需要进行环境影响评价的建设项目。环境影响评价登记表的主要内容包括项目名称、建设地点、建设单位、项目投资、项目性质、备案依据、建设内容及规模、主要环境影响等。

（二）环境影响评价及审批的程序和要求

首先，由建设单位负责或主管部门采取招标的方式签订合同，委托评价单位进行调查和评价工作。分析判定建设项目选址选线、规模、性质和工艺路线等与国家和地方有关环境保护法律法规、标准、政策、规范、相关规划、环境影响评价结论及审查意见的相容性，并与生态保护红线、环境质量底线、资源利用上线和环境准入清单进行对照，作为开展环境影响评价工作的前提和基础。其次，评价单位通过调查和评价，编制环境影响报告书（表）。环境影响评价工作一般分为三个阶段，即调查分析和工作方案制定阶段、分析论证和预测评价阶段、环境影响评价报告书（表）编制阶段，具体流程见图7-2。

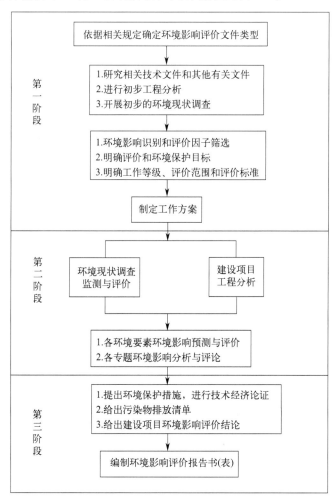

图7-2 建设项目环境影响评价工作流程图

环境影响评价工作要在项目的可行性研究阶段完成和报批。建设项目的主管部门负责对建设项目的环境影响评价报告书（表）进行预审。最后，报告书经由有审批权的生态环境主管部门审查批准后，提交设计和施工。

有下列情形的报生态环境部审批：a. 跨省、自治区、直辖市界区的项目；b. 特殊性质的建设项目，如核设施、绝密工程；c. 国务院审批的或国务院授权有关部门审批的建设项目。对环境问题有争议的项目，其报告书（表）提交上一级生态环境主管部门审批。

凡是从事对环境有不利影响的开发建设活动的单位，都必须执行环境影响评价制度。违反这一制度的规定，就要承担相应的法律后果。对环境影响评价报告书（表）未经批准的建设项目，计划部门不办理设计任务书的审批手续，土地管理部门不办理征地手续，银行不予贷款；未经批准擅自施工的，除责令停止施工、补办审批手续外，对建设单位及其有关单位负责人处以罚款；未重新报批或者重新审核环境影响报告书（表），擅自开工建设的，由县级以上生态环境主管部门责令停止建设，对建设单位直接负责的主管人员和其他直接责任人员，依法给予行政处分；建设单位未依法备案建设项目环境影响登记表的，由县级以上生态环境主管部门责令备案并处以罚款。

环境影响评价工作必须按照相关导则的技术要求，由国家认可的环境影响评价工程师主持编制，并对环境影响评价报告质量负责。对报告质量差、弄虚作假的，生态环境机关有权中止或吊销其工程师证书，对其违法行为也可依法予以惩治。

二、"三同时"制度

"三同时"制度为我国在污染防治工作实践中的独创，这项制度的诞生标志着我国在控制新污染的道路上迈上了新台阶。所谓"三同时"制度，是指建设项目中防治污染的设施，应当与主体工程同时设计、同时施工、同时投产使用。防治污染的设施应当符合经批准的环境影响评价文件的要求，不得擅自拆除或者闲置。"三同时"制度是我国环境管理的基本制度之一，也是我国所独创的一项环境法律制度，与环境影响评价制度相辅相成，是防治新污染和破坏的两大法宝，是我国"预防为主"方针的具体化、制度化，也是建设项目环境管理的主要依据，是防止我国环境质量继续恶化的有效手段。

1973年6月，国务院颁发的《关于保护和改善环境的若干规定》标志着"三同时"制度成为我国环境管理制度；1976年《关于加强环境保护工作的报告》中重申了这一制度，并进一步明确了不执行"三同时"制度的项目不准建设、不准投产。后来，在1979年的《中华人民共和国环境保护法（试行）》中作出了进一步规定。此后的一系列环境法律、法规也都重申了"三同时"的规定，如《基本建设项目环境管理办法》《中华人民共和国环境保护法》，从而以法律的形式确立了这项环境管理的基本制度。2017年国务院通过了《国务院关于修改〈建设项目环境保护管理条例〉的决定》，并于10月1日开始实行，标志着我国"三同时"制度的完善。

1. "三同时"制度的适用范围

"三同时"制度可适用于以下几个方面的开发建设项目。

① 新建、扩建、改建项目。新建项目是指原来没有任何基础，从无到有，开始建设的项目；扩建项目是指为扩大产品生产能力或提高经济效益，在原有建设的基础上又建设的项目；改建项目是指不增加建筑物或建设项目体量，在原有基础上，为了提高生产效率，改进

产品质量或改变产品方向，或改善建筑物使用功能、改变使用目的，对原有工程进行改造的建设项目。

② 技术改造项目。它是指利用更新改造资金进行挖潜、革新、改造的建设项目。

③ 一切可能对环境造成污染和破坏的工程建设项目。这方面的项目包括的范围特别广，几乎不分建设项目的大小、类别，也不管是新建、扩建还是改建，只要可能对环境造成污染就要执行"三同时"制度。

④ 确有经济效益的综合利用项目。1985年国家经济委员会《关于开展资源综合利用若干问题的暂行规定》中规定"对于确有经济效益的综合利用项目，应当同治理环境污染一样，与主体工程同时设计、同时施工、同时投产"，这是对原有"三同时"制度的一大发展。

2. 建设项目"三同时"管理工作程序

"三同时"管理工作程序如图7-3所示。

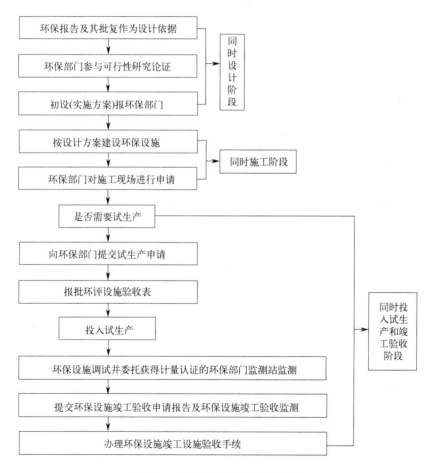

图7-3 "三同时"管理工作程序

建设单位必须严格按照"三同时"制度的要求，在建设活动的各个阶段，履行相应的环境保护义务。如果违反了"三同时"制度的要求，就要承担相应的法律后果。

三、排污收费制度

排污收费制度是指排放污染物的企业事业单位和其他生产经营者,应当按照国家有关规定缴纳排污费。排污费应当全部专项用于环境污染防治,任何单位和个人不得截留、挤占或者挪作他用。这项制度是运用经济手段有效地促进污染治理和新技术的发展,使污染者承担一定污染防治费用的法律制度。

1972年5月,经济合作和发展组织(OECD)环境委员会提出"污染者负担"原则(即PPP原则,polluter pays principle),要求排污者承担治理污染源、消除环境污染、赔偿受害人损失的费用。根据此原则,一些国家和地区相继建立排污收费制度。我国最早的排污收费制度是1982年国务院发布的《征收排污费暂行办法》。2003年7月1日施行的《排污费征收使用管理条例》,将原来的超标收费改为排污即收费和超标收费并行,明确排污费必须纳入财政预算,列入环境保护专项资金进行管理,规定排污费必须用于重点污染源防治、区域性污染防治、污染防治新技术新工艺的开发示范和应用。2018年1月1日,《中华人民共和国环境保护税法实施条例》和《中华人民共和国环境保护税法》颁布实施,标志着这一制度的升级和完善,实现了"费改税"的转变。

1. "环保税"的纳税对象

在中华人民共和国领域和中华人民共和国管辖的其他海域,直接向环境排放大气污染物、水污染物、固体废物和噪声等应税污染物的企业事业单位和其他生产经营者为环境保护税的纳税人,应当依法缴纳环境保护税。

如果企业事业单位和其他生产经营者向依法设立的污水集中处理、生活垃圾集中处理场所排放应税污染物的,以及企业事业单位和其他生产经营者在符合国家及地方环境保护标准的设施、场所贮存或者处置固体废物的,不属于直接向环境排放污染物,不缴纳相应污染物的环境保护税。

2. "环保税"的意义

"环保税"的实施有利于解决排污费制度存在的执法刚性不足、行政干预等问题,有利于提高纳税人的环保意识,强化企业治污减排的责任。

① 从排污费到"环保税",是环境法律制度升级的风向标。全面实行环境保护税,有利于提升环境执法的权威性,有利于国家对统筹资金进行更好的配置,提高其运用效率。"环保税"不是单一的经济手段,它还与排污许可证、排污权有偿使用和交易,污染物排放总量控制,环境影响评价等制度相关联,推进第三方治理等市场化手段介入环保领域,以破解环保体制积弊,更好地通过创新制度,让广大人民群众享有更多的环境获得感。

② 倒逼企业治污减排,推进全局性经济转型。"环保税"仍以现行排污收费标准为基础设置税额标准,增加了企业减排的税收减免档次。"环保税"将由税务机关征收,增加了执法的刚性,增强了企业对环保法的遵从度,污染重则负担重,多排放则多纳税,因此"环保税"的杠杆倒逼企业达标排污,排污企业将从被动治理向主动治理转变。

③ 有利于推动党政领导考核评价制度的改革。"环保税"制度可引导企业转型升级,全面淘汰高污染的落后产能。引进、新建高污染、高能耗项目,意味着企业的高税负,这无论对地方主政者,还是对希望得到税收优惠政策的经济主体都是不利的。因此,"环保税"的

实施将大大推动符合科学发展要求的干部考核评价制度的改革，让"绿色政绩观"成为各级领导干部的追求。

④ 有利于促进绿色发展与生态文明建设。从宏观的角度来说，"环保税"使得污染成本内部化，市场秩序将得到正本清源。这也是我国摆脱高污染高能耗的经济模式，走向创新型经济的开始。对各级地方政府来说，"环保税"时代的到来，将更加有力地推动环保优先、生态先行战略的实施，促进增长与转型、经济与生态、建设与民生的良性互动，打造生产发展、生活富裕、生态良好的绿色发展样本，使生态资源优势成了发展的最大优势。

四、环境保护目标责任制

环境保护目标责任制就是通过签订责任书的形式，具体落实地方各级人民政府和有污染的单位对环境质量责任的行政管理制度。重点排污单位应当按照国家有关规定和监测规范安装使用监测设备，保证监测设备正常运行，保存原始监测记录。这项制度明确了一个区域、一个部门乃至一个单位环境保护的主要责任者和责任范围，理顺了各级政府和各个部门在环境保护方面的关系，从而使改善环境质量的任务能够层层落实，也是我国环保体制的一项重大改革。

环境保护目标责任制明确了保护环境的主要责任者、责任目标和责任范围，解决了"谁对环境质量负责"这一首要问题。实施环境保护目标责任制加强了各级政府和单位对环境保护的重视与领导，使环境保护真正纳入各级政府的议事日程，把环境保护纳入国民经济和社会发展计划，疏通了环保资金渠道，有利于协调环保部门和政府各部门共同抓好环保工作，有利于把环保工作从过去的软任务变成硬指标，把过去单项分散治理变成区域综合防治。

责任制的容量很大，各地可以根据本地区的实际情况，确定责任制的指标体系和考核办法，既可以有质量指标，也可以有为达到质量目标所要完成的工作指标。责任的各项指标层层分解、落实，各级政府和有关部门都按责任书项目分工承担了相应的任务，使环境保护由过去环境部门一家抓，逐步发展为各个部门各司其职、各管其责、齐抓共管，既可以将"老三项"制度的执行纳入责任制，也可以将其他几项新制度的实施包容进来。

五、城市环境综合整治定量考核制度

所谓城市环境综合整治定量考核制度，就是把城市环境作为一个系统、一个整体，运用系统工程的理论和方法，采取多功能、多目标、多层次的综合战略手段和措施，对城市环境进行综合规划、综合管理、综合控制，以最小的投入，换取城市环境质量优化，做到"经济建设、城乡建设、环境建设同步规划、同步实施、同步发展"，从而使复杂的城市环境问题得以解决的制度。

城市环境综合整治定量考核制度是一项主要的环境管理制度，1996年《国务院关于环境保护若干问题的决定》中明确规定，"地方各级人民政府对本辖区环境质量负责，实行环境质量行政领导负责制"。省、自治区、直辖市人民政府负责对本辖区的城市环境综合整治工作进行定期考核，公布结果。直辖市、省会城市和重点风景旅游城市的环境综合整治定量考核结果，由国家环境保护主管部门核定后公布。这项制度的实施使环保工作切实纳入了政府的议事日程。城市环境综合整治定量考核的结果作为各城市政府进行城市发展决策、制定环境保护规划的重要依据,对不断改善城市的投资环境,促进城市的可持续发展,具有重要的意义。

城市环境综合整治定量考核制度是由城市环境综合整治的实际需要产生的,它不仅使城市环境综合整治工作定量化、规范化,而且增强了透明度,引进了社会监督的机制。这项制度的实施,对于不断深化城市环境综合整治,健全和完善城市环境综合整治的管理体制,调动各部门参与城市环境保护的积极性,提高广大群众的环境意识具有重要作用。

六、排污许可管理制度

排污许可管理制度是指凡是需要向环境排放各种污染物的单位或个人,都必须事先向环境保护部门申请办理排污许可证,经环境保护部门批准获得排污许可证后,方能向环境排放污染物的制度。它以改善环境质量为目标,以污染物总量控制为基础,规定排污单位许可排放污染物种类,许可污染物排放量,许可污染物排放去向、排放方式等,是一项具有法律含义的行政管理制度。经过多年的实践,排污许可管理制度已经渗透到我国环境管理的各个方面,使环境管理从定性管理走向了定量管理的轨道。

(一)排污许可的性质

当前我国实行的主要是固定源的排污许可管理制度,不包括移动污染源、农业面源。我国固定源排污许可管理制度实施综合许可和一证式管理。

综合许可,是指将一个企业或者排污单位的污染物排放许可在一个排污许可证中集中规定,现阶段主要包括大气和水污染物。一方面是为了更好地减轻企业负担,减少行政审批数量;另一方面是为了避免单纯降低某一类污染物排放而导致污染转移。环保部门应当加大综合协调力度,充分运用信息化手段,做好不同环境要素的综合许可。

一证式管理,既指大气和水等要素的环境管理在一个许可证中综合体现,也指大气和水等污染物的达标排放、总量控制等各项环境管理要求。新增污染源环境影响评价各项要求以及其他企事业单位应当承担的污染物排放的责任和义务均应当在许可证中规定,企业守法、部门执法和社会公众监督也都应当以此为主要或者基本依据。

排污许可证分为《排污许可证》和《临时排污许可证》,《排污许可证》的有效期限最长不超过五年;《临时排污许可证》的有效期限最长不超过一年。

(二)排污许可管理制度与其他制度的衔接

1. 排污许可管理制度与污染物总量控制制度的衔接

排污许可管理制度是落实企事业单位总量控制要求的重要手段,通过排污许可管理制度改革,改变从上往下分解总量指标的行政区域总量控制制度,建立由下向上的企事业单位总量控制制度,将总量控制的责任回归到企事业单位,从而落实企业对其排放行为负责、政府对其辖区环境质量负责的法律责任。

排污许可证注明的许可排放量即为企业污染物排放的最高限值,是企业污染物排放的总量指标,通过在许可证中注明,使企业知晓自身责任,政府明确核查重点,公众掌握监督依据。一个区域内所有排污单位许可排放量之和就是该区域固定源总量控制指标,总量削减计划即是对许可排放量的削减;排污单位年实际排放量与上一年度的差值,即为年度实际排放变化量。

2. 排污许可管理制度与环境影响评价制度的衔接

环评制度重点关注新建项目选址布局、项目可能产生的环境影响和拟采取的污染防治措施。排污许可与环评在污染物排放上进行衔接。在时间节点上,新建污染源必须在产生实际排污行为之前申领排污许可证;在内容要求上,环境影响评价审批文件中与污染物排放相关内容要纳入排污许可证;在环境监管上,对需要开展环境影响后评价的,排污单位排污许可证执行情况应作为后评价主要依据。

"十四五"期间将排污许可证作为固定污染源日常执法监管的主要依据;通过"互联网+监管"的手段,对产业园区、流域、港口等领域规划环评开展抽查、核查,对重点行业建设项目环评、生态环境保护设施和措施落实等情况进行抽查;通过环评文件复核等方式,持续打击弄虚作假等严重质量问题。加强重点领域和全过程的监管执法,既为重点工作任务顺利推进提供保障,也为环评与排污许可相关制度有效性的充分发挥奠定基础。

七、污染集中控制制度

在过去的很长一段时间内,我国在污染源的分散治理上花了很大的物力财力,但是效果并不显著。原因在于:一是对污染的控制和环境管理的认识不够;二是对环境工程的"费用-效益"分析不够。经过多年的实践,考虑到我国的国情和制度优势,污染控制走集中与分散相结合,以集中控制为主的发展方向是一条行之有效的污染治理政策。

污染集中控制是要求在一定区域,建立集中的污染处理设施,对多个项目的污染源进行集中控制和处理,是强化环境管理的重要手段。

集中处理要以分散治理为基础。各单位分散防治若达不到要求,集中处理便难以正常运行,只有集中与分散相结合,合理分担,使各单位的分散防治经济合理,才能把环境效益和经济效益统一起来。

污染集中处理的资金,仍然按照"谁污染,谁治理"的原则,主要由排污单位和受益单位以及城市建设费用解决。对一些危害严重、不易集中治理的污染源,以及一些大型企业或远离城镇的企业,仍应进行分散的点源治理。

八、污染限期治理制度

限期治理,是指对污染严重的污染源,由法定国家机关依法限定责任人在一定期限内治理并完成治理任务,达到治理目标的行政行为。限期治理具有四个基本要素,即限定时间、治理内容、限期对象、治理效果,四者缺一不可。限期治理具有严厉的法律强制性,若未按规定履行限期治理决定,排污单位会受到法律制裁。限期治理是我国环境管理中的一项具有直接强制性的有效措施。

限期治理的重点包括:污染危害程度和扰民程度严重的项目;环境敏感区的超标排放企业;区域或流域环境质量恶劣,可能影响到居民健康的经济发展;污染范围较广、污染危害较大的行业污染项目;其他必须限期治理的污染企业。

思考题

1. 什么是末端控制？其特征是什么？
2. 基于末端控制的环境管理方法有哪些？分别进行阐述。
3. 什么是污染预防？它与末端控制的根本区别是什么？
4. 基于污染预防思想的环境管理模式所涉及的问题有哪些？
5. 污染预防环境管理模式的主要内容有哪些？
6. 简述中国环境管理的八项基本制度。
7. "老三项"环境管理制度的作用和局限性体现在哪些方面？
8. 排污收费制度作为一项环境经济政策，"费改税"的益处有哪些？

其他环境管理制度

拓展阅读

第八章

区域环境管理

　　区域是地球表层相对独立的面积单元，不同区域上的人类社会和自然环境，都具有非常明显的区域特征，划分区域环境旨在进行区域对比，并按其特点研究和解决环境问题，进行有针对性的区域环境管理。环境管理根据"环境社会系统"中的物质流划分，分为区域环境管理、自然资源环境管理、企业环境管理、废弃物环境管理四大领域。对于自然资源环境管理、企业环境管理、废弃物环境管理，无论是管理的目标，还是具体的政策和行动，都一定要落实到一定区域才能发挥作用，都必须关注对区域环境所造成的影响和所受到的制约。因此，区域环境管理可以看作是上述三类环境管理在某一特定区域的综合或集成，从而构成了环境管理的核心。

　　不同的区域具有不同的环境特征和环境问题，由于城市、农村等区域与我们的日常生活密切相关，城市的大气污染、农村的生活垃圾等，是大多数人了解、认识和探究环境问题的起点，因而也成了环境管理研究和工作的起点。结合我国实际，为便于掌握环境管理的核心内容，本章主要讨论区域环境管理中的城市环境管理和农村环境管理，即当前区域环境突出的两大问题。

第一节　城市环境管理

　　城市是人类利用和改造自然环境而创造出来的一种高度人工化的地域，是一个人口、经济密度大、环境容量小的特殊区域，大部分工业企业集中在城市，通常是周围地区的政治、经济、文化中心，对经济发展和社会进步起到了巨大的推动作用。同时由于多年来城市基础设施欠账多，工业布局不合理等因素，也暴露出了突出的综合性环境问题，因此城市环境保护一直是我国环境保护工作的重点。开展城市环境管理主要包括总结城市存在的主要环境问题，据此有针对性地采取环境整治措施，目的是促进城市经济、社会和环境的协调、健康发展。

一、城市环境问题

目前,我国城市化进程仍处在加速进行之中,城市人口的迅速膨胀,消耗着大量的自然资源和能源,相应地产生大量污染物,超过了城市环境自身及周围环境的净化能力,从而受到了不同程度的污染和破坏。城市环境问题的主要表现形式有大气污染、水污染、固体废物污染、噪声污染等。

在建设生态文明、推进高质量发展的时代背景下,随着我国污染防治攻坚战的持续开展,在各级政府和其他社会力量的共同努力下,近年来城市环境保护工作取得了一定的成效,城市环境恶化的趋势在总体上得到了控制,城市基础设施不断加强,环境空气质量稳中向好;地表水环境质量持续向好;土壤环境风险得到基本管控;自然生态状况总体稳定;城市声环境质量总体稳定。全国生态环境质量保持改善态势。

(一) 城市水环境状况

随着经济的发展,城市化步伐的加快,水环境日益成为影响城市经济和社会发展的重要因素。受经济结构调整、产业技术进步与污染控制措施得力等综合因素的影响,我国工业废水排放量总体上呈下降趋势。与工业废水排放情况不同,近年来随着城市化进程的加快和城市生活水平的提高,生活污水排放量不断增加。1999年全国城市生活污水排放量首次超过工业污水,占全国污水排放总量的52.9%,成为城市水环境的主要污染源。从2010年到2017年我国城镇生活污水排放量自354亿吨增长至600亿吨左右,2022年城市污水排放总量为639.3亿吨。同时2022年城市污水处理率达到97.9%,城市污水处理率也在稳步上升,极大地缓解了城市污水对水体的直接污染。

我国地表水环境持续看好。2022年,全国地表水监测的3629个国考断面中,Ⅰ~Ⅲ类优良水质断面(点位)占87.9%(见图8-1所示),比2021年上升3.0个百分点,劣质Ⅴ类占0.7%,比2021年下降0.5个百分点。主要污染指标为化学需氧量、高锰酸盐指数和总磷。

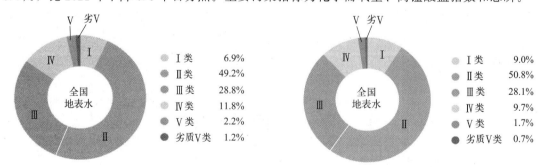

(a) 2021年全国地表水总体水质情况   (b) 2022年全国地表水总体水质情况

图8-1 2021年和2022年全国地表水总体水质情况

2022年对地级以上城市、县级城镇及农村"千吨万人"在用集中式生活饮用水水源进行监测,其中全年达标的监测断面比例分别占到了95.9%、93.9%和82.9%。我国积极推动全国乡镇级集中式饮用水水源保护区划定工作,截至2022年底,全国累计完成19633个乡镇级集中式饮用水水源保护区划定工作。我国深入推进黑臭水体整治,持续提升城市黑臭水体治理成效;整治污水直排乱排问题,扎实推进碧水保卫战。

（二）城市大气环境状况

我国城市能源消耗以煤炭为主，在相当长的一段时期，煤炭燃烧是城市大气污染物的主要来源。城市人口密集，工业和交通发达，每天消耗大量的化石燃料，产生烟尘和各种有害气体，导致城市内大气污染源过于集中，污染物排放量大而复杂，另外，随着我国城市机动车保有量的不断增加，汽车尾气也成为城市大气污染物的重要来源。虽然我国政府和各级环保部门在控制城市大气环境污染方面取得了许多成绩，但是城市大气环境污染的问题依然突出，不容忽视。

我国扎实推进蓝天保卫战，治理过程推进重点区域空气质量改善监督帮扶。我国整体环境空气质量稳中向好。2022年《中国生态环境状况公报》显示，2022年全国空气质量总体状况为全国339个地级及以上城市中，213个城市环境空气质量达标，占全部城市数的62.8%。其中重度及以上污染天气比例为0.9%，比2021年下降0.5个百分点（如图8-2所示）。

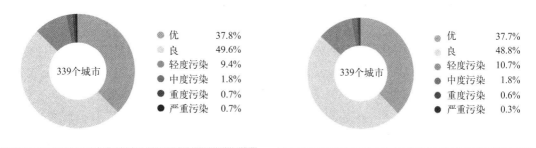

(a) 2021年339个城市环境空气质量各级别天数比例　　(b) 2022年339个城市环境空气质量各级别天数比例

图 8-2　2021年及2022年339个城市环境空气质量各级别天数比例年际比较

对比近5年《中国生态环境状况公报》数据，城市环境空气质量的监测数据统计显示如表8-1。

表 8-1　城市环境空气质量的监测数据统计对比

年份	监测点位城市数量/个	城市环境空气质量达标数量/个	空气质量达标城市占监测城市数量的百分比	城市环境空气质量超标数量/个	空气质量超标城市占监测城市数量的百分比
2022	339	213	62.8%	126	37.2%
2021	339	218	64.3%	121	35.7%
2020	337	202	59.9%	135	40.1%
2019	337	157	46.6%	180	53.4%
2018	338	121	35.8%	217	64.2%

上述近几年的监测数据显示，从2018年—2022年，监测城市中环境空气质量达标率不断提升，城市环境空气质量超标率持续明显降低。对比往年数据，2021年是近年来监测城市全年空气质量达标率首超六成。我国政府和各级环保部门在控制城市大气环境污染方面取得了许多成绩，全国城市空气质量近几年总体上平稳改善，但是部分城市大气环境污染的问题依然突出，环境空气质量仍不容乐观。

（三）固体废弃物状况

随着城市人口的增加和生活水平的提高，我国城市生活垃圾的产生量越来越大，近几年的增长率一直保持在 6%~8% 的水平。垃圾造成的一次污染和堆放过程中产生的二次污染问题依然突出。生活垃圾产生量的 60% 集中在全国 50 万以上人口的 52 个重点城市，同时，中小城市的垃圾产量也呈增长趋势。这对于垃圾的处理能力是一个极大的挑战。初步核算，截至 2022 年底，全国城市生活垃圾无害化处理能力为 109.2 万吨/天，无害化处理量为 25767.22 万吨，生活垃圾无害化处理率为 99.9%。

我国城市垃圾收集和处理的主要特点是：目前仍是以混合收集为主，大部分未实际实施垃圾分类和分选或者垃圾分类和分选率低，这种状况对垃圾的有效处理不利。生活垃圾处理方式以填埋为主（占整个处理量的 58%），其次是焚烧（占整个处理量的 40%），而类似于高温堆肥等其他处理方法占整个处理量的 2%。

数据显示，工业固废的产生量不断增加，半数以上工业固废得以资源化利用。2020 年我国城市一般工业固体废物产生量为 36.8 亿吨，较 2017 年的 33.2 亿吨增加了 3.6 亿吨，其中综合利用量为 20.38 亿吨，综合利用率达到 55.5%，而处置量和贮存量分别为 9.17 亿吨和 8.08 亿吨，分别占总产生量的 25.0% 和 22.0%。2022 年全国一般工业废物产生量为 41.1 亿吨，综合利用量为 23.7 亿吨，处置量为 8.9 亿吨。综合利用量较 2020 年略有上升。2022 年八部门联合发布《关于加快推动工业资源综合利用的实施方案》，提出工业固废综合利用提质增效工程。中国工业固废处理行业潜力大，当前固废行业政策主要围绕垃圾分类、循环经济、无废城市、低碳绿色等关键词。预计工业固废综合利用率将进一步提高，利用规模不断扩大，利用水平不断提高，综合利用产业体系不断完善。

（四）城市噪声污染状况

城市噪声源主要是交通运输噪声、工业生产噪声与建筑施工噪声、生活噪声。城市噪声污染是城市环境污染的一个重要方面。一些国家调查表明，城市环境中 76% 的噪声是由交通运输引起的，其中汽车占 66%，飞机、火车占 9.8%。工业噪声约占城市噪声的 10%。建筑施工噪声虽然是临时的、间歇的，但产生的噪声可高达 80~100dB（A），扰民现象亦不容忽视。

我国区域声环境监测结果显示，2021 年开展昼间区域声环境监测的 324 个地级及以上城市区域昼间等效声级平均值为 54.1dB（A）。16 个城市区域昼间环境噪声总体水平为一级，占 4.9%；200 个城市为二级，占 61.7%；102 个城市为三级，占 31.5%；6 个城市为四级，占 19%；无五级城市。

2022 年，324 个地级及以上城市平均等效声级为 54.0dB（A），与 2021 年比基本保持稳定。城市昼间区域声环境质量为一级的城市占比 5.0%，比 2021 年上升 0.1 个百分点；二级的城市占比 66.3%，比 2021 年上升 4.6 个百分点；三级的城市占比 27.2%，比 2021 年下降 4.3 个百分点；四级的城市占比 1.2%，比 2021 年下降 0.7 个百分点；五级的城市占比 0.3%，比 2021 年上升 0.3 个百分点。如图 8-3 所示。

对道路交通声环境进行监测的结果显示，2021 年开展昼间道路交通声环境监测的 324 个地级及以上城市道路交通噪声昼间等效声级平均值为 66.5dB（A）。232 个城市道路交通凡间噪声强度为一级，占 71.6%；80 个城市为二级，占 24.7%；9 个城市为三级，占 2.8%；3 个城市为四级，占 0.9%；无五级城市。

2022 年，324 个地级及以上城市平均等效声级为 66.2dB（A），比 2021 年下降 0.3 个 dB（A）。城市间道路交通声环境质量为一级的城市占比 77.8%，比 2021 年上升 6.2 个百分

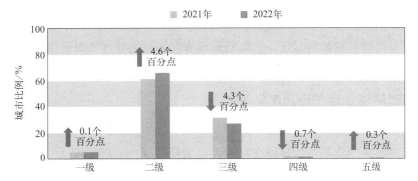

图 8-3　全国城市区域昼间环境噪声总体水平各级别城市 2021 年及 2022 年的比例及年际变化

比；二级城市占比为 19.8%，比 2021 年下降 4.9 个百分点；三级城市占比 2.1%，比 2021 年下降 0.7 个百分点；四级城市占比 0.3%，比 2021 年下降 0.6 个百分点；无五级城市，与 2021 年持平。如图 8-4 所示。

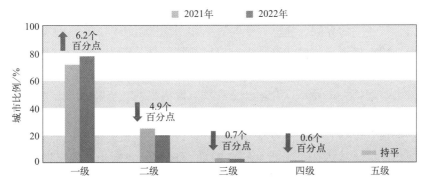

图 8-4　全国城市昼间道路交通噪声强度各级别城市 2021 年及 2022 年的比例及年际变化

由以上的年际间数据比较可以看出，城市声环境质量总体稳定。目前我国整体的声环境质量良好，区域声环境道路交通声环境处于一级、二级、三级的城市占绝对大的比例，极少五级声环境。

2022 年 6 月 5 日起，《中华人民共和国噪声污染防治法》施行。为推动落实实施噪声污染防治法，于 2023 年 1 月正式印发了由噪声污染防治各主要职能部门共同编制的《"十四五"噪声污染防治行动计划》。《行动计划》作为"十四五"期间噪声污染防治工作的指导性文件，系统谋划了"十四五"期间各部门拟主要开展的噪声污染防治工作，进一步巩固了工作基础、强化了重点管控措施、细化了《噪声污染防治法》规定要求、完善了社会共治理念。实现"持续改善全国声环境质量，到 2025 年，全国声环境功能区夜间达标率达到 85%"的目标。力求逐步满足人民群众日益增长的和谐安宁环境需要。

二、城市环境管理的内容和方法

（一）环境保护目标责任制是城市环境保护实施综合决策的基础

环境保护目标责任制是我国环境保护的"八项"制度之一，对污染防治和城市环境改善起着十分重要的作用，是城市环境保护实施综合决策的基础。我国 2015 年的新《环境保护法》第六条明确规定："地方各级人民政府应当对本行政区域的环境质量负责"。这一规定的具体实施方式是以签订责任书的形式，规定省长、市长、县长在任期内的环境目标和任务，并作为对其进行政绩考核的内容之一，以引起地方和城市主管领导对环境问题的重视，实施该制度是实现地区和城市环境质量改善的关键。

（二）城市环境综合整治及定量考核

城市环境综合整治是指在城市政府的统一领导下，从整体出发，以最佳的方式利用城市环境资源，通过经济建设、城市建设与环境建设的同步规划、综合平衡，达到"三个效益"的统一，并综合运用各种手段，对城市系统进行调控、保护和塑造，全面改善环境质量，使城市生态系统实现良性发展。城市环境综合整治已成为我国城市环境管理的一项重要政策，我国的城市环境保护已经由污染源治理和工业污染综合防治进入城市环境综合整治的阶段。

1. 城市环境综合整治的原则

（1）打破传统观念，坚持把改革放在首位。城市环境综合整治指明了我国城市环境保护工作的方向，是一种新的环境管理模式，这种模式就是建立以市长为核心的城市环境管理体系，打破部门、行业间的界限，建立一个与改革相适应的城市环境管理体系，把政府的职能主要集中在做好城市规划、建设和管理上，以可持续发展战略为指导，在改革中促进城市环境综合整治的有效实施。

（2）以生态学理论为指导，以合理开发利用资源为核心。坚持人与自然和谐共生，尊重自然、顺应自然、保护自然，推动构建人与自然生命共同体。坚持总体与局部相协调，统筹规划、建设、管理三大环节。坚持效率与均衡并重，实现人口经济发展与生态资源协调。坚持保护与发展相统一。从总体上考虑城市资源的合理开发和利用，提高资源利用率和转化率，这是减少资源浪费和流失、减轻城市污染的重要途径。

（3）建立明确的城市环境综合整治目标。城市环境综合整治要求发动各部门、各行业及社会各界和全体市民围绕同一个综合整治目标，调整自己的行为。因此，必须确定环境综合整治目标，并与城市的经济发展目标、城市建设目标等相协调。

我国城市综合整治的总体目标为：到2025年，城乡建设绿色发展体制机制和政策体系基本建立，建设方式绿色转型成效显著，碳减排扎实推进，城市整体性、系统性、生长性增强，"城市病"问题缓解，生态环境质量整体改善，城乡发展质量和资源环境承载能力明显提升，综合治理能力显著提高，绿色生活方式普遍推广。到2035年，城乡建设全面实现绿色发展，碳减排水平快速提升，城市和乡村品质全面提升，人居环境更加美好，城乡建设领域治理体系和治理能力基本实现现代化，美丽中国建设目标基本实现。

2. 城市综合整治具体措施

城市环境综合整治的主要内容涉及城市工业污染防治、城市基础设施建设和城市环境管理三个方面。具体内容包括制定环境综合整治计划并将其纳入城市建设总体规划，合理调整产业结构和生产布局，加快城市基础设施建设，改变和调整城市的能源结构，发展集中供热，保护并节约水资源，加快发展城市污水处理，大力开展城市绿化，改革城市环境管理体制，加大城市环境保护投入等。具体包括以下措施：

（1）调整城市产业结构和生产布局，改善城市环境

① 限制工业，特别是污染较重的产业在城区内发展。

② 在城区内实施"退二进三"战略，将污染较重的工业企业整体或部分实施搬迁。

③ 对迁出地区进行再开发，扶持第三产业的发展，促进城市经济的整体发展；同时，迁出地的土地销售收入，也可以为新厂建设和运行更加有效的污染治理设施提供资金支持。

（2）加强城市基础设施建设，提高环保设施水平

① 加强城市污水处理厂建设

2019 年住房和城乡建设部、生态环境部、发展改革委印发了《城镇污水处理提质增效三年行动方案（2019—2021 年）》，要求加快补齐城镇污水收集和处理设施短板，尽快实现污水管网全覆盖、全收集、全处理。

② 抓好城市大气污染治理工作

在城市室内推行管道供气、罐装煤气，改造民用炉，提高市区气化率，整顿煤炭市场，控制劣质煤流入市内，逐步调整城市能源结构；大力发展集中供热，对供热网范围内的分散锅炉限期拆除；对重点污染企业限期治理，确保达标排污；加快汽车尾气治理工作，控制机动车排气污染；加强对建筑施工工地的扬尘管理；植树绿化，实现门前绿化及道路硬化。

③ 提高城市固体废物的管理

加强固体废物治理是生态文明建设的重要内容，是实现美丽中国目标的应有之义。党中央、国务院高度重视固体废物污染防治工作。固体废物与废气、废水在污染环境及其治理之间存在着"三重耦合"关系。同时，固体废物污染防治"一头连着减污，一头连着降碳"。一方面，固体废物污染防治本身是深入打好污染防治攻坚战的重要组成部分。另一方面，全面加强固体废物污染治理也是污染防治攻坚战由"坚决打好"向"深入打好"转变的重要体现，促进攻坚战拓宽治理的广度、延伸治理的深度，既协同推进水、气、土污染治理，又有助于解决这些领域治理后最终污染物的利用和无害化处置。

为探索建立固体废物产生强度低、循环利用水平高、填埋处置量少、环境风险小的长效体制机制，推进固体废物领域治理体系和治理能力现代化，2018 年 12 月，国务院办公厅印发了《"无废城市"建设试点工作方案》，"无废城市"建设是深入打好污染防治攻坚战和实现碳达峰碳中和的内在要求。"无废城市"是以创新、协调、绿色、开放、共享的新发展理念为引领，通过推动形成绿色发展方式和生活方式，持续推进固体废物源头减量和资源化利用，最大限度减少填埋量，将固体废物环境影响降至最低的城市发展模式。"无废城市"并不是没有固体废物产生，也不意味着固体废物能完全资源化利用，而是一种先进的城市管理理念，坚持"减量化、资源化、无害化"（简称"三化"）这一重要原则，抓住减污降碳协同增效这一关键。"十四五"时期，推进 100 个左右地级及以上城市开展"无废城市"建设。以"无废"为主线，拓展和深化"十四五"时期"无废城市"建设工作，将在减污降碳协同增效、助力城市绿色低碳发展上发挥更好更大的作用。

3. 城市综合整治定量考核

城市环境综合整治定量考核制度是以城市为单位，以城市政府为主要考核对象，通过量化的环境质量、污染防治和城市建设的指标体系综合评价一定时期内城市政府在城市环境综合整治方面工作的进展情况，激励城市政府开展城市环境综合整治的积极性，促进城市环境管理制度的改善。城市环境综合整治定量考核的主要内容涉及城市环境质量、城市污染防治、城市基础设施建设和城市环境管理 4 个方面。国家按统一制定的指标体系对城市进行考核，将绿色发展纳入评估指标体系。建立健全"一年一体检，五年一评估"的城市体检评估制度。并将年度考核结果通过媒体向社会公布，成为衡量城市环境保护和管理工作绩效的

重要参考资料。通过城市环境综合整治定量考核制度的实施，实现了城市环境管理工作由定性管理向定量管理的转变。

城市环境综合整治是一项具有社会性、系统性和长期性的环境工程。为了使环境治理能取得成果并保持持久的效果，必须重视以下几个方面。①城市各级政府要加强对城市环境综合整治工作的领导，要以科学发展观制定城市环境综合整治规划，要治本治源，充分考虑到可持续发展和向生态城市建设过渡的远期目标。要制定切实可行的实施计划，明确目标，落实措施，加大投入，实现城市环境状况的全面改善；②要避免边整治边污染，这需要全社会的重视，还需要制度保障。要全面持久地开展全民环境意识教育，使每个市民都养成自觉保护环境的意识，提高市民整体素质。逐步完善法规规范，制定有关政策和必要的法律，加强执法力度，保证城市环境保护规范化有序化地运行；③结合本市本地区具体情况，精心组织，细致规划，大量采用先进的科学技术，不断提高环境综合整治的技术水平和环境管理水平。

（三）创建环境保护模范城市

在城市环境综合整治定量考核制度的基础上，原国家环保局在全国开展了创建环境保护模范城市的活动。该活动以实现城市环境质量达到城市各功能区环境标准为目标，目的是引导城市政府在城市经济高速发展的同时，走可持续发展道路，不断改善城市环境，建设生态型城市。为此，原国家环保局制定了环境保护模范城市评价指标，涉及城市社会经济、城市基础设施建设、城市环境质量及城市环境管理等内容。自国家环保局正式启动国家环境保护模范城市创建工作以来，各地积极响应，大力推进，不断改善城市环境质量，在城市环境综合管理方面积累了大量经验，为推动城市发展方式转变发挥了积极示范作用。环境保护模范城市在城市环境改善和实施城市可持续发展方面为全国其他城市树立了榜样，在总体上促进了城市的环境保护。

（四）开展城市土壤环境管理

我国对土壤环境愈发重视。2016年《土壤污染防治行动计划》发布以来，生态环境部陆续制定发布了《污染地块土壤环境管理办法（试行）》、《工矿用地土壤环境管理办法（试行）》、《土壤环境质量建设用地土壤污染风险管控标准（试行）》等与城市土壤环境安全相关的法规标准。这些导则、办法、标准的出台，确立了建设用地土壤环境管理的基本框架和技术路线，初步建立了城市土壤环境管理的法规标准体系，起到严格建设用地准入，预防污染地块产生，促进污染地块治理和修复，保障城市人居环境安全的作用。2019年1月1日，我国首部正式实施的《土壤污染防治法》更是从立法上解决了"谁负责、谁监管、谁污染、谁治理及如何治理"等问题，明确规定了农业农村部对土壤污染防治的监管责任、风险评估、农用地土壤管控、修复方式及安全利用等职责范围。

（五）持续有效地加强对企业和建设项目的环境管理

（1）环境影响评价制度和"三同时"制度注重建设项目所处位置的环境敏感程度，针对环境污染程度以及拟建地区的环境容量，按照城市规划的总体要求，调整工业不合理布局，达到合理利用地区环境容量，满足区域环保目标。

（2）积极倡导和扶持企业实施清洁生产，实行环境污染的全过程管理。在项目建设过程中严格执行环境影响评价和"三同时"制度,在项目建成后,做好日常的环境监督和检查工作。加强对企业的环境管理,加强对属于严重污染环境的钢铁、有色、建材、化工、电力、煤炭、造纸、印染、制革等行业落后产能的淘汰力度,切实执行取缔、关闭和停产政策。

(3) 实施污染物的浓度和总量双控制。根据城市环境质量现状,在确保污染物浓度达标排放的基础上,不断削减污染物的排放总量,通过污染物的浓度和总量双控制措施,不断改善环境质量,实现功能区达标。

(六) 落实"污染防治行动计划",提高城市环境保护部门的管理水平

为了贯彻落实"五位一体"总体战略布局,建设生态文明和美丽中国,打好污染防治攻坚战,2013年以来,国家先后发布了《大气污染防治行动计划》、《水污染防治行动计划》和《土壤污染防治行动计划》、《"十四五"噪声污染防治行动计划》,并投入大量资金和技术,启动中央环保督察,极大推动了污染治理和环境改善。

(七) 推动城市智慧化建设

建立完善智慧城市建设标准和政策法规,加快推进信息技术与城市建设技术、业务、数据融合。开展城市信息模型平台建设,推动建筑信息模型深化应用,推进工程建设项目智能化管理,促进城市建设及运营模式变革。搭建城市运行管理服务平台,加强对市政基础设施、城市环境、城市交通、城市防灾的智慧化管理,推动城市地下空间信息化、智能化管控,提升城市安全风险监测预警水平。完善工程建设项目审批管理系统,逐步实现智能化全程网上办理,推进与投资项目在线审批监管平台等互联互通。搭建智慧物业管理服务平台,加强社区智慧化建设管理,为群众提供便捷服务。

(八) 推动美好环境共建共治共享

建立党组织统一领导、政府依法履责、各类组织积极协同、群众广泛参与,自治、法治、德治相结合的基层治理体系,推动形成建设美好人居环境的合力,实现决策共谋、发展共建、建设共管、效果共评、成果共享。下沉公共服务和社会管理资源,按照有关规定探索适宜城乡社区治理的项目招投标、奖励等机制,解决群众身边、房前屋后的实事小事。以城镇老旧小区改造、历史文化街区保护与利用、美丽乡村建设、生活垃圾分类等为抓手和载体,构建社区生活圈,广泛发动组织群众参与城乡社区治理,共同建设美好家园。

第二节 农村环境管理

一、我国农村的环境状况

我国是农业大国,农村在国民经济和社会发展的全局中具有十分重要的地位,农村环境是农村经济乃至城市经济发展的物质基础,是农村居民生活和发展的基本条件。因此,保护和改善农村人居环境成为乡村振兴中重要的一环。治理农业农村污染,是实施乡村振兴战略的重要任务,事关全面建成小康社会,事关农村生态文明建设。2018年农村人居环境整治

三年行动实施以来，全面扎实推进农村人居环境整治，扭转了农村长期以来存在的脏乱差局面，村庄环境基本实现干净整洁有序，农民群众环境卫生观念发生可喜变化、生活质量普遍提高，为全面建成小康社会提供了有力支撑。但是，我国农村人居环境总体质量水平不高，还存在区域发展不平衡、基本生活设施不完善、管护机制不健全等问题，与农业农村现代化要求和农民群众对美好生活的向往还有差距。当前，我国农村的环境问题主要表现在以下几个方面。

（一）农业生产活动对农村环境的影响

1. 现代化农业生产造成的污染

我国人多地少，土地资源的开发已接近极限，化肥、农药的使用成为提高单位土地产出水平的重要途径，加之化肥、农药使用量相对较大的果蔬生产发展迅猛，使得我国已成为世界上使用化肥、农药数量较大的国家。流失的化肥和农药是造成地下水富营养化和污染的主要因素之一。

由于大棚农业的普及，我国的地膜用量和覆盖面积已居世界首位，导致的地膜污染也在加剧。随着中西部农业现代化，这类污染问题也将在中西部粮食主产区存在。

2. 农业生态系统恶化，自然灾害频发

根据生态环境部《2021年中国生态环境状况公报》，全国耕地质量平均等级为4.76等。其中，一至三等（高等地）、四至六等（中等地）和七至十等（低等地）耕地面积分别占耕地总面积的31.24%、46.81%和21.95%。全国水土流失面积为269.27万平方千米。比2019年公布的数据减少1.81万平方千米。其中，水力侵蚀面积为112.00万平方千米，风力侵蚀面积为157.27万平方千米。分别比2019年公布的数据减少1.47万平方千米和0.34万平方千米。按侵蚀强度分轻度、中度、强烈、极强烈和剧烈侵蚀面积分别占全国水土流失总面积的63.3%、17.2%、7.6%、5.7%和6.2%。

2022年，第六次全国荒漠化、沙化调查结果对外发布，截至2019年，全国荒漠化土地面积257.37万平方公里，占国土面积的26.81%；沙化土地面积168.78万平方公里，占国土面积的17.58%；具有明显沙化趋势的土地面积27.92万平方公里，占国土面积的2.91%。虽然我国荒漠化和沙化土地面积已经连续4个监测期保持"双缩减"，但荒漠化地区植被稀少、生态环境极为脆弱，恶劣的生态环境是沙区部分群众长期处于贫困的主要原因，沙区农村居民人均收入远低于全国平均水平，荒漠化的发展不但使土地利用价值降低，而且造成气候恶劣等影响，严重威胁着当地人们的生活、生存与发展。

（二）乡镇企业和集约化养殖对农村环境的影响

随着乡镇经济的发展，我国乡镇企业也得到了蓬勃发展。我国乡镇企业具有数量多、规模小、布点分散、行业复杂等特点，尤其是随着城市工业向农村转移，有导致农村环境问题恶化的风险。乡镇企业生产排放的污染物对农业生产产生明显影响。如能源利用中大量的含硫废气排入环境，造成农作物大量减产，给农业生态环境造成了持久的影响。此外，水泥厂、玻璃厂、陶瓷厂生产过程中逸出的粉尘对农作物和林木也有严重危害。

近年来集约化畜禽养殖带来的污染问题日益严重，在人口密集地区尤其是发达地区，居民消费能力强，农牧业的发展空间受到限制，集约化畜禽类养殖场迅速发展。对环境影响较

大的大中型集约化畜禽类养殖场，约80%分布在人口比较集中、水系较发达的东部沿海地区和诸多大城市周围。由于这些地区可以利用的环境容量小，加之规模没有得到有效控制，布局上没有注意避开人口聚居区和生态功能区，环境危害较大。集约化养殖场的污染危害不仅会带来地表水的有机污染和富营养化，而且危及地下水源，恶臭污染大气环境，畜禽粪便中所含病原体也会对人体造成更直接的威胁。

（三）农村日常生活对农村环境的影响

小城镇与农村聚居点产生大量生活污染。因为环保基础设施差、管理制度欠缺或不完善等原因使得生活污染物直接排入周边环境中造成了"脏乱差"现象。如农村生活垃圾露天堆放、农村生活污水直排等问题使得农村聚居点周围的环境质量恶化，给人民的生活和生产活动带来极大不便，对人群健康造成了威胁。个别地区农村饮用水存在较大安全隐患。有相当比例的农村饮用水水源地没有得到有效保护，污染治理尚需进一步加强，监测监管尚需加大力度。当前我国农村环境污染呈现如下规律：点源污染与面源污染共存，生活污染和工业污染叠加，各种新旧污染相互交织，工业及城市污染向农村转移，生态退化尚未得到有效遏制，农村面临环境污染和生态破坏的双重威胁。目前农村环境问题已成为我国农村进一步发展的制约因素，农村环境管理工作任务艰巨。

二、农村环境保护的内容

1. 加强农村饮用水水源保护

加快农村"千吨万人"乡镇集中式饮用水水源调查评估和保护区划定。农村饮用水水源保护区的边界要设立地理界标、警示标志或宣传牌。将饮用水水源保护要求和村民应承担的保护责任纳入村规民约。截至2022年底，全国累计划定1.96万个乡镇级集中式饮用水水源保护区，农村自来水普及率达到了84%。

加强农村饮用水水质监测。县级及以上地方人民政府组织相关部门监测和评估本行政区域内饮用水水源、供水单位供水、用户水龙头出水的水质等饮用水安全状况。实施从源头到水龙头的全过程控制，落实水源保护、工程建设、水质监测检测"三同时"制度。

开展农村饮用水水源环境风险排查整治。以供水人口在"千吨万人"以上的饮用水水源保护区为重点，对可能影响农村饮用水水源环境安全的化工、造纸、冶炼、制药等风险源和生活污水垃圾、畜禽养殖等风险源进行排查。对水质不达标的水源，采取水源更换、集中供水、污染治理等措施，确保农村饮水安全。

2. 加强农业水源保护

开展农业水环境综合治理是一项复杂的系统工程，需要工业、农业、林业等各个领域相互配合，采取多层次、综合性对策和措施加以解决。加强重点饮用水水源地、农业地区地下水和生产水源的保护，实现工业废水达标排放，以确保达到按水环境保护功能分区所要求的工业用水、渔业用水、游乐用水和农业灌溉用水标准。

3. 加快推进农村生活垃圾、污水治理

加大农村生活垃圾治理力度，推进农村生活垃圾分类减量与利用。有条件的地区开展农村生活垃圾分类减量化试点，推行垃圾就地分类和资源化利用；健全生活垃圾收运处置体系。根据当地实际，统筹考虑生活垃圾和农业废弃物利用、处理，建立健全符合农村实际、方式多样的生活垃圾收运处置体系。统筹县乡村三级设施建设和服务，完善农村生活垃圾收集、转运、处置设施和模式，因地制宜采用小型化、分散化的无害化处理方式，降低收集、转运、处置设施建设和运行成本；构建稳定运行的长效机制，加强日常监督，不断提高运行管理水平；扎实推进农村厕所革命，逐步普及农村卫生厕所。积极推进农村厕所粪污资源化利用，统筹使用畜禽粪污资源化利用设施设备，逐步推动厕所粪污就地就农消纳、综合利用。

梯次推进农村生活污水治理。重点整治水源保护区和城乡接合部、乡镇政府驻地、中心村、旅游风景区等人口居住集中区域农村生活污水。各省（区、市）要区分排水方式、排放去向等，加快制订农村生活污水处理排放标准，筛选农村生活污水治理实用技术和设施设备，采用适合本地区的污水治理技术和模式。以县级行政区域为单位，实行农村生活污水处理统一规划、统一建设、统一管理，开展协同治理，推动城镇污水处理设施和服务向农村延伸，加强改厕与农村生活污水治理的有效衔接，鼓励将农村水环境治理纳入河长制、湖长制管理。建立健全促进水质改善的长效运行维护机制。

加强农村黑臭水体治理。摸清全国农村黑臭水体底数，建立治理台账，明确治理优先序。开展农村黑臭水体治理试点，以房前屋后河塘沟渠和群众反映强烈的黑臭水体为重点，采取控源截污、清淤疏浚、生态修复、水体净化等措施综合治理，基本消除较大面积黑臭水体，形成一批可复制可推广的治理模式。

4. 加强土壤污染防治

土壤污染问题是指工业污水、农药、化肥和固体废物所造成的污染。防治工业污水对土壤的污染，主要措施是控制污水灌溉。防治农药对土壤的污染，要严格落实国务院颁布的《农药管理条例》。防治化肥对土壤和水体的污染，要推广科学施肥和秸秆还田技术，提倡和鼓励农民施用有机肥料。加强对向基本农田作为肥料提供的城市垃圾堆、污泥的监测和监督管理，避免二次污染。运用行政、经济和教育手段控制农用地膜对土壤的污染。对固体废物的堆放和处理实施严格管理，对垃圾场和填埋场的征地与建设实行严格土地审批与环保审批。

5. 加强农田秸秆禁烧管理

农民通过原始的燃烧方法处理农作物秸秆，造成局部的大气污染，对航空、公路和铁路交通运输安全构成了威胁。加强农田秸秆禁烧的环境监督管理，要设立本地区的秸秆禁烧区域。要大力推广机械化秸秆还田、秸秆气化、秸秆饲料开发、秸秆微生物高温快速沤肥和秸秆工业原料开发等多种形式的综合利用。

6. 发展生态农业

现代化农业使人类在资源和环境方面都付出了沉重代价，而生态农业是一种可持续发展的农业模式。生态农业可以推进区域农业可持续发展的综合管理；我国需要调整优化农业结构，可以在西北、西南、东北等地区开展大面积的农业生态工程建设；提高食物产量和保障食物安全；保护、合理利用与增值自然资源，提高生物能的利用率和废物循环转化；防治污染，扭转生态恶化，建立农业环境自净体系。

7. 着力解决养殖业污染

推进养殖生产清洁化和产业模式生态化。优化调整畜禽养殖布局，推进畜禽养殖标准化示范创建升级，带动畜牧业绿色可持续发展。推广节水、节料等清洁养殖工艺和干清粪、微生物发酵等实用技术，实现源头减量。严格规范兽药、饲料添加剂的生产和使用，严厉打击生产企业违法违规使用兽用抗菌药物的行为。推进水产生态健康养殖，实施水产养殖池塘标准化改造。

加强畜禽粪污资源化利用。推进畜禽粪污资源化利用，加强畜禽粪污资源化利用技术集成，因地制宜推广粪污全量收集还田利用等模式。

严格畜禽规模养殖环境监管。将规模以上畜禽养殖场纳入重点污染源管理，对年出栏生猪5000头（其他畜禽种类折合猪的养殖规模）以上和涉及环境敏感区的畜禽养殖场（小区）执行环评报告书制度，其他畜禽规模养殖场执行环境影响登记表制度，对设有排污口的畜禽规模养殖场实施排污许可制度。将符合有关标准和要求的还田利用量作为统计污染物削减量的重要依据。推动畜禽养殖场配备视频监控设施，记录粪污处理、运输和资源化利用等情况，防止粪污偷运偷排。完善畜禽规模养殖场直联直报信息系统，构建统一管理、分级使用、共享直联的管理平台。南方水网地区要以水环境质量改善为导向，加快畜禽粪污资源化利用，着力提升畜禽粪污综合利用率和规模养殖场粪污处理设施装备配套率。

加强水产养殖污染防治和水生生态保护。优化水产养殖空间布局，依法科学划定禁止养殖区、限制养殖区和养殖区。推进水产生态健康养殖，积极发展大水面生态增养殖、工厂化循环水养殖、池塘工程化循环水养殖、连片池塘尾水集中处理模式等健康养殖方式，推进稻渔综合种养等生态循环农业。

8. 加强农业环境法治建设，加强村民自治

在个别农村地区，有部分人的环境意识和环境法制观念淡薄，为了提高人们依法保护环境的自觉性，要加强农业环境保护立法，加大环境执法力度，加强环境法制教育。这样才能制定和出台地方性的农业环境保护法规和管理办法，实现人们在环境保护问题上行为与动机的统一。

强化村委会在农业农村环境保护工作中协助推进垃圾污水治理和农业面源污染防治的责任。各地各部门要广泛开展农业农村污染治理宣传和教育，宣讲政策要求，开展技术帮扶。将农业农村环境保护纳入村规民约。建立农民参与生活垃圾分类、农业废弃物资源化利用的直接受益机制。引导农民保护自然环境，科学使用农药、肥料、农膜等农业投入品，合理处置畜禽粪污等农业废弃物。充分依托农业基层技术服务队伍，提供农业农村污染治理技术咨询和指导，推广绿色生产方式。开展卫生家庭等评选活动，举办"小手拉大手"等中小学生科普教育活动，推广绿色生活方式。形成家家参与、户户关心农村生态环境保护的良好氛围。

《农村人居环境整治提升五年行动方案》中明确，到2025年，农村人居环境显著改善，生态宜居美丽乡村建设取得新进步。农村卫生厕所普及率稳步提高，厕所粪污基本得到有效处理；农村生活污水治理率不断提升，乱倒乱排得到管控；农村生活垃圾无害化处理水平明显提升，有条件的村庄实现生活垃圾分类、源头减量；农村人居环境治理水平显著提升，长效管护机制基本建立。

三、农村环境保护的措施

（一）加强农村环境管理机构建设

基层环保机构队伍的建设，对加强日常环境监测，配合基层治理污染起到很重要的作用。环保机构设到县（市、区），农村环保能力尚需进一步加强，与农村环境保护所面临的任务严重不相适应。可以设立农村基层环保派出机构，在履行环境保护的行政管理和执法、

专项整治、环境投诉调处、环保宣传等工作中,其发挥的主要作用如下。

① 进一步健全了环保监管体系,是环保工作重心下移,向农村延伸的有效途径。
② 强化了乡镇环境保护监控和对环境违法行为的查处力度。
③ 有效地提升了对基层环境事故和环保纠纷的调处能力。
④ 提高了工作效率和环保部门为民服务的形象。
⑤ 扩大了环保宣传面,切实提高了全社会的环保法治观念和环保意识。

(二)制订农村及乡镇环境规划

将农村环境保护规划纳入农业发展规划之中,明确政府及各部门环境保护的职责和权限,在地方政府的统一领导下开展管理。农村环境保护规划要以县为主体,乡镇为环境区域实施单位,要对乡镇环境和生态系统的现状进行全面的调查和评价,依据社会经济发展规划、界域发展规划、城镇建设总体规划以及国土规划等,对规划范围内的环境和生态系统的发展趋势以及可能出现的环境问题做出分析和预测,明确农业环境综合治理目标以及农、林、土地、水利、工业等部门的具体职责。

(三)加强乡镇企业环境管理

乡镇企业对农村环境的污染与日俱增,要通过监督管理使其污染与危害得到有效控制。解决好乡镇企业的环境保护问题主要有以下六项措施。

① 制订乡镇企业环境保护计划。各类污染性企业都应根据当地环境保护的战略目标和任务,制订相应的环境保护计划。
② 组建工业园区,实行规模经营,协调乡镇企业用地扩大与农业用地矛盾。
③ 建立适合于乡镇企业环境管理的法规、制度和措施体系,健全县、乡两级环境管理机构、县级环境监测站等科技服务支持体系。
④ 充分发挥市场经济体制的功能,利用经济杠杆的作用,调动乡镇企业治理污染、保护环境的积极性。
⑤ 开发并推广适合乡镇企业的污染防治技术。
⑥ 推行清洁生产,将污染消灭在生产之中。

(四)发展生态农业和绿色食品

1. 生态农业模式

生态农业是在经济与环境协调发展的思想指导下,在总结和吸取了各种农业实践成功经验的基础上,根据生态学原理,应用现代科学技术方法所建立和发展起来的一种多层次、多结构、多功能的集约经营管理的综合农业生产体系。

我国自然资源类型及地理特征的多样性决定了生态农业模式的多样性。如根据各生物类群的生物学、生态学特征和生物之间的互利共生关系而合理组合的生物立体共生的生态农业系统;按照生态系统内能量流动和物质循环规律而设计的物质循环利用的生态农业系统;利用生物相生相克,人为地对生物种群进行调节的生态农业系统;通过植树造林、改良土壤、兴修水利、农田基本建设等措施对沙漠化、水土流失、土地碱化等主要环境问题进行治理的生态农业系统;运用生态规律把工、农、商联成一体,取得较高的经济效益和生态效益的区域整体规划的生态农业系统。

2. 绿色食品

绿色食品是遵循可持续发展原则，按照特定生产方式，经专门机构认定，许可使用绿色食品标志商标的无污染的安全、优质、营养类食品。绿色食品、绿色产品或产品原料产地必须符合绿色食品生态环境质量标准；农作物种植、畜禽饲养、水产养殖及食品加工必须符合绿色食品的生产操作规程；产品必须符合绿色食品质量和卫生标准；产品外观必须符合规定。

（五）建立健全长效管护机制

持续开展村庄清洁行动。大力实施以"三清一改"（清理农村生活垃圾、清理村内塘沟、清理畜禽养殖粪污等农业生产废弃物，改变影响农村人居环境的不良习惯）为重点的村庄清洁行动，突出清理死角盲区，由"清脏"向"治乱"拓展，由村庄面上清洁向屋内庭院、村庄周边拓展，引导农民逐步养成良好卫生习惯。结合风俗习惯、重要节日等组织村民清洁村庄环境，通过"门前三包"等制度明确村民责任，有条件的地方可以设立村庄清洁日等，推动村庄清洁行动制度化、常态化、长效化。

健全农村人居环境长效管护机制。明确地方政府和职责部门、运行管理单位责任，基本建立有制度、有标准、有队伍、有经费、有监督的村庄人居环境长效管护机制。

强化监督工作。各级生态环境部门应按照中央部署，加强机构和制度建设，以技术储备引导和监督管理为着力点，将农业农村污染治理突出问题纳入中央生态环保督察范畴，对污染问题严重、治理工作推进不力的地区进行严肃问责。加大农村污染治理和生态环境保护力度，建设美丽富饶的新农村，重塑山清水秀的田园环境。

（六）加大宣传教育力度

充分利用广播、电视、报刊、网络等媒体，广泛宣传和普及农村环境保护知识，及时报道先进典型和成功经验，揭露和批评违法行为，提高农民群众的环境意识，调动农民群众参与农村环境保护的积极性和主动性。维护农民群众的环境权益，尊重农民群众的环境知情权、参与权和监督权，农村环境质量评价结果应定期向农民群众公布，对涉及农民和群众环境权益的发展规划和建设项目，应当听取当地农民群众的意见。

思考题

1. 分析我国城市环境问题产生的原因，城市环境问题主要体现在哪些方面？
2. 简述我国城市环境管理的内容有哪些？
3. 我国农村的环境问题主要表现在哪些方面？如何实现农村环境问题的保护及改善。
4. 简述我国农村环境管理的内容有哪些？

江西省南昌市孺子亭公园重视"徐亭烟柳"美景创建生态乡镇—临沧

拓展阅读

第九章

组织层面的环境管理

从生物学角度认识人类社会系统组织，以前传统管理模式与基于产业生态学管理模式的区别在于，前者主要关注个人行为和社会结构，而后者则强调物质流和能量流等物理与化学特性。基于这样的认识，可将产业生态学定义为是关于技术组织及其资源使用和潜在环境影响，以及如何调整它们与自然界的相互作用，以实现全球可持续发展的研究。因此，"组织"这个词，从生物学角度不仅用来指有生命的东西，同时还代表任何与生物体具有相似结构和功能的各类生态系统、行业系统、产业系统以及区域系统等。

从管理职能角度出发，"组织"一词具有双重意义：一是名词意义上的组织，主要指组织形态；二是动词意义上的组织，系指组织各项管理活动。本节所讨论的组织层面，包含了这两方面的内容。

第一节 环境绩效评估

一、环境绩效与环境绩效评估

环境绩效是指一个组织基于其环境方针、目标、指标，控制其环境因素所取得的可测量的环境管理体系成效。环境绩效用来表示环境保护的实际成绩和效果，是评定环境政策的最终标准。

环境绩效评估是由独立的考核机构或考核人员，对被考核单位或项目的环境管理活动进行综合系统的审查、分析，并按照一定的标准评定环境管理活动的现状和潜力，对提高环境管理绩效提出建议，促进其改善环境管理、提高环境管理绩效的一种评估活动。

环境绩效评估是持续对组织的环境绩效进行量测与评估的一种有系统的程序。对象则是组织的管理系统、操作系统乃至于其周围的环境状况。组织的环境管理绩效为环境绩效评估的工作重点所在，在考量成本效益下，可针对其重要的环境参数建立持续监督的系统，并将评估结果与各利害相关者加以沟通。

二、环境绩效评估的目标、内容和程序

（一）环境绩效评估的目标

环境绩效评估的目标包括根本目标、具体目标和分项目标三个层次。

环境绩效评估的根本目标为：改善环境管理，实现可持续发展。具体目标可以概括为：对环境管理各步骤的绩效情况进行考核评价，找出影响环境管理绩效的消极因素，提出建设性的考核意见，从而促使环境管理工作高效进行。分项目标为：a. 评价环境法规政策的科学性和合理性，帮助法规政策制定部门制定更加科学合理的环境法规与制度；b. 评价环境管理机构的设置和工作效率，揭示其影响工作效率的消极因素，提出改进建议；c. 评价环境规划的科学性和合理性，有助于制定更加科学合理的环境规划；d. 评价环境投资项目的经济性、效率性和效果性，为改善环境投资提出建设性意见。

（二）环境绩效评估的内容

环境绩效评估是一种用于内部管理的程序和工具，是一种被用来提供给管理阶层的可靠和可验明的资讯，以决定组织环境绩效是否符合组织管理阶层所设定的基准。正在施行环境管理的组织应依据其环境政策、目标来设定环境绩效指标，再以其绩效基准来评估其环境绩效。

环境绩效评估的内容主要包括规划环境行为评估（EPE）、选择评估指标、数据收集及转换和报告沟通、审查和改进评估程序。

（三）环境绩效评估的程序

1. 组织的环境绩效基准

环境绩效基准是管理阶层为了评估环境绩效而设定的环境目标、标准或其他基准。组织在规划 EPE 时应参照其所设定的环境绩效基准，以便所选择的 EPE 指标能适当地反映组织的环境绩效。可以获得环境绩效基准的来源包括：a. 目前和过去的绩效；b. 法令规定；c. 相关规定、标准和措施；d. 绩效数据和由工业及其他产业发展出来的信息；e. 管理审查和稽核；f. 科学研究。

2. 选择环境绩效评估指标

组织选择 EPE 指标所包括的定性或定量的数据或信息，应以简明易懂为原则，并应筛选出足够且相关的指标来评估其环境绩效。筛选出的 EPE 指标的数目应能反映出组织的特性和范围。为增进效率，组织可使用现有的数据，也可使用其他组织所收集的数据。EPE 指标包括环境状态指标（ECIs）和环境绩效指标（EPIs）。

3. 运用数据与信息

（1）收集数据　一个组织应定期地收集数据以供所选择 EPE 指标计算使用。数据收集程序应能保证数据的可靠性，并考虑一些因子诸如可获得性、足够性、科学和有效性及可验证性。数据收集应有质量保证体系支持，以保证所获得的数据是 EPE 使用所要的形式和质量。

(2) 分析和转换数据　收集的数据应加以分析并转换成能够描述组织环境绩效的信息，以 EPE 指标表示。为避免造成结果的偏差，所有收集的相关和可靠数据均应列入考虑。

(3) 评估信息　从分析数据而得的信息，应和组织环境绩效基准比较。比较的结果可以显示出环境绩效是否有进步或缺失，也有助于了解为何环境绩效基准可以或不能达成。

4. 报告沟通

基于管理需要，环境绩效报告沟通可提供有用的环境绩效信息给组织内、外的利害相关的团体。环境绩效报告沟通的好处包括：a. 帮助组织达成其环境绩效基准；b. 对组织的环境政策、环境绩效基准及相关达成事项提升其认知程度和提供交流机会；c. 显示组织对改进环境绩效的承诺与努力；d. 响应对组织环境考虑面的关切与疑问。

组织应同时将适宜且必要的环境信息适时地在组织内部进行沟通。这样有助于员工、承包商和其他与组织相关人员能够尽到他们的责任，而组织也可达成其环境绩效基准。组织可以考虑将此信息列入其环境管理系统的管理审查。

5. 审查和改进环境绩效评估程序

一个组织的环境绩效评估程序和结果应定期加以审查以鉴别出改进的机会。一段时间之后，可将 EPE 的范围扩大至先前未曾提到的组织的活动、产品和服务。审查有助于管理阶层采取行动以改善管理绩效和组织的运作，也可使环境状态改善。

第二节　循环经济

一、循环经济的产生与发展

自 18 世纪 60 年代工业革命以来，由于科学技术的迅速进步，人类社会生产力发生了质的变化，对自然的开发能力达到空前水平，环境问题日益突出，迫使人类重新审视发展历程。

循环经济的思想萌芽可以追溯到 20 世纪 60 年代。当时人类活动对环境的破坏已达到相当严重的程度，一批环保的先驱呼吁人们更多地关注环境问题。然而，世界各国关心的问题主要是污染物产生后如何治理以减少其危害，即末端治理方式。针对这种情况，美国经济学家鲍尔丁（Kenneth E. Boulding）提出了"宇宙飞船"经济理论，这是循环经济理论的雏形。鲍尔丁受当时发射的宇宙飞船的启发，用来分析地球经济的发展。他认为，宇宙飞船是一个孤立无援、与世隔绝的独立系统，靠不断消耗自身的资源存在，最终它将因资源耗尽而毁灭。唯一使之延长寿命的方法就是实现飞船内的资源循环，尽可能少地排出废物。同理，地球经济系统如同宇宙飞船，尽管地球资源系统很大，地球寿命也很长，但是也只有实现对资源循环利用的循环经济，地球才能得以长存。显然，宇宙飞船经济理论具有很强的超前性，但当时并没有引起大家的足够重视。即使是到了人类社会开始大规模环境治理的 20 世纪 70 年代，循环经济的思想更多的还是先行者的一种超前性理念。当时，世界各国关心的仍然是污染物产生后如何治理以减少其危害，即所谓的末端治理。

到了 20 世纪 80 年代，人们的认识经历了从"排放废物"到"净化废物"再到"利用废物"的过程,但对于污染物的产生是否合理这个根本性问题,大多数国家仍然缺少思想上的远见和政策上的举措。

20世纪90年代以后,特别是可持续发展理论形成后的近几年,源头预防和全过程控制代替末端治理开始成为各国环境与发展政策的真正主流。人们开始提出一系列体现循环经济思想的概念,如"零排放工厂"、"产品生命周期"、"为环境而设计"等。随着可持续发展理论的日益完善,人们逐渐认识到,当代资源环境问题日益严重的根源在于工业化运动以来以高开采、高消耗、高排放、低利用为特征的线性经济模式,为此提出了人类社会的未来应建立一种以物质闭环流动为特征的经济,即循环经济,从而实现环境保护与经济发展的双赢,真正体现"代内公平"和"代际公平"这一可持续发展的公平性原则。"生态经济效益"、"工业生态学"等理论的提出与实践,标志着循环经济理论初步形成。

二、循环经济的定义、内涵和基本特征

(一)循环经济的定义

循环经济(circular economy)的理论基础是工业生态学。循环经济要求运用生态学规律来指导人类社会的经济活动,即在经济发展中,遵循生态学规律,将清洁生产、资源综合利用、生态设计和可持续消费等融为一体,实现废物减量化、资源化和无害化,使经济系统和自然生态系统的物质和谐循环,维护自然生态平衡。

根据《中华人民共和国循环经济促进法》给出的定义,循环经济是指在生产、流通和消费等过程中进行的减量化、再利用、资源化活动的总称。循环经济是我国正大力推行的国家战略之一,循环经济是一种新的发展观,是人类在面临资源环境危机的情况下,对传统经济发展模式的深刻反思之中形成的,是可持续发展观的深化。循环经济是一种以资源的循环利用为核心,以"减量化、再利用、资源化"为原则,以资源利用的低开采、低消耗、低排放、高利用为基本特征,符合可持续发展理念的新的经济增长模式。

(二)循环经济的内涵

1. 循环经济本质上是一种生态经济

循环经济力求在经济发展中运用生态学规律指导人类社会的经济活动,是将清洁生产、资源综合利用、生态设计和可持续消费等融为一体的经济。循环经济是一种"促进人与自然的协调和谐"的经济发展模式。循环经济与传统线性经济相比较的不同之处在于:传统经济是一种"资源-生产(产品)-消费-废物"的单向流动的线性经济范式,其资源利用特征可以用"三高一低"来描述:高开采、高消耗、高排放、低利用。在这种经济中,人们高强度地把地球上的物质和能源提取出来,然后又把污染物和废物毫无节制地排放到环境中去,对资源的利用是粗放的和一次性的,传统线性经济正是通过这种把部分资源持续不断地变成垃圾,以牺牲环境来换取经济的数量型增长。与此不同,循环经济倡导的是一种与环境和谐的经济发展模式。它要求把经济活动组织成一个"资源-生产(产品)-消费-再生资源"的循环反馈式流程,其资源利用特征可以用"三低一高"描述:低开采、低消耗、低排放、高利用。循环经济最大限度地利用进入系统的物质和能量,提高资源利用率;最大限度地减少污染物排放,提升经济运行质量和效率,并保护生态环境。因此,循环经济本质上是一种生态

经济，可以实现从根本上消解长期以来环境与发展之间的尖锐冲突。循环经济和传统经济的比较可见表9-1。

表9-1 循环经济与传统经济的比较

比较项目	传统经济	循环经济
经济发展模式	"资源-生产(产品)-消费-废物"的单向流动的线性经济范式	"资源-生产(产品)-消费-再生资源"的循环反馈式、与环境和谐的经济发展模式
对资源利用的特征	粗放型经营，一次性利用；高开采、高消耗、低利用	资源循环利用科学经营管理；低开采、低消耗、高利用
废物排放及对环境影响	污染物高排放；高强度地破坏生态环境	废物零排放或低排放；对环境友好
追求目标	经济利益(产品利润最大化)	经济利益、环境利益、社会持续发展利益
经济增长方式	数量型增长	内涵型发展
环境治理方式	末端治理	污染预防为主，全过程管理
支持理论	政治经济学、福利经济学等传统经济理论	生态系统理论、工业生态学理论
评价指标	第一经济指标(GDP、GNP、人均消费等)	绿色核算体系(绿色GDP等)

2. 循环经济的根源在于自然资本已成为人类社会发展的制约因素

循环经济是对传统发展方式的变革，它的根源在于自然资本正在成为制约人类发展的主要因素。经济学有两个基本观点：一是资源存在着某种稀缺性；二是人类发展需要最有效地配置稀缺资源。自工业革命以来，如何最大效率地配置稀缺资源一直是人类面临的最大社会经济问题。

18世纪工业革命刚开始的时候，世界上的稀缺资源主要是人而不是自然资源，因此工业化的兴起就是要以机器替代人，从而提高劳动生产率。如何有效地节省人的资源，充分地利用自然资源，成为当时的主要矛盾。但是工业化运动200多年后的今天，随着人口的迅速增长和生产力水平的极大提高，稀缺的资源由人变成了自然资源，更确切地说包括自然资源和生态能力在内的自然资本。当自然资本成为经济发展的内生变量时，持续的经济增长就开始受到自然资本的约束。例如，采矿受到矿产资源的约束，捕鱼受到水产资源的约束，城市发展受到土地资源的限制。原来只要机器水平提高，捕鱼行业的产量就会提高，GDP也随着提高。现在的情况是渔业资源日趋耗竭，机器水平再高也无济于事，日趋衰减的自然资本已成为经济发展的主要限制性因素。

3. 循环经济的核心是提高自然生产率

从物质流动的形式看，工业革命以来的经济本质上是一种不考虑自然生产效率的线性经济。在线性经济中，资源输入经济系统，变成产品，经消费后又输出，变成废弃物，导致环境问题。这一过程是单通道的，因此表现为线性。循环经济考虑的则是如何在既定资源存量下提高经济发展的质量，而不是经济增长的数量。21世纪的主要矛盾由不断提高劳动生产率变为需要大幅度提高自然资源生产率。经济系统追求自然资源可承受的规模，在提高人类生存价值的同时使得环境影响减小。可以说当代生态革命的技术经济特征是可再生的，而不是开采性的；是循环的，而不是线性的。注意力放在自然生产率，而不是劳动生产率上，它们对生物圈的影响是良性的，而不是滥用的。因此，提高自然生产率是发展循环经济的本质。

（三）循环经济的基本特征

在线性经济模式中，资源利用的特征可以用"三高一低"来描述，资源在流动过程中先后经过开采、生产、消费和废弃几个环节，在经过这几个环节之后，物质就由资源变成了毫无用处的废物。并且，由于物质流动形式为单向流动，为维持社会经济系统的运转需要不断地向其投入资源，否则社会经济系统将无法维持运转。因此，线性经济模型中物质运动遵循大量生产、大量消费和大量废弃的资源利用特征，这样不但增加了资源压力，还增加了环境压力。

与传统的线性经济模式相比较，循环经济发展具有以下几个方面的基本特点。

1. 生态环境的弱胁迫性

传统的经济发展方式对于环境生态的依赖性强，从而在一定程度上导致快速的产业发展，也将加剧资源消耗、生态破坏和环境污染。而循环经济发展方式占用更少的资源及生态、环境要素，从而使得快速的经济发展对资源、生态、环境要素的压力也大大降低。

2. 资源利用的高效率性

随着经济发展规模的不断放大，资源消耗不断加剧，也在一定程度上使得全球经济发展，尤其是处于快速工业化时期的国家或地区经济发展，开始从资金制约型转为资源制约型。而循环经济的建设与发展实现了资源的减量化投入、重复性使用，从而大大提高了有限资源的利用效率。

3. 行业行为的高标准性

循环经济要求原料供应、生产流程、企业行为、消费行为等都要符合生态友好、环境友好的要求，从而对于行业行为从原来的单一的经济标准，转变为经济标准、生态标准、环境标准并重，并通过有效的制度约束，确保行业行为高标准的实现。

4. 产业发展的强持续性

在资源环境生态要素占用成本不断提升的情况下，循环经济产业的发展将更具备竞争优势，同时由于循环经济企业或行业存在技术进步的内在要素，这样就会更有效地推进循环型产业的可持续发展。

5. 经济发展的强带动性

循环型产业的发展对于经济可持续发展具有带动作用，而且产业之间及内部的关联性也将增强，从而推进了产业协作与和谐发展。例如循环型三产的发展将对循环型农业、循环型工业乃至循环型社会的建设与发展产生有效的推进带动作用，从而提升区域经济竞争力，并有效推进区域经济可持续发展战略的全面实现。

6. 产业增长的强集聚性

循环经济的发展，将在一定层次上带来区域产业结构的重组与优化，从而实现资源利用效率高、生态环境胁迫性弱的产业部门的集聚，这将更有效地推进循环经济以及循环型企业快速、健康地发展。

7. 物质能量的闭环流动

循环经济作为一种经济模式，区别于传统线性经济的最大特征是物质流动方式采用了闭环系统。就物质闭环流动而言，可以在单个企业、单个家庭实现。但是，就一定区域或者一个国家而言，整个区域在资源利用方面形成闭环系统才算得上实现了循环经济模式。

当然，区域层次物质闭环系统的形成也离不开家庭和企业这样的社会经济细胞对资源循环利用的行为与支持。

三、循环经济的指导性原则

"3R"原则和避免废物产生原则是把循环经济的战略思想落实到操作层面的两个指导性原则。

1. "3R"原则

（1）减量化原则（reduce）　减量化是指在生产、流通和消费等过程中减少资源消耗与废物产生。要求用较少的原料和能源投入来达到既定的生产目的或消费目的，进而从经济活动的源头就注意节约资源和减少污染。减量化原则常常表现为要求产品小型化和轻型化，要求产品的包装追求简单朴实而不是豪华浪费，从而达到减少废物排放的目的。

（2）再利用原则（reuse）　再利用是指将废物直接作为产品或经修复、翻新、再制造后继续作为产品使用，或者将废物的全部或部分作为其他产品的部件予以使用。再利用原则要求制造产品和包装容器能够以初始的形式被反复使用，目的是抵制当今世界一次性用品的泛滥，生产者应该将制品及其包装当作一种日常生活器具来设计，使其像餐具和背包一样可以被多次使用；还要求制造商应该尽量延长产品的使用期，而不是非常快地更新换代。

（3）资源化原则（recycle）　资源化是指将废物直接作为原料进行利用或者对废物进行再生利用。要求生产出来的物品在完成其使用功能后能重新变成可以利用的资源，而不是不可恢复的垃圾。按照循环经济的思想，再循环有两种情况：一种是原级再循环，即废品被循环用来产生同种类型的新产品，例如报纸再生报纸、易拉罐再生易拉罐等；另一种是次级再循环，即将废物资源转化成其他产品的原料。原级再循环在减少原材料消耗上达到的效率要比次级再循环高得多，是循环经济追求的理想境界。

2. 避免废物产生原则

循环经济要求以避免废物产生为经济活动的优先目标。"3R"原则构成了循环经济的基本思路，但它们的重要性并不是并列的。其中，只有减量化原则才具有第一法则的意义。对待废物问题的优先顺序为：避免产生-循环利用-最终处置。首先要减少经济源头的污染物产生量，工业界在生产阶段就要尽量避免各种废物的排放；其次是对于源头尚不能削减的污染物和经过消费者使用的包装物、旧货等要加以回收利用，使它们回到经济循环中去；最后，只有当避免产生和回收利用都不能实现时，才允许将最终废物进行环境无害化的处置，即填埋和焚烧等。

四、循环经济的主要模式

循环经济是由传统经济转向生态经济的环境革命方式之一，国际社会对此很早就作出了积极的回应，发达国家更是走在循环经济的前列。西方发达国家正在把发展循环经济、建立循环型社会看作是实施可持续发展战略的重要途径和实现形式。目前，从单个企业层面、企业共生层面以及社会层面来看，循环经济在欧美、日本等发达国家已有较成功的实践。发达国家在长期的实践中，逐步摸索形成了发展循环经济的三种基本模式，使循环经济在企业、区域和社会扎实有效地展开。

1. 小循环模式——循环企业模式

在企业层面上,可以称之为循环经济的"小循环",此模式也被称为杜邦模式。根据生态效率的原则,推行清洁生产,减少产品和服务中物料与能源的使用量,实现污染物排放的最小化。20 世纪 80 年代末,当时世界 500 强的杜邦公司开始了循环经济理念的应用试点。杜邦公司创造性地把循环经济"3R"原则发展成与化工生产相结合的"3R 制造法",即资源投入减量化(reduce)、废物资源化(reuse)和资源利用循环化(recycle),以少排放甚至"零排放"废物。通过放弃使用某些环境有害型的化学物质,减少某些化学物质的使用量,以及发明回收本公司副产品的新工艺等,到 2000 年已经使该公司的总废物减少了 1/4,有害废弃物减少了 40%,温室气体排放量减少了 70%。杜邦模式的基本特点是通过循环来延长生产链条,减少生产过程中物料和能源的使用量,减少废弃物和有毒物质的排放,最大限度地利用可再生资源,同时提高产品的耐用性等。

2. 中循环模式——区域生态工业园区模式

在区域层面上,可以称之为循环经济的"中循环"。20 世纪 80 年代末到 90 年代初,一种循环经济化的工业区域——生态工业园区应运而生。它是按照工业生态学的原理,通过企业或行业间的物质集成、能量集成和信息集成,形成企业或行业间的工业代谢和共生关系而建立的。特别是丹麦卡伦堡生态工业园在循环经济的生态型生产中脱颖而出,它通过企业间的废物和副产品交换,把火电厂、炼油厂、制药厂和石膏厂联结起来,形成生态循环链,不仅大大减少了废物的产生量和处理的费用,还减少了新原料的投入,形成了生产发展和环境保护的良性循环,如图 9-1 所示。

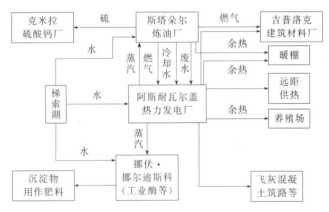

图 9-1 卡伦堡工业共生体系

目前,生态工业园区已经成为循环经济的一个重要发展形态,作为许多国家工业园区改造的方向,也正在成为我国第三代工业园区的主要发展形态。循环经济的发展趋势也正经历着由企业层面上的"小循环"到区域层面上的"中循环"再到社会层面上的"大循环"的纵向过渡。

3. 大循环模式——循环型社会模式

在社会层面上,可以称之为循环经济的"大循环"。在较大范围内乃至一个国家范围内,从资源开采、产品制造、生活消费等各个环节和各个领域综合考虑循环利用问题。它通过全社会废旧物资的再生利用,实现消费过程中和消费过程后物质与能量的循环。20 世纪 90 年代起以德国为龙头的发达国家垃圾处理从减量化到无害化和资源化。如德国的双轨制回收系统（DSD 系统），DSD 是一个专门组织对包装废弃物进行回收利用的非政府组织。它受企业的委托，组织收运者对他们的包装废弃物进行回收和分类，然后送至相应的资源再利用厂家进行循环利用，能直接回用的包装废弃物则送返制造商，其废弃物回收系统流程见图 9-2。DSD 系统大大促进了德国包装废弃物的回收利用。

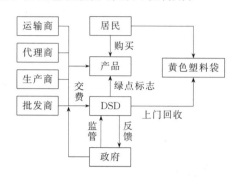

图 9-2 德国 DSD 废弃物回收系统流程

循环型社会的特征是限制自然资源消耗、环境负担最小化。在该过程中，许多国家通常以循环经济立法的方式加以推进，如欧盟诸国以及美、日、澳、加等国先后按照资源闭路循环，避免废物产生的思想，重新制定废物管理法。加之政府政策引导，形成有力的政策扶持；通过企业示范先导，贯彻落实循环社会建设；加强科学研究辅导，高技术支撑构建循环型社会；持续环境教育倡导，形成全民节约资源和环境保护的意识，最终建立循环型社会。

第三节　清洁生产

一、清洁生产的产生与发展

1. 清洁生产的产生

清洁生产是在环境和资源危机的背景下，国际社会在总结了各国工业污染控制经验的基础上提出的一个全新的污染预防的环境战略。它的产生过程，就是人类寻求一条实现经济、社会、环境、资源协调发展的可持续发展道路的过程。20 世纪 60 年代开始，工业对环境的危害已引起社会的广泛关注；70 年代，西方一些国家的企业开始采取应对措施，主要是通过各种方式和手段对生产过程末端的废弃物进行处理，即"末端治理"。但末端治理的着眼点是侧重于污染物产生后的治理，客观上造成了生产过程与环境治理分离脱节，所以很难从根本上消除污染。

面对环境污染日趋严重、资源日趋短缺的局面，工业化国家在对其污染治理过程进行反思的基础上，逐步认识到要从根本上解决工业污染问题，必须以"预防为主"，将污染物消除在生产过程之中，而不是仅仅局限于末端治理。20 世纪 70 年代中期以来，不少发达国家的政府和各大企业集团公司都纷纷研究开发与采用清洁工艺（少废无废）技术、环境无害技术，开辟污染预防的新途径。

1976年，欧共体在巴黎举行的"无废工艺和无废生产"国际研讨会上，首次提出了清洁生产的概念，其核心是消除产生污染物的根源，达到污染物最小量化及资源和能源利用的最大化。这种旨在实现经济、社会和生态环境协调发展的新的环境保护策略，迅速得到了国际社会各界的积极倡导。

1989年5月，在总结了各国清洁生产相关活动之后，联合国环境规划署工业与环境规划中心正式制定了《清洁生产计划》，提出了国际普遍认可的包括产品设计、工艺革新、原辅材料选择、过程管理和信息获得等一系列内容及方法的清洁生产总体框架。之后，世界各国也相继出台了各项有关法规、政策和法律制度。

1992年，联合国环境与发展大会呼吁各国调整生产和消费结构，广泛应用环境无害技术和清洁生产方式，节约资源和能源，减少废物排放，实施可持续发展战略。清洁生产正式写入《21世纪议程》，并成为通过预防来实现工业可持续发展的专用术语。从此，在全球范围内掀起了清洁生产活动的高潮。经过几十年不断地创新、丰富与发展，清洁生产现已成为国际环境保护的主流思想，有力地推动了全世界的可持续发展进程。

2. 我国清洁生产的发展

我国从20世纪70年代开始环境保护工作，当时主要是通过末端治理方式解决环境问题。随着国际社会对解决环境问题的反思，80年代我国开始探索如何在生产过程中消除污染。

1992年，中国积极响应联合国环境与发展大会倡导的可持续发展的战略，将清洁生产正式列入《环境与发展十大对策》，要求新建、扩建、改建项目的技术起点要高，尽量采用能耗、物耗低，污染物排放量少的清洁生产工艺。

1993年召开的第二次全国工业污染防治工作会议，明确提出工业污染防治必须从单纯的末端治理向生产全过程控制转变，积极推行清洁生产，走可持续发展之路，从而确立了清洁生产成为我国工业污染防治的思想基础和重要地位，拉开了我国开展清洁生产的序幕。

1994年，我国制定了《中国21世纪议程》，专门设立了"开展清洁生产和生产绿色产品"的领域。把建立资源节约型工业生产体系和推行清洁生产列入了可持续发展战略与重大行动计划中。从此，我国把清洁生产作为优先实施的重点领域，以生态规律指导经济生产活动，环境污染治理开始由末端治理向源头治理转变。1994年12月，国家环保总局成立了国家清洁生产中心，行业和地方清洁生产中心随后陆续成立。

2002年6月，我国全国人大发布了《中华人民共和国清洁生产促进法》，该法已于2003年1月正式实施，并于2012年进行了修订，我国的清洁生产工作已走上法制化的轨道。清洁生产引入我国十几年来，已在企业示范、人员培训、机构建设和政策研究等方面取得了明显的进展，我国是国际上公认的清洁生产搞得最好的发展中国家。

二、清洁生产的定义和内容

（一）清洁生产的定义

清洁生产的实质是贯彻污染预防原则。其本意为"更清洁的生产"，联合国环境规划署（United Nations Environment Program，UNEP）在1996年将清洁生产定义为：清洁生产是一种新的创造性的思想，它将整体预防的环境战略持续应用于生产过程、产品和服务中，以增加生态效率和减少人类及环境的风险。对于生产过程，清洁生产要求节约原材料和能源、淘汰有毒原材料、降低所有废弃物的数量和毒性；对于产品，清洁生产要求减少从原材料提炼到产品最终处置的全生命周期的不利影响；对于服务，清洁生产要求将环境因素纳入设计和所提供的服务之中。

《清洁生产促进法》给出了清洁生产的定义，被国内大部分学者和专家所认可。其中关于清洁生产的定义为：清洁生产是指不断采取改进设计、使用清洁的能源和原料、采用先进的工艺技术与设备、改善管理、综合利用等措施，从源头削减污染，提高资源利用效率，减少或者避免生产、服务和产品使用过程中污染物的产生与排放，以减轻或者消除对人类健康和环境的危害。

在清洁生产的定义中包含了以下三层含义。

① 清洁生产的基本手段是改进工艺技术、强化企业管理，最大限度地提高资源、能源的利用水平和改变产品体系，更新设计观念，争取废物最少排放及将环境因素纳入服务中去。

② 清洁生产的目标是节省能源，降低原材料消耗，减少污染物的产生量和排放量。

③ 清洁生产的终极目标是保护人类与环境，提高企业自身的经济效益。

（二）清洁生产的内容

清洁生产的内容主要体现在清洁的能源和原材料、清洁的生产过程和清洁的产品。

1. 清洁的能源和原材料

对常规能源清洁使用，充分利用可再生能源，积极开发、利用新能源，积极研究各种节能技术和措施等。原材料是工艺方案的出发点，它的合理选择是有效利用资源，减少废物产生的关键因素。从原材料使用环节实施清洁生产的内容可包括：以无毒、无害或少害原料替代有毒有害原料；改变原料配比或降低其使用量；保证或提高原料的质量，进行原料的加工以减少对产品无用的成分；采用二次资源或废物作原料替代稀有短缺资源；提高能源利用效率等。

2. 清洁的生产过程

清洁的生产过程是指选择清洁的工艺设备，强化生产过程的管理，减少物料的流失和泄漏，提高资源、能源的利用率，包括：尽量少用或不用有毒有害的原材料以及尽可能地选择无毒、无害的中间产品；减少生产过程的各种危险性因素，如高温、高压、易燃、易爆、强噪声、强振动等；采用少废、无废的工艺和高效的设备，最大限度地利用原料与能源；具有简便、可靠的操作和控制以及有效的管理体系。

3. 清洁的产品

清洁产品又叫绿色产品，清洁产品应具备以下几方面的条件：产品在使用过程中以及使用后，不含有危害人体健康和破坏生态环境的因素；产品使用后易于回收、重复使用和再生；产品的包装合理；产品具有合理的功能，如节能、节水和降低噪声的功能；产品的使用寿命合理。

清洁生产的内容既体现于宏观层次上的总体污染预防战略之中，又体现于微观层次上的企业预防污染措施之中。在宏观上，清洁生产的提出和实施使污染预防的思想直接体现在行业的发展规划、工业布局、产业结构调整、工艺技术以及管理模式的完善等方面。例如我国许多行业、部门提出严格限制和禁止能源消耗高、资源浪费大、污染严重的产业与产品发展,对污染重、质量低、消耗高的企业实行关、停、并、转等,都体现了清洁生产战略对宏观调控的重要影响。在微观上,清洁生产通过具体的手段措施达到生产全过程污染预防。

三、清洁生产的意义

清洁生产与过去的环境政策不同,过去的环境政策强调末端治理,而要想建立新的生产方式和消费方式,清洁生产是必然的选择。

1. 清洁生产使工业持续发展

1992年在巴西召开的联合国环境发展大会通过了《21世纪议程》,制订了可持续发展的重大行动计划,将清洁生产作为可持续发展关键因素,得到各国共识。清洁生产可大幅度减少资源消耗和废物产生,通过努力还可使破坏了的生态环境得到缓解和恢复,排除匮乏资源困境和污染困扰,走工业可持续发展之路。

2. 清洁生产开创防污治污新阶段

清洁生产改变了传统的被动、滞后的先污染、后治理的污染控制模式,强调在生产过程中提高资源、能源转换率,减少污染物的产生,降低对环境的不利影响。

3. 清洁生产弱化末端治理

清洁生产重点强调从源头削减污染。但提倡清洁生产并不意味着消除末端治理的措施,在当今技术发展水平一定的前提下,首先提倡生产过程中的清洁生产,但对实在无法消除的污染物,还需要采取末端治理的技术进行最终的处置。

4. 清洁生产使企业赢得形象和品牌

企业之间在市场中的竞争,不仅仅是产品质量、价格、服务、广告的竞争,也是企业形象和品牌形象的竞争。环境因素已成为企业在全世界范围内树立良好形象、增强产品竞争力的重要砝码。企业通过实施清洁生产,采用清洁的、无公害或低公害的原料,生产无公害或低公害的产品,实现少废或无废排放,甚至零排放,不但可以提高企业竞争能力,而且在社会中可以树立良好的环保形象,赢得公众对其产品的认可和支持。特别是国际贸易中,经济全球化使得环境因素的影响日益增强,推行清洁生产可以增加国际市场准入的可能性,减少贸易壁垒。实现清洁生产已不单是一个工业企业的责任,也是国民经济的整体规划和战略部署,需要各行各业共同努力,转变传统的发展观念,改变原有的生产与消费方式,实现一场新的工业革命。

四、清洁生产审核

清洁生产审核是一种对污染来源、废物产生原因及其整体解决方案系统分析和实施的过程,旨在通过实行预防污染的分析和评估,寻找尽可能高效率利用资源,减少或消除废物的产生和排放的方法,是企业实行清洁生产的重要前提和基础。持续的清洁生产审核活动会不断产生各种清洁生产方案,有利于组织在生产和服务过程中逐步实施,从而使其环境绩效持续得到改进。

(一)清洁生产审核的定义

根据国家发展和改革委员会、国家环境保护部 2016 年 5 月 16 日发布的《清洁生产审核办法》,清洁生产审核的定义为:清洁生产审核,是指按照一定程序,对生产和服务过程进行调查和诊断,找出能耗高、物耗高、污染重的原因,提出降低能耗、物耗、废物产生以及减少有毒有害物料的使用、产生和废弃物资源化利用的方案,进而选定技术经济及环境可行的清洁生产方案的过程。

清洁生产审核一般针对企业单位,主要是工业企业,是支持和帮助企业有效开展预防性清洁生产活动的工具及手段,也是企业实施清洁生产的基础。通过审核发现排污部位、排污原因,并筛选消除或减少污染物的措施,提高资源利用效率,消灭(或减少)产品上的有害物质,减少生产过程中原料和能源的消耗,降低生产成本,最终企业生产实现节能、降耗、减污、增效的效果,达到减轻或者消除对人类健康和环境的危害的目标。

(二)清洁生产审核对象

清洁生产审核分为自愿性审核和强制性审核。《清洁生产审核办法》中明确指出:国家鼓励企业自愿开展清洁生产审核。污染物排放达到国家或者地方排放标准的企业,可以自愿组织实施清洁生产审核,提出进一步节约资源、削减污染物排放量的目标。2012 年修订的《清洁生产促进法》中第二十七条明确规定,企业应当对生产和服务过程中的资源消耗以及废物的产生情况进行监测,并根据需要对生产和服务实施清洁生产审核。有下列情形之一的企业,应当实施强制性清洁生产审核:第一是污染物排放超过国家或者地方规定的排放标准,或者虽未超过国家或者地方规定的排放标准,但超过重点污染物排放总量控制指标的;第二是超过单位产品能源消耗限额标准构成高耗能的;第三是使用有毒、有害原料进行生产或者在生产中排放有毒、有害物质的。

(三)清洁生产审核思路

清洁生产审核的主要任务和总体思路是判明废物的产生部位、分析产生废物的原因、提出清洁生产解决方案以减少或消除废物。

1. 废弃物在哪里产生

通过现场调查和物料平衡找出废弃物的产生部位并确定产生量,这里的"废弃物"包括各种生产过程废弃物和排放物。

2. 为什么会产生废弃物

在实际运行中,就是从构成生产的八个主要方面(见图 9-3)来分析废弃物的产生,这样才能较系统地发现主要原因。

(1)原辅材料和能源 原材料和辅助材料本身所具有的特性,如毒性、难降解性等,在一定程度上决定了产品及其生产过程对环境的危害程度,因而选择对环境无害的原辅材料是清洁生产所要考虑的重要方面。同样,作为动力基础的能源,也是每个企业所必需的,有些能源在使用过程中直接产生废弃物,而有些则间接产生废弃物,因而节约能源、使用二次能源和清洁能源也有利于减少污染物的产生。

(2)技术工艺 生产过程的技术工艺水平基本上决定了废弃物的产生量和状态,先进且有效的技术可以提高原材料的利用效率，从而减少废弃物的产生，结合技术改造预防污染是实现清洁生产的一条重要途径。

（3）设备　设备作为技术工艺的具体体现，在生产过程中也具有重要作用，设备的适用性及其维护、保养情况等均会影响到废弃物的产生。

（4）过程控制　过程控制对许多生产过程是极为重要的，例如化工、炼油及其他类似的生产过程，反应参数是否处于受控状态并达到优化水平，对产品的得率和优质品的得率具有直接的影响，因而也就影响到废弃物的产生量。

（5）产品　产品的要求决定了生产过程，产品性能、种类和结构等的变化往往要求生产过程做出相应的改变与调整，因而也会影响到废弃物的产生。另外，产品的包装、体积等也会对生产过程及其废弃物的产生造成影响。

（6）废弃物　废弃物本身所具有的特性和所处的状态直接关系到它是否可现场再用与循环使用。"废弃物"只有当其离开生产过程时才称其为废弃物。

（7）管理　加强管理是企业发展的永恒主题，任何管理上的松懈均会严重影响到废弃物的产生。

（8）员工　任何生产过程无论自动化程度多高，从广义上讲，生产过程均需要人的参与，因而员工素质的提高及积极性的激励也是有效控制生产过程和废弃物产生的重要因素。

以上八个方面的划分并不是绝对的，虽然各有侧重点，但在许多情况下存在着相互交叉和渗透的情况，例如一套大型设备可能就决定了技术工艺水平；过程控制不仅与仪器、仪表有关系，还与管理及员工有很大的联系等。对于每一个废弃物产生源都要从以上八个方面进行原因分析，这并不是说每个废弃物产生源都存在八个方面的原因，它可能是其中的一个或几个。

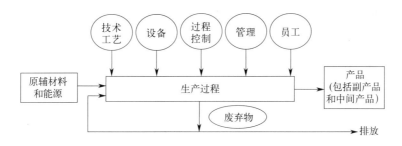

图 9-3　废弃物产生原因的八个方面

3．如何消除这些废弃物

针对每一个废弃物的产生原因，设计相应的清洁生产方案，方案可以是几个、几十个甚至上百个，通过实施这些清洁生产方案来消除废弃物的产生，从而达到节能、降耗、减污、增效的效果。

（四）清洁生产审核程序

我国清洁生产审核的工作程序包括七个阶段，即筹划与组织、预评估、评估、方案的产生和筛选、可行性分析、方案的实施和持续清洁生产等。清洁生产审核程序详见图 9-4。

1．筹划与组织

筹划与组织是企业进行清洁生产审核的第一阶段。

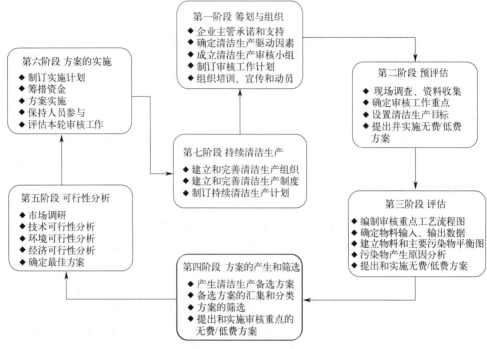

图 9-4 清洁生产审核程序

这一阶段首先是进行清洁生产审核的组织、宣传发动及前期准备，其中的重点是取得企业高层领导的支持和参与，领导的支持及承诺是清洁生产审核的关键。其次应当组建审核小组，获取企业组织的整体配合联动，以更加方便有效地开展审核工作。审核小组成立后，制订出一个比较详细的工作计划，这样才能使审核工作有条不紊地进行；同时还要进行清洁生产思想的宣传，运用电视广播、厂内刊物、黑板报、各种会议等手段进行清洁生产的宣传教育。宣传的内容包括清洁生产的作用、如何开展清洁生产审核、克服障碍、各类清洁生产方案成效等。

2. 预评估

预评估阶段的目的是在对企业生产的基本情况进行全面调查的基础上，通过定性和定量分析，确定清洁生产审核重点和企业清洁生产目标。这一阶段的工作重点是评价企业产污、排污状况，确定审核重点，并针对审核重点设置清洁生产目标。这一阶段的工作具体可以分为以下六个步骤，如图 9-5 所示。

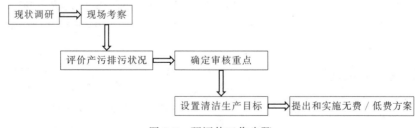

图 9-5 预评估工作步骤

（1）现状调研和现场考察　在确定清洁生产审核的对象和目标前，应对企业的情况进行全面调查，为下一步现场考察做准备。

① 现状调研的内容：a. 企业概况；b. 企业的生产状况；c. 企业的环境保护状况；d. 企业的管理状况。

② 现场考察：有时收集的资料数据不能反映企业当前的运行情况，因此需要进一步进行现场考察，为确定审核对象提供准确可靠的依据。同时，通过现场考察，发现明显的无/低费清洁生产方案。

进行现场考察应在正常的生产条件下进行。重点考察的内容包括：a. 能耗、水耗、物耗大的部位；b. 污染物产生排放多、毒性大、处理处置难的部位；c. 操作困难、易引起生产波动的部位；d. 物料的进出口处；e. 设备陈旧、技术落后的部位；f. 事故多发处；g. 设备维护情况；h. 实际的生产管理状况以及岗位责任制的执行情况。

（2）评价产污排污状况　在对比分析国内外同类企业产污排污状况的基础上，对本企业的产污原因进行初步分析，并评价执行环保法规情况。

（3）确定审核重点　通过对现状调研与现场考察的分析，可以确定本轮的审核重点。备选审核重点着眼于备选审核重点是否具有清洁生产潜力，特别是污染物产生排放超标严重的环节；物耗、能耗和水耗大的生产单元；生产效率低下，严重影响正常生产的环节等。在分析、综合各审核重点的情况后，要对这些备选审核重点进行科学排序，从中确定本轮审核重点。一般一次选择一个审核重点。常用的确定审核重点的方法是简单比较法及权重总和记分排序法。

（4）设置清洁生产目标　设置清洁生产目标时，应考虑与企业经营目标和方针相一致。清洁生产目标要定量化，具有灵活性、可操作性和激励作用。

（5）提出和实施无费/低费方案　企业存在一类只需少量投资或不投资、技术性不强，但很容易在短期内得到解决的方案，这类方案称为无费/低费方案。

3. 评估

该阶段的工作重点是实测输入输出物流，建立物料平衡，分析废物产生的原因，提出解决问题的思路。具体工作如图 9-6 所示。

（1）准备审核重点资料　该步骤需要由生产、环保、管理等部门协力配合；根据调研和现场考察所得的资料，可以绘制出审核重点的污染点工艺框图和工艺单元功能表，以清晰地表明整个工艺流程中各原辅材料、水和蒸汽的加入点，以及各废弃物的排放点。

（2）实测和编制物料平衡　测算物料和能量平衡是清洁生产审核工作的核心。实地测量和估算审核重点的物料与能量的输入输出以及污染物排放，建立物料和能量平衡，可准确判断审核重点的废物流，确定废物的数量、成分和去向，从而寻找审核重点的清洁生产机会。

（3）分析废物产生的原因　分析废物产生原因可从影响生产过程的 8 个方面（原辅材料和能源、技术工艺、设备、过程控制、产品、废弃物、管理和员工）进行分析。

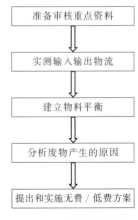

图 9-6　评估工作步骤

4. 方案的产生和筛选

这一阶段需要针对废物产生原因，提出多种方案。通过方案的产生、筛选、研制，为下一阶段的可行性分析提供足够的清洁生产方案。方案的产生是其中最关键的环节,主要在审核重点的基础上产生清洁生产方案。这一阶段的工作步骤如图9-7所示。

(1) 方案产生 清洁生产方案按其费用的多寡分为无费用方案、低费用方案、中费用方案和高费用方案四类。选择清洁生产方案时,要有针对性,根据物料平衡结果和废弃物产生原因的分析结果选择方案,与国内外同行业先进技术水平类比寻找清洁生产机会,组织行业专家进行技术咨询,选取技术突破点。

(2) 汇总及筛选方案 对收集的清洁生产方案,应进行筛选,合并类似的方案,最后整合出优化拟采用的各类方案。

(3) 方案编制 清洁生产方案编制时,应遵循系统性、综合性、闭合性、无害性和合理性等原则。在部分无/低费方案

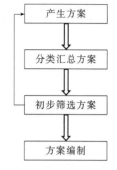

图9-7 方案的产生和筛选

已实施的情况下,审核小组应编写清洁生产中期审核报告,总结前面四个阶段的工作,把审核工作以及已取得的成效向企业领导和全厂职工汇报。

5. 可行性分析

对所筛选出来的中/高费清洁生产方案进行分析和评估,选择出最佳方案。分析和评估的原则是先进行技术评估,再进行环境评估,最后进行经济评估。只有通过了技术、环境评估的方案,方可进行经济评估。这一阶段的工作具体划分为以下几个步骤,如图9-8所示。

(1) 市场调查 市场调查主要是调查同类产品的市场需求、价格等,并预测今后的发展趋势。

(2) 技术可行性 技术可行性分析是对审核重点筛选出来的中/高费方案技术的先进性、适用性、可操作性和可实施性等进行分析。

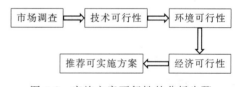

图9-8 实施方案可行性的分析步骤

(3) 环境可行性 对技术评估可行的方案,方可进行环境可行性分析。清洁生产方案应具有显著的环境效益,同时要强调在新方案实施后不会对环境产生新的破坏。

(4) 经济可行性 对技术评估和环境评估均可行的方案,再进行经济可行性分析。经济可行性分析是从企业角度,按照国内现行市场价格,对清洁生产方案进行综合性的全面经济分析,将拟选方案的实施成本与可能取得的各种经济收益进行比较,计算出方案实施后在财务上的获利能力和清偿能力,并从中选出投资最少、经济效益最佳的方案,为投资决策提供科学依据。

6. 方案的实施

这一阶段的任务是在总结前几个阶段已实施的清洁生产方案成果的基础上,统筹规划推荐方案的实施。在实施过程中,及时地进行跟踪评价,为调整、制定下一轮的清洁生产行动积累资料,同时,又可以使企业领导和职工及时了解清洁生产给企业带来的效益,使他们更积极主动地参与到清洁生产的活动中来。这一阶段的工作具体可以细分为四个步骤,如图9-9所示。

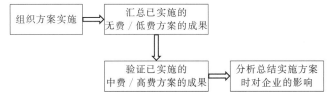

图 9-9　清洁生产方案的实施步骤

7. 持续清洁生产

因为清洁生产是一个相对的概念，相对于现阶段的生产情况，也许是清洁的，随着社会的发展和科技进步，现在的"清洁"可能会变成"不清洁"。因此，持续清洁生产应在企业内长期、持续地推行。

在该阶段应建立和完善清洁生产工作的组织机构，建立促进实施清洁生产的管理制度，制订持续清洁生产计划，以及编写本轮清洁生产审核报告。

清洁生产审核报告是审核完成后的总结文件及主要验收材料。审核报告应说明本轮清洁生产审核任务的由来和背景，说明清洁生产审核过程；总结归纳清洁生产已取得的成果和经验，特别是中/高费方案实施后所取得的经济效益、环境效益；发现并找出影响正常生产效率、影响经济效益、带来环境问题的不利环节、组织机构操作规范及管理制度方面存在的问题等，及时修正这些不利因素，使其适应清洁生产的需要，将清洁生产持续地进行下去。

第四节　环境管理体系

环境管理体系（environmental management system，EMS），根据 ISO 14001 的定义：环境管理体系是一个组织内全面管理体系的组成部分，它包括为制定、实施、实现、评审和保持环境方针所需的组织机构、规划活动、机构职责、惯例、程序、过程及资源，还包括组织的环境方针、目标和指标等管理方面的内容。

一、环境管理体系产生背景

当今社会环境问题已经危及了我们人类社会的健康生存和可持续发展，面对如此严峻的形势，人类开始考虑采取一种有效的办法来约束自己的行为。国际标准化组织（ISO）首先开始酝酿制定一套比较系统、完善的管理方法，目的是通过这些管理方法的实施，规范全球企业和社会团体等所有组织的环境行为，减少人类各项活动造成的环境污染，最大限度地节约资源、改善生态环境质量，保持环境与经济协调发展。

国际标准化组织（ISO）是世界上最大的非政府性国际标准化机构，它成立于 1947 年 2 月，主要从事各行业国际标准的制定，协调世界范围内的标准化工作，从而促进世界范围内各国贸易的友好往来以及文化、科学、技术和经济领域内的合作。ISO 标准都是文件化的协调一致的技术规定，各国的厂家及公司可用它们作为指南，确保原材料和产品符合规定与要求。国际标准的编制工作通常由 ISO 技术委员会进行。

20 世纪 90 年代以后，环境问题变得越来越严峻，ISO 对此做了非常积极的反应。1993

年6月，ISO成立了第207技术委员会（TC207），专门负责环境管理工作，主要工作目的就是支持国际环境保护工作，改善并维持生态环境的质量，减少人类各项活动所造成的环境污染，使之与社会经济发展达到平衡，促进经济的持续发展。其职责是在理解和制定管理工具与体系方面的国际标准及服务上为全球提供一个先导，主要工作范围就是环境管理体系的标准化。环境管理体系这个概念产生以后，经过了3年的发展与完善，达到了可以用标准来衡量的程度。于是ISO于1996年9月出台了两个国际标准——ISO 14001和ISO 14004，这是环境管理体系标准化发展史上的一个非常重要的里程碑。ISO 14000环境管理认证被称为国际市场认可的"绿色护照"，准入通过认证，无疑就获得了"国际通行证"，贯彻这一标准，有利于实现经济与环境协调统一，有利于实现可持续发展。

二、ISO 14000系列标准的主要内容

（一）ISO 14000简介

ISO 14000环境管理系列标准是国际标准化组织（ISO）环境管理标准化技术委员会（TC207）为支持环境保护而制定的一套重要的战略标准。ISO 14000标准涉及环境管理体系、环境审核、环境标志、生命周期评价等国际环境领域内的诸多焦点问题。旨在指导各类组织（企业、公司）取得和表现正确的环境行为。该系列标准共分七个部分，其标准号从14001至14100，共100个标准号，统称为ISO 14000系列标准。

ISO 14000系列标准目前包括以下七个部分：环境管理体系、环境审核、环境标志、环境行为评价、生命周期评价、术语及定义、产品标准中的环境指标。ISO 14000系列标准七部分组成及其对应标准号分配见表9-2。

表9-2 ISO 14000系列标准组成及标准号分配表

分委会	名 称	标 准 号
SC1	环境管理体系（EMS）	14001～14009
SC2	环境审核（EA）	14010～14019
SC3	环境标志（EL）	14020～14029
SC4	环境行为评价（EPE）	14030～14039
SC5	生命周期评价（LCA）	14040～14049
SC6	术语及定义（T&D）	14050～14059
WG1	产品标准中的环境指标（EAPS）	14060
	备用	14061～14100

（二）ISO14000组成部分

1. 环境管理体系（EMS）标准

标准号14001～14009。EMS标准是ISO 14000系列标准的核心，该系列标准主要规定了环境管理体系的要求，使组织能够依据法规要求和影响环境的重要信息制定其方针与目标，适用于组织能够控制或即使不能控制但仍能施加影响的环境因素。

目前已颁布的标准是ISO 14001和ISO 14004。

（1）ISO 14001《环境管理体系——规范及使用指南》，是ISO 14000系列标准中的核心标准。该标准已经在全球获得了普遍的认同，它要求组织在其内部建立并保持一个符合标准

的环境管理体系。该体系由环境方针、环境规划、实施与运行、检查和纠正、管理评审等五个基本要素构成，通过有计划地评审和持续改进的循环，保持组织内部 EMS 的不断完善和提高。

(2) ISO 14004《环境管理体系——原则、体系和支持技术通用指南》，简述了环境管理体系要素，为建立和实施环境管理体系，加强环境管理体系与其他管理体系的协调提供了可操作的建议和指导。它不是一项规范标准，只是作为组织内部管理的工具。

2．环境审核（EA）标准

标准号 14010～14019。EA 标准为组织自身和第三方认证机构对组织的 EMS 是否符合规定技术标准的评审提供了一套标准化的方法及程序，是进行认证及注册的依据。已颁布的标准有 ISO 14010、ISO 14011、ISO 14012。

(1) ISO 14010《环境审核指南——通用原则》，对环境审核及有关术语进行了定义，并阐述了环境审核通用原则，为有关组织、审核员和委托方就如何实现环境审核的一般原则提供指导。

(2) ISO 14011《环境审核指南——审核程序及环境管理体系审核》，提供了进行环境管理体系审核的程序，用于环境管理体系审核的策划和实施，以确定是否满足环境管理体系审核要求，对组织的环境管理活动进行监测和审计，使组织了解掌握自身环境管理现状，保障体系有效运转。

(3) ISO 14012《环境审核指南——环境审核员资格要求》，提供了关于环境审核员和主任审核员的资格评定要求，适用于内部审核员和外部审核员。

3．环境标志（EL）标准

标准号 14020～14029。通过环境标志对组织的环境表现加以确认，通过标志图形、说明标签等形式，向市场展示标志产品与非标志产品环境表现的差别，向消费者推荐有利于环保的产品，同时提高消费者的环境意识，形成强大的市场压力以期影响组织环境决策，改善组织环境表现，促进组织建立环境管理体系的自觉性。

ISO 14000 系列目前提出的环境标志标准共有三种类型：Ⅰ型环境标志为生态标志。由于该标志必定要从各个国家的国情出发，反映各国不同的环境意识，所以，这类标志会在各个国家之间出现较大的差异，很有可能成为技术壁垒。Ⅱ型环境标志为自我声明的信息标志。它是将组织的环境方针（政策）等信息以环境标签等方式向社会公开，即所谓的"自我声明"。Ⅲ型环境标志为产品质量标志。该标志是以数值指标的形式表达企业所生产产品的环境质量，由于国际上这方面的实践经验不多，在许多方面还缺乏市场的检验，所以实施的难度较大。

目前已颁布的标准有 ISO 14020、ISO 14021、ISO 14024 和 ISO 14025。

(1) ISO 14020《环境标志和声明通用原则》，为制定针对具体的现有类型的环境标志国际标准提供指南，并为环境标志的新设计提供帮助。不仅适用于第三方环境标志，还适用于制造商声明及标志新类型（如Ⅲ型环境标志），它为消费者提供某个产品或服务的环境因素的可靠信息，从而促使其发挥作用，最终达到环境改进的目的。

(2) ISO 14021《环境标志——Ⅱ型环境标志指南、术语和定义以及术语定义的使用》，Ⅱ型环境标志，即制造商自我声明。

(3) ISO 14024《环境标志——Ⅰ型环境标志原则和程序》，是授予型环境标志的原则和程序，以及与认证和符合性有关要求的说明，用于产品综合环境价值的第三方独立评审，旨在协调现存的各种制度。

（4）ISO 14025《环境标志——Ⅲ型环境标志原则和程序》，规定了实施Ⅲ型环境标志的指导原则和程序，Ⅲ型环境标志类似于食品营养标志，主要提供关于环境参数的信息。

4．环境行为评价（EPE）标准

标准号 14030~14039。通过组织的环境表现指数对组织的现场环境特征、具体排放指标、产品生命周期等环境表现及其影响进行评价，指导组织选择更为环保的产品以及防止污染、节约资源的管理方案，是环境管理体系建立和运行过程中，对组织的环境表现进行评价的系统管理手段。对于环境行为评价已颁布两个文件：ISO 14031《环境行为评价——导则》，ISO 14032《环境行为评价——产业规范指南》。环境行为评价具有指导、监督作用，不具有法制性。

5．生命周期评价（LCA）标准

标准号 14040~14049。实施产品生命周期评价，即产品从取得原材料，经生产、使用直至处理的全过程中每一环节，进行资源消耗和环境影响评价。旨在从根本上解决资源合理配置和环境污染问题。

对于产品生命周期评价现已产生四个文件，即 ISO 14040《生命周期评价——原理与实践》、ISO 14041《生命周期评价——存量分析》、ISO 14042《生命周期评价——影响评估》、ISO 14043《生命周期评价——评价与发展》。

6．术语及定义（T&D）标准

标准号 14050~14059。主要是对环境管理的术语进行汇总和定义，为环境管理的原则、方法、程序及特殊因素处理提供指南。

7．产品标准中的环境指标（EAPS）

标准号 14060，为产品标准制定者提供指南，最大限度地消除产品标准要求的对环境产生不利的影响。

此外，ISO/TC207 备用标准号 14061~14100，作为待开发项目号，其主要工作领域为环境管理工具和体系的标准化。

三、ISO 14000 系列环境标准体系的运行模式

ISO 14000 系列标准突出了"全面管理、预防污染、持续改进"的思想。ISO 14001《环境管理体系——规范及使用指南》作为 ISO 14000 系列标准中最重要也是最基础的一项标准，站在政府、社会、采购方的角度对组织的环境管理体系提出了共同的要求，以有效地预防与控制污染，并提高资源与能源的利用效率。ISO 14001 是组织建立与实施环境管理体系和开展认证的依据。

ISO 14001 标准由环境方针、环境规划、实施与运行、检查和纠正、管理评审等 5 个部分的 17 个要素构成。各要素之间有机结合，紧密联系，形成 PDCA（P 指 plan，计划；D 指 do，实施；C 指 check，检查；A 指 action，评审改进）动态循环的管理体系，并确保组织的环境行为持续改进。这五个部分的运行模式见图 9-10。

可见，这五大部分将一个环境管理体系紧密联系在一起。在环境方针的指导下制定实施

方案并监测其运行状况，达到所制定的目标，再通过管理评审进一步改进提高。这些步骤相辅相成，共同保证了体系的有效建立与实施。再加上持续改进的原则，就构成了螺旋式上升和动态循环的环境管理体系模式，并确保组织的环境行为持续改进。

四、ISO 14000系列环境标准体系的特点

ISO 14000系列标准对改善组织的环境行为具有持续作用，它向各国及组织的环境管理部门提供了一整套实现科学管理、体现市场条件下环

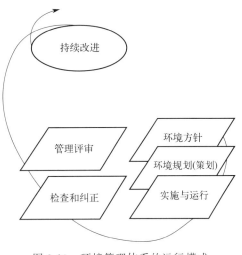

图9-10　环境管理体系的运行模式

境管理的思路和方法，它与以往的环境排放标准和产品技术标准有很大的不同，具体有以下特点。

1. 标准的自愿性

ISO 14000系列标准的基本思路是引导建立起环境管理的自我约束机制，企业进行自身环境管理的动力逐渐由政府的强制管理转向社会的需求、相关方和市场的压力。ISO 14000系列标准正是为了适应这种环境管理的主动自愿形式和满足企业环境管理的需要而设计与制定的标准，以为企业提供自我约束的手段，从最高领导到每个职工都以主动、自觉的精神处理好与改善环境绩效有关的活动，并进行持续改进。

2. 广泛的适用性

ISO 14000系列标准在许多方面借鉴了ISO 9000系列标准的成功经验。ISO 14000系列标准适用于任何类型与规模的组织，并适用于各种地理、文化和社会条件，既可用于内部审核或对外的认证、注册，也可用于自我管理。该系列标准的应用领域也是广泛的，涵盖了组织的各个管理层次，可用于产品的设计开发、绿色产品的优选、产品包装设计等。

3. 灵活性

ISO 14000系列标准除了要求组织对遵守环境法规、坚持污染预防和持续改进做出承诺外，再无硬性规定。标准仅提出建立体系，以实现方针、目标的框架要求，没有规定必须达到的环境绩效，而把建立绩效目标和指标的工作留给组织，既调动组织的积极性，又允许组织从实际出发量力而行。标准的这种灵活性中体现出合理性，使各种类型的组织都有可能通过实施这套标准达到改进环境绩效的目的。

4. 兼容性

在ISO 14000系列标准中，针对兼容问题有许多说明和规定。如ISO 14000标准的引言中指出"本标准与ISO 9000系列质量体系标准遵循共同的体系原则，组织可选取一个与ISO 9000系列相符的现行管理体系，作为其环境管理体系的基础"。这些表明，对体系的兼容或一体化考虑是ISO 14000系列标准的突出特点，是TC207的重大决策，也是正确实施这一标准的关键问题。

5. 全过程预防

"预防为主"是贯穿 ISO 14000 系列标准的主导思想。在环境管理体系框架要求中,最重要的环节便是制定环境方针,要求组织领导在方针中必须承诺污染预防,并且还要把该承诺在环境管理体系中加以具体化和落实,体系中的许多要素都有预防功能。

6. 持续改进原则

持续改进是 ISO 14000 系列标准的灵魂,也是组织追求的一个永恒目标。ISO 14000 系列标准总的目标是支持环境保护和污染预防,协调它们与社会需求和经济发展的关系。这个总目标要通过各个组织实施这套标准才能实现。就每个组织来说,无论是污染预防还是环境绩效的改善,都不可能一经实施这个标准就得到圆满的解决。一个组织建立了自己的环境管理体系,并不能表明其环境绩效如何,只是表明这个组织决心通过实施这套标准,建立起能够不断改进的机制,通过坚持不懈地改进,实现自己的环境方针和承诺,最终达到改善环境绩效的目的。

7. 标准的完整性

ISO 14000 系列标准包含环境管理体系、环境审核、环境标志、生命周期评价等若干个子系统,以生命周期污染预防的思想为主线,将各子系统联系起来,形成一个完整的环境管理系统。环境管理体系标准是核心,它不以单一的环境要素为对象,而是以环境管理体系为对象,特别注重标准体系的完整性和符合性,即"体系"是否运行良好,组织是否符合现行法律、法规的要求,其行为是否与其承诺一致,组织是否不断改进等。通过环境审核标准,对环境管理体系进行审核,使其不断持续改进;通过生命周期评价、环境标志为组织从根本上减少资源浪费和环境污染提供理念与支持。ISO 14000 系列标准中的所有标准都是为了使组织行为符合环境要求。

因此,ISO 14000 系列标准的推行,既有利于企业自身发展,又造福于社会,它提供了一种国际共同接受的管理模式。它的应用为企业微观环境管理提供了一套标准化的模式,为各类企业走向国际市场打开了绿灯。

五、实施 ISO 14000 环境管理体系认证对企业的作用

企业实施 ISO 14000 系列标准的目的就是规范企业的管理行为,使之建立并保持自我约束、自我调节、自我完善的运行机制,向全社会展示企业在环境保护、节约资源、协调环境与发展的关系、坚持走可持续发展道路等方面的宗旨。实施 ISO 14000 认证的主要作用体现在以下几个方面。

① 实施 ISO 14000 系列标准有利于提高企业形象和市场份额,获得竞争优势,促进贸易发展。企业建立 ISO 14000 环境管理体系,能带来环境绩效的改变,在公众的心目中形成良好的形象,使企业及产品的感知和认同度提高。随着全球环境意识的日益高涨,绿色产品、绿色产业优先占领市场,从而获得较高的竞争力,提高了企业形象,取得了显著的经济效益。企业获得了 ISO 14000 的认证,就如同获得了一张打入国际市场的"绿色通行证",从而避开发达国家设置的"绿色贸易壁垒"。

② 增加企业的链式效应。ISO 14000 系列标准中规定,实施认证的组织要对自己的相关方施加影响,即获得认证的企业要求相关方实施环境管理体系认证。现在一些获得认证的企业已开始对自己的供货方提出了这方面的要求,例如美国通用汽车公司要求所有供应商必须在 2002 年 12 月 31 日前获得 ISO 14000 证书。ISO 14000 环境管理体系的认证已经或正在

成为市场准入的条件之一。

③ 优化企业成本，增加产品生态环境效益。传统企业对污染通常采用末端治理的方式，企业采用额外的补救行动和付出高昂的代价来处理处置废物，这往往使所得的效益与花费的财力和物力不成正比。而 ISO 14001 系列标准所倡导的污染预防和持续改进的思想，鼓励企业从产品生命周期的全过程预防和控制污染，通过源头削减、清洁生产等手段实现环境效益和经济效益的统一。

④ 推动了清洁生产技术的应用，节能降耗，合理配置和利用资源。在 ISO 14000 系列标准中，不仅要求识别有关环境污染方面的环境因素，而且还要识别能源和原材料使用方面的环境因素。因此企业在建立环境管理体系中，应对本企业的能源消耗和主要材料的消耗进行分析，并针对存在的问题制定措施，提高能源或资源的利用水平，这些工作也推动了清洁生产技术的发展。

⑤ 实施 ISO 14000 系列标准有利于实现推动企业经济增长方式从粗放型向集约型的转变。实施环境管理体系过程是对企业的环境影响状况、资源与能源利用状况等方面的环境因素的一次全面的、系统的调查和分析的过程。该系列标准要求企业从产品开发设计、制造、流通（包装运输）使用、报废处理到再利用的全过程进行环境管理与控制，使产品从"摇篮到坟墓"的全流程都符合环境保护的要求，以最小的投入取得最大的环境效益和经济效益。

⑥ 实施 ISO 14000 系列标准有利于减少环境风险和各项环境费用（投资、运行费、赔罚款、排污费等）的支出，从而达到企业环境效益与经济效益的协调发展，为实现可持续发展战略创造了条件。

可见，ISO 14000 系列标准的实施，能推动企业更好地贯彻执行环境管理法律、法规及国家、地方规定的排放标准，提高企业的环境管理水平，推动清洁生产技术工艺的应用，强调全过程控制，有针对性地改善企业的环境行为，从而降低成本、节约能源、资源，减少污染物的排放量。实施 ISO 14000 系列环境管理标准的目的是使企业的管理水平在原有基础上跨上一个新台阶，以期达到对环境的持续改进，切实做到经济发展与环境保护同步进行，走可持续发展的道路。

六、清洁生产与 ISO 14000 环境管理体系

清洁生产是指以节约能源、降低原材料消耗、减少污染物的排放量为目标，以科学管理、技术进步为手段，目的是提高污染防治效果，降低污染防治费用，消除或减少工业生产对人类健康和环境的影响。因此，清洁生产可以理解为工业发展的一种目标模式，即利用清洁的能源和原材料，采用清洁的生产工艺技术，生产出清洁的产品。同时，实现清洁生产，不是单纯从技术、经济角度出发来改进生产活动，而是从生态经济的角度出发，根据合理利用资源、保护生态环境的原则，考察工业产品从研究、设计、生产到消费的全过程，以期协调社会和自然的相互关系。

ISO 14000 系列标准是集近年来世界环境管理领域的最新经验与实践于一体的先进体系，与其他环境质量标准、排放标准完全不同，它是自愿性的管理标准，为各类组织提供了一整套标准化的环境管理方法。ISO 14000 环境管理体系旨在指导并规范企业（及其他所有组织）建立先进的体系，引导企业建立自我约束机制和科学管理的行为标准。它适用于任何规模与组织，也可以与其他管理要求相结合，帮助企业实现环境目标与经济目标。

清洁生产与 ISO 14000 环境管理体系是从经济-环境协调可持续发展的角度提出的新思

想、新措施，是20世纪90年代环境保护发展的新特点，但它们之间有很大的差别。

（1）侧重点不同　清洁生产着眼于生产本身，以改进生产、减少污染产出为直接目标。而ISO 14000系列标准侧重于管理，强调标准化的、集国内外环境管理经验于一体的、先进的环境管理体系模式。

（2）实施目标不同　清洁生产是直接采用技术改造，辅以加强管理。而ISO 14000系列标准是以国家法律法规为依据，采用优良的管理，促进技术改造。

（3）审核方法不同　清洁生产中以工艺流程分析、物料和能量平衡等方法为主，确定最大污染源和最佳改进方法。ISO 14000系列标准中则侧重于检查企业自我管理状况，审核对象有企业文件、现场状况及记录等具体内容。

（4）产生的作用不同　清洁生产向技术人员和管理人员提供了一种新的环保思想，使企业环保工作重点转移到生产中来。ISO 14000系列标准为管理层提供一种先进的管理模式，将环境管理纳入其他的管理之中，让所有的职工意识到环境问题并明确自己的职责。

由此可见，清洁生产虽然已强调管理，但技术含量较高；环境管理体系强调污染预防技术的采用，但管理色彩较浓。两者共同体现了治理污染预防为主的思想，相辅相成，互相促进。ISO 14000系列标准为清洁生产提供了机制、组织保证；清洁生产为ISO 14000提供了技术支持。为使两者更好地结合，政府和有关部门要做一些推动企业积极进行清洁生产的工作，包括制定鼓励企业开展清洁生产的政策导向、技术导向，编制工业清洁生产指南，提供先进技术与管理信息，加强培训、宣传、教育等，同时要参照ISO 14000系列标准，建立起符合我国国情的标准体系，使它与清洁生产有机结合起来。

思考题

1. 什么是清洁生产？它包括哪些主要内容？
2. 什么是清洁生产审核？清洁生产审核的工作程序分为哪几个阶段？各阶段的主要工作内容和工作重点是什么？
3. 如何理解循环经济的概念和内涵？
4. 比较循环经济与传统经济，并分析说明循环经济的优势。
5. 循环经济的三大操作原则是什么？
6. 什么是ISO 14000系列环境管理标准？为什么说环境管理体系模式是一个持续改进的过程？
7. ISO 14000系列标准的主要内容是什么？
8. ISO 14000系列标准的特点有哪些？
9. 实施ISO 14000环境管理体系认证对企业有什么作用？

ISO 14001标准的主要内容

拓展阅读

第十章

产品层面的环境管理

产品是环境管理的基本要素，而产品层面的环境管理主要是从管理的协调职能出发，重点研究单个产品及其在生命周期不同阶段的环境影响，并通过面向环境的产品设计，来协调发展与环境的矛盾。

第一节 产品生态设计

一、产品生态设计的基本思想

传统的产品设计主要是考虑市场消费需求、产品质量、成本、利润、制造技术的可行性等因素，是以人为中心，从满足人的需求和解决问题为出发点进行的，而无视后续的产品生产及使用过程中的资源和能源消耗以及对环境的影响。产品使用过后，对废弃物缺乏处理处置及再生利用的方法，从而造成严重的资源浪费和环境污染。因此，传统的产品开发设计的理念与方法必须进行改革和创新。产品生态设计是20世纪90年代初提出的关于产品设计的新概念，它要求在产品及其生命周期全过程的设计中，充分考虑对资源和环境的影响，在考虑产品的功能、质量、开发周期和成本的同时，优化各有关设计因素，实现可拆解性、可回收性、可维护性、可再用性等环境设计目标，使产品及其制造过程对环境的总体影响减到最小，资源利用效率最高。因此，生态设计的最终目标是要寻找到更优化、更合理的产品设计方案，设计出既能满足人的需求的新产品，又能持续减少产品生产及消费后全过程对环境的影响。产品生态设计的出现是可持续发展思想在全球得到共识与普及的结果。

二、产品生态设计的概念

产品的生态设计，也称绿色设计或生命周期设计或环境设计，它是一种以环境资源为核心概念的设计过程。生态设计是指将环境因素纳入产品设计之中,在产品生命周期的每一个环节都考虑其可能产生的环境影响,并通过改进设计使产品的环境影响降低到最小程度,最终引导产生一个更具有可持续性的生产和消费系统。

产品生态设计从保护环境角度考虑,能减少资源消耗,可以真正地从源头开始实现污染预防。这样的设计理念不但改变了传统的产品生产模式,也将改变现有的产品消费方式,构筑了新的生产和消费系统。从商业角度考虑,可以降低企业的生产成本,减少企业潜在的环境风险,提高企业的环境形象和商业竞争能力。

三、产品生态设计的原则

产品生态设计的实施要考虑从原材料选择、设计、生产、营销、售后服务到最终处置的全过程,是一个系统化和整体化的统一过程。在进行生态设计时,应遵守以下原则。

1. 选择环境影响小的材料

减少产品生命周期对环境的影响就应该优先考虑原材料的选择,材料的选择应遵循以下原则。

① 尽量避免使用或减少使用有毒有害的原材料和能源。
② 使用可更新的材料,尽可能少用或不用诸如化石燃料、矿产资源等不可更新的材料。
③ 选择使用在提炼和生产过程中能耗低的原材料。
④ 选择可再循环的材料,即产品使用过后可以被再次使用的材料,这类材料的使用可以减少对初级原材料的使用,节省能源和资源,但需要建立完善的回收机制。

2. 减少材料的使用量

产品设计尽可能减少原材料的使用量,用量越少,成本和环境优越性越大,从而实现节约资源,并减少运输和储备的空间,减轻由运输带来的环境压力,如产品的折叠设计可以减少对包装物的使用及减少用于运输和储藏的空间。

3. 优化生产技术

生态设计要求生产技术的实施尽可能减少对环境的影响,包括减少辅助材料的使用和能源的消费,将废物产生量控制在最小值。通过清洁生产技术的实施,改进生产过程,不仅实现公司内部生产技术的最优化,还应要求供应商一同参与,共同改善整个供应链的环境绩效。生产技术的最优化可以通过以下方式实现。

① 生产技术的替代。选择需要较少有害添加剂和辅助原料的清洁技术,或选择产生较少排放物的技术以及能最有效利用原材料的技术。
② 通过技术上的改进减少不必要的加工工序,简化工艺流程。
③ 选择能耗小和消费清洁能源的技术。例如鼓励生产部门使用天然气、风能、太阳能和水电等可更新的能源及采用提高设备能源效率的技术等。
④ 减少废物产生和排放。通过改进设计及实现公司内部循环使用生产废弃物等方法来实现废物的源头减量化。
⑤ 生产过程的整体优化,降低生产过程中的环境影响。包括通过生产过程的改进,使废物在特定的区域形成,从而有利于废物的控制和处置以及清洁工作的进行;加强公司的内部管理,建立完善的循环生产系统,提高材料的利用效率。

4. 更优化的营销系统

这一战略追求的是确保产品以更有效的方式从工厂输送到零售商和用户手中，这往往与包装、运输和后勤系统有关。具体措施如下。

① 减少包装的使用，实现包装材料的回收与再循环，以减少包装废物的生成，节约包装材料的使用和减轻运输的压力。例如建立有效的包装回收机制和减少聚氯乙烯（PVC）包装物的使用，以及在保证包装质量的同时，尽可能减少包装物的重量和尺寸等。

② 选择能源消耗少、环境污染小的运输模式。由于陆地运输的环境影响大于水上运输，汽车运输的环境影响大于火车运输，而飞机运输的环境影响是最大的，因此，在可能的情况下，尽量选择对环境影响小的运输方式。

③ 防止运输过程中发生洒落、溢漏和泄出，确保有毒有害材料的正确装运。

④ 选择高效的、更有效利用能源的后勤系统，包括要求采购部尽可能在本地寻找供应商，以避免长途运输的环境影响；尽可能同时大批量出货，避免单件小批量运输，采用标准运输包装，提高运输效率。

5. 减少消费过程的环境影响

有些产品的环境负荷集中在其使用阶段（如车辆等运输工具、家用电器、建筑机械等），因此，应该通过生态设计的实施尽可能减少产品在使用过程中造成的环境影响。要注重产品的节电、省油、节水、降噪设计。产品设计应使用户更为有效地使用产品和减少废物的产生，具体措施如下。

① 降低产品使用过程的能源消耗。

② 设计产品以风能、太阳能、地热能、天然气、低硫煤等清洁能源为驱动，减少环境污染物的排放。

③ 产品使用过程减少易耗品的使用，或通过设计上的改进使消费清洁的易耗品成为可能。

④ 通过清晰的指令说明和正确的设计，减少资源的损耗和废物的产生。

6. 延长产品生命周期

产品生命周期的延长是生态设计原则中最重要的内容，通过产品生命周期的延长，可以避免产品过早地进入处置阶段，提高产品的利用效率。延长产品使用周期可采取如下措施。

① 加强耐用性。经久耐用能延长产品的使用寿命。但是，耐用性只能适当提高，超过期望使用寿命的产品设计将造成不必要的浪费，那些以日新月异的技术开发出来的产品，很快会因技术进步而被淘汰，没有必要去设计太长的使用寿命。对于这类产品，强调适应性是更好的策略。

② 加强适应性。一个适用的设计允许不断修改或具备几种不同的功能。保证产品适应性的关键是尽量采用标准结构，这样可通过更换更新较快的部件使产品升级。通过设计努力使产品的标准化程度增加，在部分部件被淘汰时，可以通过及时更新从而延长整个产品的生命周期。

③ 提高可靠性。简化产品的结构、减少产品的零部件数目能提高设计的可靠性。因此，应提倡"以简为美"的设计原则。

④ 易于维修保养。易于维护可以延长产品的使用寿命。可以通过设计和生产工艺上的改进减少维护或使维护及维修更容易实现。此外,建立完善的售后服务体系和对易损部件的清晰标注也是必要的。

⑤ 组件式的结构设计。可以通过局部更换损坏的部件延长整个产品的使用寿命。

⑥ 用户精心使用,不违法使用,注意维修保养。

7. 优化产品的报废及处置系统

① 产品的再利用。要求产品作为一个整体尽可能保持原有性能,并建立相应的回收和再循环系统,以发挥产品的功能或为产品找到新的用途。

② 再制造和再更新。不适当的处置会浪费本来具有使用价值的元部件,通过再制造和再更新可以使这些元部件继续发挥原有的作用或为其找到新的用途,这要求设计过程中不但要考虑装配方便,亦要考虑应用标准元部件和易拆解的连接方式,应尽量减少使用黏结、铆焊等手段。

③ 材料的再循环。由于投资小、见效快,再循环已成为一个常用原则。设计上的改进可以增加可再循环材料的使用比例,从而减少最终进入废物处置阶段材料的数量,节省废物处置成本,并通过销售或利用可再循环材料带来经济效益。

④ 清洁的最终处置。当无法进行再利用和再循环时,可以对废物采取物理、化学、生物等处理手段,对其进行减量化、资源化、无害化的处理与处置,例如可以采用焚烧、填埋、堆肥化等处置方法。但需要注意处置的正确方式,应避免或减少有害废物向环境中的排放。

产品的生态设计首先是一种观念的转变,在传统设计中,环境问题往往作为约束条件看待,而生态设计是把产品的环境属性看作设计的机会,将污染预防与更好的物料管理结合起来,从生产领域和消费领域的跨接部位上实施清洁生产,推动生产模式和消费模式的转变。

产品生态设计的原则和方法不但适用于新产品的开发,同时也适用于现有产品的重新设计。

四、产品生态设计的方法与步骤

产品生态设计方法和步骤包括四个阶段,即产品生态识别、产品生态诊断、产品生态定义和产品生态评价。如图10-1所示。

五、产品生态管理

ISO 14000 环境管理体系是产品生态管理的重要标准,产品生态管理涉及产业生态领域中产品的设计、生产、销售、维护及回收的各个方面,管理方法也不尽相同。以表10-1中几个典型的例子来说明产品生态管理。

第十章　产品层面的环境管理

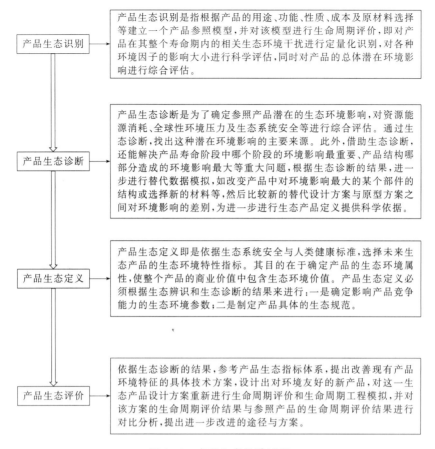

图 10-1　产品生态设计流程

表 10-1　产品生态管理典型案例

公司	环境问题	管理措施	实例说明
施乐公司	噪声,热辐射,粉尘,臭氧排放,安全性,人体工程学,动力消耗,电磁排放和磁化率等	①从客户手里回收那些已不能使用的设备和零部件,并以各种各样的方式进行再加工;②进行产品生命周期所有阶段的环境影响评价,既包括产品制造过程,也涉及产品的设计与开发中心,以及后勤与来自世界各地的销售和服务经营等;③推行"为环境而设计"原则与废物最少化计划,使资产利用最大化;④在全球基础上实施供应商环境评价计划,以确保供应商保持与该公司一致的目标;⑤在开发新技术与材料时,经常关注行业环境标准等;⑥通过利用施乐环境纸和再循环纸,把无废物的思想引入办公室,并引进分离和再循环技术、塑料杯和饮料罐再循环技术以及采用综合性节能措施和技术	①建立综合供应链。首先,对再制造产品设备提供与新产品相同的行业独特的三年"满意保证";其次,开展各种公开交流和环境宣传活动,宣传产品质量的可靠性和合理性,同时指出未来产品报废后处置的新方向。②零部件在各产品系列之间尽可能予以统一和标准化,从而简化和优化了重复利用。很多零件都设计成咬合或螺纹连接,而不是焊接或胶合,以更易于维修和再制造。③20世纪70年代首先引进的节能运行方式和双面复印,已成为今天复印的基本要求
航空公司	噪声,废气排放,空中交通拥挤,能源、水和其他材料、燃料的大量消耗等	①发动机技术和飞机技术的进展使所产生的噪声大大降低;②更加严格地控制机场附近土地的使用;③积极改进操作规程以降低噪声影响;④各国政府及其空中交通控制等有关机构协同行动,研究长远的拥挤问题	①如伦敦希思罗机场周围受航空噪声影响的人数下降了近75%;②英国航空公司正在与曼彻斯特机场进行有关引进噪声监测系统的讨论;③逐步用双引擎飞机替代老式飞机

续表

公司	环境问题	管理措施	实例说明
旅馆	废物多,水电等消耗大,空气质量低,噪声较大等	①废物管理、节能节水、水质控制、室内空气质量以及噪声控制等;②重复利用灌装的瓶、布质毛巾和洗衣袋、可洗涤的餐巾和可再充电的电池等;③制造商、供应商也应保证物品的可再循环性;④建立标准程序对主要能源和水的消耗设备或环节诸如锅炉、制冷机、冷却塔和空调设备进行检测;⑤要使资源(人员、设备、公用设施)的使用与时间、季节、占有率、天气的变化匹配;⑥采取具体的节能措施,如按实际负荷运行制冷机、锅炉、泵和冷却塔设备,按每日、每周或假日经营来安排采暖、通风和空调系统等	常见可再循环物品及其制成品有:铝(用于制造铝产品,包括罐头包装);高级纸(用于制作纸盒板、薄纱纸、印刷纸、书写纸、报纸、衬里纸板、白账簿纸、有色账簿纸、混合办公纸、其他混合纸等);食品和有机材料(可用于草地与花园的土壤调节剂)

第二节 生命周期评价

随着产品生产及消费过程中的资源和能源的消耗,对生态环境影响的不断加重,人们的环境保护意识愈加提高,希望建立一些方法,进一步了解和认识产品生产与消费中可能伴随的环境影响。生命周期评价就是出于这一目的而发展起来的方法。生命周期评价是分析贯穿产品生命全过程(即"从摇篮到坟墓"),即从获取原材料、生产、使用直至最终处置的环境因素和潜在影响。需要考虑的环境影响类型包括资源利用、人体健康和生态后果。生命周期评价的目的就是为企业的环境管理和产品认证提供关于产品整个生命周期内的环境问题评估。

一、生命周期评价的概念及特性

1. 生命周期评价的概念

生命周期评价(life cycle assessment,LCA)起源于1969年,美国中西部研究所受可口可乐公司委托,对饮料容器从原材料采掘到废物最终处理的全过程进行跟踪与定量分析。生命周期评价已经纳入ISO 14000环境管理系列标准,成为国际上环境管理和产品设计的一个重要支持工具。根据ISO 14040:2006的定义,生命周期评价是指对一个产品系统的生命周期中输入、输出及其潜在环境影响的汇编和评价,具体包括互相联系、不断重复进行的四个步骤,即目标与范围的定义、清单分析、影响评价和结果解释。

生命周期评价是一种用于评估与产品有关的环境因素及其潜在影响的技术。生命周期评价的过程中,首先辨识量化整个生命周期阶段中能量和物质的消耗以及环境释放,然后评价这些消耗和释放对环境的影响,最后辨识和评价减少这些影响的机会。其做法包括:编制产品系统中有关输入与输出的清单;评价与这些输入输出相关的潜在环境影响;解释与研究目的相关的清单分析和影响评价结果。生命周期评价研究的范围、边界和详细程度取决于研究的对象与应用意图。研究的深度和广度在很大程度上取决于具体的研究目的。但在所有情况下，都应遵循标准规定的原则和框架。生命周期评价一般不涉及产品的经济或社会因素。

2. 生命周期评价的特性

生命循环的概念是生命周期评价方法最基本的特性之一，是全面和深入地认识产品环境影响的基础，是得出正确结论和做出正确决策的前提。也正是由于生命循环概念在整个方法中的重要性，这个方法才以生命循环来命名。从评估对象的角度来说，生命周期评价是一种评价产品在整个生命周期中造成的环境影响的方法。

生命周期评价方法作为一种环境管理工具，与其他的行政和法律管理手段不同，它有自身的特点。首先，生命周期评价方法不是要求企业被动地接受检查和监督，而是鼓励企业发挥主动性，将环境因素结合到企业的决策过程中。其次，生命周期评价建立在生命循环概念和环境编目数据的基础上，从而可以系统地、充分地阐述与产品系统相关的环境影响，进而才可能寻找和辨别环境改善的时机与途径。这体现了环境保护手段由简单粗放向复杂精细发展的趋势。

二、生命周期评价的技术框架

根据 ISO 14040 标准即《环境管理——生命周期评价——原则与框架》的定义，生命周期评价具体包括互相联系、不断重复进行的四个步骤，即目标与范围的定义、清单分析、影响评价和结果解释，如图 10-2 所示。

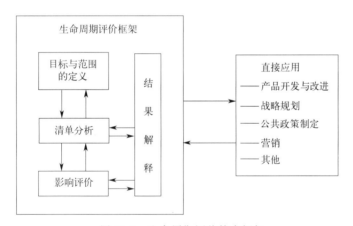

图 10-2　生命周期评价技术框架

1. 目标与范围的定义

该阶段是生命周期评价研究中的第一步，也是最关键的部分。目标定义是要清楚地说明开展此项生命周期评价的目的和意图，以及研究结果的可能应用领域。研究范围的确定要足以保证研究的广度、深度与要求的目标一致。生命周期评价是一个反复的过程，可能需要对研究范围进行不断地调整和完善。在数据和信息收集过程中，可能修正预先确定的范围来满足研究的目标。

2. 清单分析

清单分析是量化和评价所研究的产品、工艺或活动整个生命周期阶段资源与能源使用以及环境释放的过程。一种产品的生命周期评价将涉及其每个部件的所有生命阶段，这包括从地球采集原材料和能源，把原材料加工成可使用的部件，中间产品的制造，将材料运输到每一个加工工序，所研究产品的制造、销售、使用和最终废弃物的处置等过程。

清单分析首先是对所研究系统中的输入和输出数据建立清单，以此来量化产品系统中的相关输入和输出。一般是根据目标与范围定义阶段所确定的研究范围建立生命周期模型，做好数据收集准备。然后进行单元过程数据收集，并根据数据收集进行计算汇总得到产品生命周期的清单结果。

3. 影响评价

影响评价阶段实质上是对清单分析阶段的数据进行定性或定量排序的一个过程。这一过程将清单数据转化为具体的影响类型和指标参数，更便于认识产品生命周期的环境影响。此阶段还为生命周期结果解释阶段提供必要的信息。影响评价目前还处于概念化阶段，还没有一个达成共识的方法。国际标准化组织、美国"环境毒理学和化学学会"以及美国环保署都倾向于将影响评价定为一个"三步走"的模型，即分类、特征化和量化（加权评估）。

① 分类是将清单中的输入和输出数据组合成相对一致的环境影响类型。影响类型通常包括资源耗竭、生态影响和人类健康三大类，在每一大类下又有许多亚类。生命周期各阶段所使用的物质和能量以及所排放的污染物经分类整理后，可作为胁迫因子，在定义具体的影响类型时，应该关注相关的环境过程，这样有利于尽可能地根据这些过程的科学知识来进行影响评价。

② 特征化是在每种环境影响类型内部对数据进行处理和分析，进而反映该影响类型特征的过程。该阶段的主要任务包括数据标准化和数据模型化两步。标准化通常采用一个标准对数据进行标准化。模型化即采用模型对环境干扰因子的影响大小进行数据合并，最终用一个量值来表述对环境影响的大小。

③ 量化（加权评估）是指根据一定的加权方法，确定不同环境影响类型的相对严重性程度，对标准化后的环境影响进行修正。数据经特征化后，仅仅表征了某种环境影响类型的相对大小，并不能说明环境影响的严重性。而且特征化过程得到的清单数据反映的是不同影响类型的贡献大小，但无直接联系，很难在各类影响类型之间进行比较，还必须确定不同影响类型的权重，权衡各类环境影响的重要性。

4. 结果解释

结果解释的目的是根据生命周期评价前几个阶段的研究或清单分析的发现，以透明的方式来分析结果、形成结论、解释局限性、提出建议并报告生命周期解释的结果，尽可能提供对生命周期评价研究结果的易于理解的、完整的和一致的说明。根据 ISO 14043 的要求，生命周期结果解释主要包括三个要素，即识别、评估和报告。识别主要是基于清单分析和影响评价阶段的结果识别重大问题；评估是对整个生命周期评价过程中的完整性、敏感性和一致性进行检查；报告主要是得出结论，提出建议。目前清单分析的理论和方法相对比较成熟，影响评价的理论和方法正处于研究探索阶段，而改进评价的理论和方法目前研究较少。

三、生命周期评价的应用领域

作为新的环境管理工具和预防性的环境保护手段，生命周期评价主要应用在通过确定和定量化研究能量、物质利用及废弃物的环境排放来评估一种产品、工序、生产活动造成的环境负载，评价能源、材料利用和废弃物排放的影响以及评价环境改善的方法。

清洁生产、绿色产品、生态标志的提出和发展将会进一步推动生命周期评价的发展。目前，各国政策重点从末端治理转向控制污染源、进行总量控制，这在一定程度上反映了现有法规制度无法单独承担对环境和公共卫生造成的危机，从另一侧面也反映了生命周期评价将成为未来制定环境问题长期政策的基础。生命周期评价反映了现有环境管理已转向各类污染源最小化、排放最小化、负面影响最小化的管理模式，这对实现可持续发展战略具有深远的意义。

第三节　产品环境标志

随着人们对环境问题感受的加深和认识的提高，对环境的关注已不再局限于产品的生产过程，而正在逐步地扩大到产品的整个生命周期，需要改变生产模式、消费模式和商贸模式。绿色消费运动反映了公众环境意识的提高，消费者乐于把自己的购买行为作为一种保护环境的手段，要求购买对环境无害或友好的产品。产品的"环境性能"已成为市场竞争的重要因素，这种形势促进工业界开发和生产适合消费者的愿望、有利于市场竞争的较为清洁的产品。除了采取产品生态设计的方法将污染预防的原则落实到产品生命周期的各个阶段以外，在产品销售时也开始突出产品的环境性能，为消费者进行选择提供必要的信息，这就是产品的环境标志，它是由权威机构认证同类产品中具有较为优异的环境性能的产品，除授予证书外，还可使用鲜明的环境标志图案。

一、环境标志的概念及特点

1. 环境标志的概念

环境标志（又叫绿色标志）是由政府的环境管理部门依据有关的环境法律、环境标准和规定，向某些商品颁发的一种特殊标志，这种标志是一种贴在产品上或其包装上的图形标签，是环保产品的"证明性商标"，它证明该产品不仅质量上符合环境标准，而且其设计、生产、使用和处理等全过程也符合规定的环境保护要求，与同类产品相比，对生态环境及人类健康均无损害，有利于产品的回收和再利用。环境标志是受法律保护，是经过严格检查、检测与综合评定，并由国家专门委员会批准使用的标志。

2. 环境标志的特点

1991年9月联合国环境规划署组织了一次"全球环境标志研讨会"。专家们归纳了各国环境标志计划的一些共同的基本特征：

① 根据对产品类别进行生命周期考察，制定申报的标准；
② 自愿参加；
③ 由利益无关的组织（包括政府）主持；
④ 受法律保护的图形或标志；
⑤ 对所有国家的申请者开放；

⑥ 得到政府的批准或认可；
⑦ 能促进产品开发朝着大大减轻对环境危害的方向进行；
⑧ 定期回顾，必要时根据工艺和市场的发展调整产品的类别与标准。

由此可见，环境标志作为一种指导性的、自愿的、控制市场的手段，可成为保护环境的有效工具。有关环境标志的内容也被列入了 ISO 14000 环境管理体系系列标准之中。

二、环境标志的发展历程

1. 国外环境标志进展

环境标志起源于 20 世纪 70 年代末的欧洲，绿色产品的概念是 20 世纪 70 年代在美国政府起草的环境污染法规中首次提出的，但真正的绿色产品首先诞生于联邦德国。世界上第一个正式的环境标志是联邦德国于 1978 年推出的"蓝色天使"。对在生产和使用过程中都符合环保要求，且对生态环境和人体健康无损害的商品，由环境标志委员会授予绿色标志，这就是第一代环境标志。

继德国之后，加拿大、日本、法国、丹麦、芬兰、冰岛、挪威、瑞典及美国等也相继实施了环境标志工作。在国外对环境标志有多种称呼，而且每个国家都有各自不同的环境标志图，国际标准化组织将其称为环境标志。只有经过严格认证，获得环境标志的产品才是绿色产品。进入 20 世纪 90 年代，环境危机依然存在，尤其在发展中国家日趋严重。各国意识到环境保护是全体人类的共同责任，而不是某个国家的事。国际标准化组织（ISO）于 1993 年成立了环境管理技术委员会，以协调规范国际上环境标志的术语和检测方法。环境标志在全球范围内已成为防止贸易壁垒、推动公众参与的有力工具。

2. 中国环境标志进展

中国国家环保局于 1993 年 7 月 23 日向国家技术监督局申请授权国家环保局组建"中国环境标志产品认证委员会"，1993 年 8 月中国推出了自己的环境标志图形——十环标志［图 10-3(a)］，于 1993 年 8 月 25 日在中国环境报上发布。它由青山、绿水、太阳和 10 个环组成。其中心结构由青山、绿水和太阳所组成，代表了人类赖以生存的自然环境；外围是 10 个环紧密结合，环环相扣，表示公众参与，共同保护环境。而 10 个环的"环"字与"环"同音，整个标志寓意着全民联合起来，共同保护人类赖以生存的家园。

1994 年 5 月 17 日成立中国环境标志产品认证委员会，标志着中国环境标志产品认证工作的正式开始。它是由中华人民共和国环境保护总局（现生态环境部）、国家质检总局等 11 个部委的代表和知名专家组成的国家最高规格的认证委员会，其常设机构为认证委员会秘书处，代表国家对绿色产品进行权威认证。2003 年，中华人民共和国环境保护部（现生态环境部）将环境认证资源进行整合，中国环境标志产品认证委员会秘书处与中国环境管理体系认证机构认可委员会（简称环认委）、中国认证人员国家注册委员会环境管理专业委员会（简称环注委）、中国环科院环境管理体系认证中心共同组成中环联合认证中心［中华人民共和国环境保护部（现生态环境部）环境认证中心］，形成以生命周期评价为基础，一手抓体系、一手抓产品的新的认证平台。

中国环境标志立足于整体推进 ISO 14000 国际环境管理标准，把生命周期评价的理论和方法、环境管理的现代意识和清洁生产技术融入产品环境标志认证，推动环境友好产品发展，坚持以人为本的现代理念，开拓生态工业和循环经济。

中国环境标志要求认证企业建立融 ISO 9000、ISO 14000 和产品认证为一体的保障体系。同时，对认证企业实施严格的年检制度，确保认证产品持续达标，保护消费者利益，维护环境标志认证的权威性和公正性。

1994～2003 年，我国已颁布了包括纺织、汽车、建材、轻工等 51 个大类产品的环境标志标准，共有 680 多家企业的 8600 多种产品通过认证，获得环境标志，形成了 600 亿元产值的环境标志产品群体，我国的环境标志已成为公认的绿色产品权威认证标志，为提高人们的环境意识，促进我国可持续消费做出了卓越贡献。我国加入 WTO（世界贸易组织）以后，绿色壁垒将成为我国对外贸易中的新问题，环境标志必将成为提高我国产品市场竞争力、打入国际市场的重要手段。

一些国家（地区）的环境标志图案见图 10-3。

图 10-3 各国的环境标志

三、环境标志的作用

推行环境标志的最终目标是保护环境，实现生态环境与经济协调发展。环境标志的作用主要还表现在以下几方面。

（1）为消费者提供准确的信息　通过产品环境标志向消费者传递一个信息，告诉消费者哪些产品有益于环境，并引导消费者购买、使用这类产品。

（2）倡导可持续消费，引领绿色潮流　环境标志导致了公众消费观念的变化，绿色消费逐渐成为当今消费领域的主流，推动了市场和产品向着有益于环境的方向发展。

（3）跨越贸易壁垒，促进国际贸易发展　在保护环境、人类健康的旗帜下，国际经济贸易中的"环境壁垒"更加森严,各种产品若想打入国际市场,就必须让产品的"出生证"得到更广泛的认同。

(4) 经济发展规律鼓励企业选择环境标志　绿色消费已成为当代社会的新时尚,在这种条件下,企业可抓住机遇,开发有利于环境的产品,为企业的长远发展奠定坚实的基础。

(5) 推动生产模式的转变,保护生态环境　通过消费者的选择和市场竞争,环境标志引导各国企业自觉调整产业结构,采用清洁生产工艺,使企业环境保护行为遵守法律法规,生产对环境有益的产品,最终达到环境与经济协调发展的目的。

四、环境标志的类型

产品环境标志计划在不同的国家设计和实施的过程中,出现了不同的类型,在 ISO 14024 中将它们分为三类。

1. 类型Ⅰ：批准印记型

这是大多数国家采用的类型,其特点是：a. 自愿参加；b. 以准则、标准为基础；c. 包含生命周期的考虑；d. 有第三方认证。

2. 类型Ⅱ：自我声明型

这种类型的特点在于：a. 可由制造商、进口商、批发商、零售商或任何从中获益的人对产品的环境性能做出自我声明；b. 这种自我声明可在产品上或者在产品的包装上以文字、图案、图表等形式来表示,也可表示在产品的广告上或者产品名册上；c. 无需第三方认证。

3. 类型Ⅲ：单项性能认证型

这些单项性能有：可再循环性、可再循环的成分、可再循环的比例；节能、节水、减少挥发性有机化合物排放；可持续的森林等。目前,美国少数私人认证机构开展这项工作。由于厂商对它的兴趣有所增加,这一类型的标准还有扩大的趋势。因此,在 ISO 14000 系列标准中专门为此制定了 ISO 14025 标准。

五、环境标志通用原则

环境标志及声明应遵循如下具体原则。

① 环境标志及声明必须是准确的、可验证的、具有相关性的和非误导性的；

② 用于环境标志及声明的程序和要求的制订、采纳与应用不得以制造不必要的国际贸易壁垒为目的；

③ 环境标志及声明必须以足够严密、科学的方法学为基础,该方法足够彻底、全面,能够支持所做的声明,并能获得准确和可再现的结果；

④ 用来支持环境标志及声明的程序、方法学和准则的信息必须具有可得性,并可应所有相关方的要求予以提供；

⑤ 环境标志及声明的制定必须考虑产品生命周期的所有相关因素；

⑥ 环境标志及声明不得阻碍能够保持环境行为或具有改善环境表现潜力的革新；

⑦ 任何与环境标志及声明有关的行政要求或信息需求都必须保持在符合适用准则和标准所需的限度；

⑧ 环境标志及声明的制定过程应是开放的，有相关方参与，在此过程中应做出必要的努力以求得共识；

⑨ 购买方和潜在的购买方必须能从使用环境标志或声明的一方获得与该环境标志或声明有关的产品及服务的环境因素信息。

思考题

1. 浅析产品生态设计的来源及其定义。
2. 举例阐述如何进行产品生态设计。
3. 生态管理的标准是什么？请举例说明如何应用。
4. 什么是生命周期评价？请简述其发展过程。
5. 目前，生命周期评价已被广泛应用于各个领域，请简述如何进行产品生命周期评价。
6. 试述产品环境标志的含义及其分类。
7. 产品环境标志通用原则有哪些？

科技与自然共生——化为产品的绿色设计

拓展阅读

第十一章

主体功能区与自然保护区管理

第一节 主体功能区管理

一、主体功能区的提出及发展

进入21世纪以来,伴随经济高速增长,各地区、各行业对空间资源的竞争越来越激烈,亟须加强政府引导,科学合理地开发利用空间资源。2002年《关于规划体制改革若干问题的意见》提出规划编制,要确定空间平衡与协调的原则,增强规划的空间指导和约束功能。2003年初,国家发展改革委提出划分"功能区"的初步构想。2004年"十一五"规划思路中,进一步提出了划分主体功能区的基本设想。2006年国家"十一五"规划纲要中明确提出"将国土空间划分为优化开发、重点开发、限制开发和禁止开发4类主体功能区",并初步划定了限制开发区和禁止开发区的范围。

国家"十一五"规划纲要发布后,国家发展改革委开始着手编制主体功能区规划。2007年国务院发布的《关于编制全国主体功能区规划的意见》明确制定2级规划(国家和省级)、划分4类主体功能区。2010年12月,《全国主体功能区规划》正式颁布,构建"4+3+2"格局,即按开发强度划分为优化开发、重点开发、限制开发和禁止开发4类地区,按主体功能划分为城市化地区、农产品主产区和重点生态功能区等3类地区,编制国家和省2级规划。其中,城市化地区主要包括环渤海、长三角和珠三角3个优化开发区以及18个重点开发区域。限制开发区包括农产品主产区(7区23带)和全国重点生态功能区(25个)2类。禁止开发区包括国家级自然保护区、世界文化自然遗产区、国家级风景名胜区、国家森林公园和国家地质公园等。在全国规划颁布以后,31省(区、市)着手编制各自的主体功能区规划,并先后颁布实施。

二、主体功能区区划

（一）主体功能区与主体功能区划

1. 主体功能区的概念

一定的国土空间具有多种功能，但必有一种功能居于主要地位，发挥主要作用，这个功能就是主体功能。就一定的空间单元提供产品的类别而言，要么以提供工业品和服务产品为主体功能，要么以提供农产品为主体功能，要么以提供生态产品为主体功能，主体功能并不排斥其他功能。主体功能决定了区的空间属性和发展方向。

主体功能区是指基于不同区域的资源环境承载能力、现有开发密度和发展潜力等，按照区域分工和协调发展的原则，将特定区域确定为特定主体功能定位类型的一种空间单元与规划区域。就组成而言，"主体"是指一个地区承担的主要功能，或者是发展经济，或者是保护环境，或者是其他功能。主体功能区是在对自然生态系统进行科学客观评价的基础上，更加注重自然生态系统本身固有的自然特征，同时在自然生态区划的基础上更加突出人类活动的空间性差异，使人与自然之间的关系更加协调、更加匹配，使特定功能类型区得以因地制宜地发展，构建合理的地域发展空间格局。

主体功能区的基本内涵可以从以下几个方面理解。

① 主体功能区是根据区域发展基础、资源环境承载能力，以及在不同层次区域中的战略地位等，对区域发展理念、方向和模式加以确定的类型区，突出区域发展的总体要求。

② 主体功能区不同于一般功能区，如工业区、农业区、商业区，也不同于一些特殊功能区，如自然保护区、防洪泄洪区、各类开发区，是超越一般功能和特殊功能基础之上的功能定位，但又不排斥一般功能和特殊功能的存在与发挥。

③ 主体功能区可以从不同空间尺度进行划分，既可以有以市、县为基本单元的主体功能区，也可以有以乡、镇为基本单元的主体功能区，取决于空间管理的要求和能力。

④ 主体功能区的类型、边界和范围在较长时期内应保持稳定，但可以随着区域发展基础、资源环境承载能力，以及在不同层次区域中的战略地位等因素发生变化而调整。现阶段允许一些地方根据自身实际情况对主体功能区类型划分做一些不同的探索。

⑤ 主体功能区中的"开发"主要是指大规模工业化和城镇化人类活动。优化开发是指在加快经济社会发展的同时，更加注重经济增长的方式、质量和效益，实现又好又快的发展。

2. 主体功能区划的定义及特征

当前，推进形成主体功能区，是要根据不同区域的资源环境承载能力、现有开发强度和发展潜力，统筹谋划人口分布、经济布局、国土利用和城镇化格局，确定不同区域的主体功能，并据此明确开发方向，完善开发政策，控制开发强度，规范开发秩序，逐步形成人口、经济、资源环境协调的国土空间开发格局。

主体功能区划不同于单一的行政区划、自然区划或者经济区划，是根据资源环境承载能力、现有开发密度和发展潜力，统筹考虑未来我国人口分布、经济布局、国土利用和城镇化格局，将国土空间划分为不同类型的空间单元。主体功能区通过主体功能区划得以形成和落实，主体功能区划依靠主体功能区支撑和体现。主体功能区划是一个包含划分原则、标准、层级单元、方案等多方面内容的理论和方法体系，主要具有以下几个方面的特征。

① 基础性特征。主体功能区划是基于国土空间的资源禀赋、环境容量、现有开发强度、未来发展潜力等因素对国土空间开发的分工定位和布局，是宏观层面制订国民经济和社会发展战略与规划的基础，也是微观层面进行项目布局、城镇建设和人口分布的基础，是今后各类涉及空间开发规划的基础性规划，是衔接协调各类相关规划的基本依据。

② 综合性特征。主体功能区划既要考虑资源环境承载能力等自然要素，又要考虑现有开发密度、发展潜力等经济要素，同时还要考虑已有的行政辖区的存在，是一种综合性空间规划，与城市规划、土地规划等空间规划相比，范围更广。

③ 战略性特征。主体功能区划事关国土空间的长远发展布局，是在我国区域发展总体战略背景下对国土空间开发进行的战略性谋划。

④ 约束性特征。主体功能区划是具有约束性的规划，既约束市场主体的开发行为，也要约束政府的行为。

3. 主体功能区划与环境功能区划

环境功能区划是依据社会经济发展需要和不同地区在环境结构、环境状态与使用功能上的差异，对区域进行的合理划定，其目的是基于区域空间的资源环境承载能力，通过辨析面临的环境问题和环境保护压力，分区制定环境保护目标和明确环境保护相关政策措施。环境功能区划主要考虑环境的自然属性，如环境结构、状态、使用功能方面的差异，同时兼顾社会和经济发展需要，对区域进行合理划分。

① 从内容上看，功能区划一般具有基础性和长期性等特点，是编制相关规划的依据。主体功能区划是形成空间发展结构的基础和依据，是制定经济规划、区域发展规划，以及其他空间规划和专项规划的基础与依据；环境功能区划则以环境功能为导向，依据主体功能区划的要求，制定环境保护目标和环境管理措施，如污染物控制、环境分区管理。

② 从依据上看，主体功能区划的依据是综合考虑自然地理、资源环境状况和经济社会发展趋势、发展方向；环境功能区划的重要依据则是除了空间区域的自然和环境特征之外，特别着重考虑经济社会活动对环境的影响和环境容量制约下的经济发展与污染物排放问题。

③ 从目的上看，环境功能区划与传统区划的目的更为一致，是为了认识地域环境特征，为了不同地区环境保护和管理的目标而进行的功能区划，目的是从宏观层面上对区域发展进行综合决策，促进区域协调发展。

④ 从空间对象上看，环境功能区划的单元注重强调环境属性，虽然兼顾了经济社会属性，会参考行政边界的存在，但是基本上还是以空间单元的自然边界为主。比如，水环境功能区划一般以流域和水系作为划分的依据。主体功能区划为了政策实施和管理的方便，编制过程以行政单元作为基本单元，同时参考自然和经济单元，如省级层面的区划一般以县级作为最小分析单元，西部个别自然条件差异大的地区可能特殊处理，以乡镇作为最小分析单元。

（二）我国主体功能区划类型

我国国土空间划分主体功能区构建"4＋3＋2"格局，即按开发强度划分为优化开发区域、重点开发区域、限制开发区域和禁止开发区域 4 类地区；按开发内容（主体功能）划分为城市化地区、农产品主产区和重点生态功能区 3 类地区；按层级，分为国家和省级两个层面。

优化开发区域、重点开发区域、限制开发区域和禁止开发区域，是基于不同区域的资源环境承载能力、现有开发强度和未来发展潜力，以是否适宜或如何进行大规模高强度工业化城镇化开发为基准划分的。

优化开发区域是经济比较发达，人口比较密集，开发强度较高，资源环境问题更加突出，应该优化进行工业化、城镇化开发的城市化地区。

重点开发区域是有一定经济基础，资源环境承载能力较强，发展潜力较大，集聚人口和经济条件较好，应该重点进行工业化、城镇化开发的城市化地区。优化开发和重点开发区域都属于城市化地区，开发内容总体上相同，开发强度和开发方式不同。

限制开发区域分为两类：一是农产品主产区，即耕地较多、农业发展条件较好，尽管也适宜工业化、城镇化开发，但从保障国家农产品安全及中华民族永续发展的需要出发，必须把增强农业综合生产能力作为发展的首要任务，限制进行大规模高强度工业化、城镇化开发；二是重点生态功能区，即生态系统脆弱或生态功能重要，资源环境承载能力较低，不具备大规模高强度工业化、城镇化开发的条件，必须把增强生态产品生产能力作为首要任务，限制进行大规模高强度工业化、城镇化开发。

禁止开发区域是依法设立的各级各类自然文化资源保护区域，以及其他禁止进行工业化、城镇化开发，需要特殊保护的重点生态功能区。国家层面禁止开发区域，包括国家级自然保护区、世界文化自然遗产区、国家级风景名胜区、国家森林公园和国家地质公园。省级层面的禁止开发区域，包括省级及以下各级各类自然文化资源保护区域、重要水源地，以及其他省级人民政府根据需要确定的禁止开发区域。

城市化地区、农产品主产区和重点生态功能区，是以提供主体产品的类型为基准划分的。城市化地区是以提供工业品和服务产品为主体功能的地区，也提供农产品和生态产品；农产品主产区是以提供农产品为主体功能的地区，也提供生态产品、服务产品和部分工业品；重点生态功能区是以提供生态产品为主体功能的地区，也提供一定的农产品、服务产品和工业品。

我国主体功能区划分如图11-1所示。

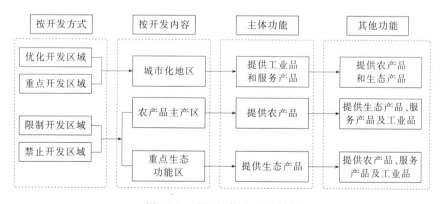

图11-1 我国主体功能区划分

各类主体功能区在全国经济社会发展中具有同等重要的地位，只是主体功能不同，开发方式不同，保护内容不同，发展首要任务不同，国家支持重点不同。对城市化地区主要支持其集聚人口和经济，对农产品主产区主要支持其增强农业综合生产能力，对重点生态功能区主要支持其保护和修复生态环境。

我国按开发方式划分的四类主体功能区的基本特征见表 11-1。

表 11-1 四类主体功能区基本特征

类型	开发密度	资源环境承载力	发展潜力	内涵	发展方向
优化开发区域	高	减弱	较高	开发密度较高,资源环境承载力有所减弱,是强大的经济密集和较高的人口密集区	改变经济增长模式,把提高增长质量和效益放在首位,提升参与全球分工与竞争的层次
重点开发区域	较高	高	高	资源环境承载能力较强,经济和人口集聚条件较好的区域	逐步成为支撑全国经济发展和人口集聚的重要载体
限制开发区域	低	低	低	资源环境承载能力较弱,大规模集聚经济和人口条件不够好,并且关系到全国或大区域范围生态安全的区域	加强生态修复和环境保护,引导超载人口逐步有序转移,逐步成为全国或区域性的重要生态功能区
禁止开发区域	较低	很低	很低	依法设立的自然保护区域	依法实行强制性保护,严禁不符合主体功能的开发活动

三、主体功能区规划实施进展

国家"十二五"规划将主体功能区上升为国家战略后,各政府部门加快构建主体功能区政策体系,深入推动主体功能区规划的实施,取得了良好成效。

1. 六项规划指标完成进展较好

《全国主体功能区规划》共设置了 6 项指标,从 2015 年中期评估情况看,指标完成情况总体较好,但进展不一。2020 年,城市空间和耕地保有量两个指标完成压力不大,林地保有量和森林覆盖率两个指标基本可以完成,但开发强度和农村居民点两个指标完成的难度较大。六项指标的完成情况见表 11-2。

表 11-2 全国陆地国土空间开发规划指标完成情况

指标	2008 年（基年）	2015 年（中期评估年）	2020 年（目标年）
开发强度/%	3.48	4.02	3.91
城市空间/$10^4 km^2$	8.21	8.9	10.65
农村居民点/$10^4 km^2$	16.53	19.12	16
耕地保有量/$10^4 km^2$	121.72	124.33	120.33
森林保有量/$10^4 km^2$	303.78	311	312
森林覆盖率/%	20.36	21.66	23

2. 三类空间的主体功能开始显现

① 生态空间和农业空间格局日趋明晰。在各类功能用地中,承担农业和生态调节功能的用地比重最大,城镇用地和农村生活用地的比重最小,二者分别占国土面积的 62.89% 和 2.16%。2020 年与 2008 年对比,禁止开发区中,国家级自然保护区已建立 474 处,增加了 231 处;世界文化自然遗产 55 处,增加了 24 处;国家重点风景名胜区 244 处,增加了 57 处;国家地质公园 281 处,增加了 103 处。限制开发区中,2019 年全国重点生态功能区县 816 个,比 2008 年增加了 380 个。

② 城镇空间结构加快重组。沿海轴带、长江轴带和京广-京哈轴带成为国土开发的主

轴，三大轴线集聚的人口占全国的比重超过40%，经济总量占全国的比重超过70%。三大优化开发区依然是人口最集中的区域，且依然保持增长态势；18个重点开发区也在加快推进城市群和都市圈的发展，集聚人口的能力也在加快提升。与此同时，沿海轴带、包昆轴带、长江经济带、陇海-兰新轴带与"一带一路"倡议的对接，将国内轴带与国际经济走廊紧密联系在一起，统筹了国内发展和对外开放。

3. 主体功能区战略的传导机制加快构建

主体功能区规划以县为基本单元，只编制国家和省2级，具体落实有些困难。部分省（区、市）创新了规划实施的传导机制，例如湖北省指导武汉市编制了《武汉市主体功能区实施计划》，广东省清远市编制了《清新县主体功能区规划实施方案》等。此外，浙江省认为主体功能单元分类不能有效涵盖县区的各种发展类型，在此基础上新增主体功能类型"生态经济地区"。因此，省级以下尽管没有编制规划，但多数都编制了实施规划或实施方案，贯彻落实国家和省级主体功能区规划。

4. 主体功能区制度建设积极推进

《全国主体功能区规划》提出了财政、投资、产业、土地、农业、人口、民族、环境、应对气候变化等9方面的政策及差异化绩效考核。目前，"9+1"政策体系的"四梁八柱"基本完成，各项政策的细化和深化也在积极推进，国家层面主体功能区配套政策见表11-3。其中，落实最好的是重点生态功能区转移支付制度。2008年首次建立生态补偿资金，2018年补偿资金规模达到721亿元，累计投入4431亿元。与此同时，广东、内蒙古等十几个省（区、市）也出台了省级以下重点生态功能区补偿机制。此外，国家也在积极推进流域生态补偿、草原生态补偿、天然林保护和森林生态补偿、湿地生态补偿等专项补偿。在地方层面，东部沿海省市出台的配套政策比较多，中西部地区国家级重点生态功能区县比较集中，探索差异化绩效考核比较多。

表11-3 国家层面主体功能区配套政策

	政策类别	文件名称
1	财政	《国家重点生态功能区转移支付(试点)办法》 《国家重点生态功能区转移支付办法》
2	投资	《国家发展改革委关于落实和完善主体功能区投资政策的实施意见的通知》
3	产业	《重点生态功能区产业准入负面清单编制实施办法》 《关于建立国家重点生态功能区产业准入负面清单制度的通知》
4	土地	《关于建立城镇建设用地增加规模同吸纳农业转移人口落户数量挂钩机制的实施意见》《自然生态空间用途管制办法(试行)》
5	农业	《特色农产品区域布局规划(2013—2020年)》
6	人口	《关于印发国家人口发展规划(2016—2030年)的通知》
7	民族	无
8	环境	《关于贯彻实施国家主体功能区环境政策的若干意见》
9	应对气候变化	无
10	绩效考核	《关于改进地方党政领导班子和领导干部政绩考核工作的通知》

5. 从规划上升为国家战略

随着主体功能区在国家空间发展中的重要作用凸显，2010年党的十七届五中全会首次提出实施主体功能区战略。2011年国家"十二五"规划纲要明确阐释了实施主体功能区战略的主要内容。2016年国家"十三五"规划纲要再次提出"强化主体功能区作为国土空间开发保护基础制度的作用，加快完善主体功能区政策体系"。2017年《中共中央 国务院关于完善主体功能区战略和制度的若干意见》吸收了空间规划体制改革的内容，强调差异化绩效考核、"三区三线"划定、空间用途管制、生态产品价值实现机制等内容。由此，基本搭建起由资源环境承载力评价预警机制、生态补偿机制、重点生态功能区产业准入负面清单制度、国家公园管理体制、差异化绩效考核机制、"三区三线"划定制度、空间用途管制制度、生态产品价值实现机制、规划衔接协调机制等"五机制三制度一体制九政策"的框架体系，支撑主体功能区规划上升为国家战略。由此也可以看出规划和国家战略之间的关系，即规划是落实国家战略的一种形式，但仅仅有规划还不够，还需要政策体系、制度创新、体制机制等方面的支持，国家战略才能真正落实、落地。国家规划体制改革后，主体功能区规划不再单独编制，但主体功能区的战略和制度还是要坚持的。这意味着主体功能区规划中的战略格局、政策体系、制度创新、体制机制将会体现在新编制的国土空间规划中。

第二节 自然保护区管理

一、自然保护区的定义及分类

（一）自然保护区定义及其内部的功能分区

1. 自然保护区的概念

国务院于1994年12月发布执行《中华人民共和国自然保护区条例》（简称《自然保护区条例》），2017年对该条例进行了修订。《自然保护区条例》的主要作用是加强自然保护区的建设和管理，保护自然环境和自然资源。依据《自然保护区条例》第一章第二条中规定，自然保护区是指对有代表性的自然系统，珍稀濒危野生动植物物种的天然集中分布区，有特殊意义的自然遗迹等保护对象所在的陆地、陆地水体或者海域，依法划出固定面积予以特殊保护和管理的区域。自然保护区具有保护自然生态环境和生物多样性，保证生物遗传资源和景观资源能够可持续利用，为科学研究、科普宣传、生态旅游提供基地等重要功能。

2. 自然保护区内部的功能分区

从主体功能区划讲，自然保护区属于禁止开发区域。为了更好地协调保护与发展之间的关系，一个科学合理的自然保护区应由3个功能区域组成，即核心区、缓冲区和实验区。

① 核心区 自然保护区内保存完好的天然状态的生态系统以及珍稀、濒危动植物的集中分布地，应当划为核心区。核心区是自然保护区内最重要的区域，是未受人类干扰或受最少干扰的、具有典型性的代表，是原生性生态系统保存最好的地方以及珍稀动植物的集中分布地。该区具有丰富的遗传种质资源或具有科学意义的独特自然景观。因此，禁止任何单位和个人进入自然保护区的核心区，或只允许进行经批准的科学研究活动。核心区的主要任务是保护生态系统尽量不受人为干扰，使其在自然状态下进行更新和繁衍，保持其生物多样性，成为所在地区的一个遗传基因库。

因科学研究的需要，必须进入核心区从事科学研究观测、调查活动的，应当事先向自然保护区管理机构提交申请和活动计划，并经自然保护区管理机构批准。其中，进入国家级自然保护区核心区的，应当经省、自治区、直辖市人民政府有关自然保护区行政主管部门批准，但也不允许进入其中从事科学研究活动。

② 缓冲区　核心区外围可以划定一定面积的缓冲区，可以包括一部分原生性的生态系统和由演替类型所占据的次生生态系统，也可包括一些人工生态系统。缓冲区一方面可以防止核心区受到外界的影响和破坏，起到一定的缓冲作用；另一方面，在不破坏其群落环境的前提下，可以进入从事科学研究观测活动。

③ 实验区　缓冲区外围划为实验区，包括部分原生或次生生态系统、人工生态系统、荒山荒地等，也包括传统利用区和受破坏的生态系统恢复区，它的地域范围一般比较大。实验区可以进入从事科学试验、教学实习、参观考察、旅游以及驯化、繁殖珍稀、濒危野生动植物等活动。可根据本地资源情况和实际需要经营部分短期能有收益的农林牧副渔业的生产；可建立有助于当地所属自然景观植被恢复的人工生态系统。在旅游资源比较丰富的自然保护区，可以划出一定区域开展旅游活动，增加保护区的收入。在把自然保护区建设成为具有保护、研究、监测、示范、教育以及持续发展等多功能的开放式系统中，实验区发挥着重要的作用。

原批准建立自然保护区的人民政府认为，必要时可以在自然保护区的外围划定一定面积的外围保护地带。

在自然保护区的核心区和缓冲区内，不得建设任何生产设施。在自然保护区的实验区内，不得建设污染环境、破坏资源或者景观的生产设施；建设其他项目，其污染物排放不得超过国家和地方规定的污染物排放标准，不得损害自然保护区内的环境质量。在自然保护区的实验区内已经建成的设施，其污染物排放超过国家和地方规定的排放标准的，应当限期治理，被限期治理的企业事业单位必须按期完成治理任务。造成损害的，必须采取补救措施。

自然保护区内部各功能区规划一般遵循以下原则。

① 核心区　核心区的面积、形状、边界应满足种群的栖居、食物和运动要求，保持天然景观的完整性，使其具有典型性和广泛的代表性。

② 缓冲区　为绝对保护物种提供后备性、补充性或替代性的栖居地。

③ 实验区　按照资源适度开发原则建立经营区，使生态景观与核心区及缓冲区保持一定程度的和谐一致，经营活动要与资源承载力相适应。

分区的做法不仅保护了生物资源，而且各功能区成为教育、科研、生产、旅游等多种目的相结合，为社会创造财富的场所。

（二）中国自然保护区类型

1. 依据自然保护区的管理级别分类

自然保护区的分级为国家级自然保护区和地方级自然保护区两大类，地方级又包括省、市、县三级自然保护区。

国家级自然保护区是在国内外有典型意义、在科学上有重大国际影响或者有特殊科学研究价值的自然保护区。1956 年我国建立了第一个具有现代意义的自然保护区——鼎湖山自然保护区。截至 2020 年底，全国已建立国家级自然保护区 474 处，总面积约 $98.34 \times 10^4 \mathrm{km}^2$。国家级自然保护区的管理要依据《自然保护区条例》、全国主体功能区划确定的原则和自然保护区规划进行管理。国家级自然保护区由其所在地的省、自治区、直辖市人民政府有关自然保护区行政主管部门或者国务院有关自然保护区行政主管部门管理。

除被列为国家级自然保护区以外，其他的具有典型意义或者重要科学研究价值的自然保护区列为地方级自然保护区。地方级自然保护区由其所在地的县级以上地方人民政府有关自然保护区行政主管部门管理。具体办法由国务院有关自然保护区行政主管部门或者省、自治区、直辖市人民政府根据实际情况规定，报国务院环境保护行政主管部门备案。

2. 依据自然保护区保护对象分类

我国根据自然保护区的主要保护对象，将自然保护区分为以下三个类别九个类型，见表 11-4。

表 11-4 我国自然保护区按照保护对象的类型划分及保护对象

类别	类型	保护对象举例	说明
自然保护区	自然生态系统自然保护区	森林生态系统类型自然保护区	长白山自然保护区（温带森林）、海南霸王岭自然保护区（热带雨林）、广东鼎湖山（亚热带常绿阔叶林）	该类保护区数量最多
		草原与草甸生态系统类型自然保护区	内蒙古锡林郭勒保护区（温带草原）	—
		荒漠生态系统类型自然保护区	西藏羌塘保护区（高原荒漠）、甘肃安西保护区（温带戈壁荒漠）	—
		内陆湿地和水域生态系统类型自然保护区	贵州草海、昆明滇池、大理苍山洱海	—
		海洋和海岸生态系统类型自然保护区	海南三亚珊瑚礁保护区、东寨港红树林保护区	—
	野生生物类自然保护区	野生动物类型自然保护区	贵州麻阳河保护区（黑叶猴）、四川卧龙（大熊猫）、湖北长江天鹅洲（白鳍豚、麋鹿）、吉林向海（丹顶鹤及其他水禽）、广西合浦儒艮保护区等	驯化物种种质资源：家禽、家畜、作物、观赏植物的野生近缘种，如新疆巩留野核桃保护区、湖北保康野生腊梅保护区
		野生植物类型自然保护区	湖北利川（水杉）、广西花坪（银杉）、贵州赤水（桫椤、小黄花茶）、四川攀枝花（苏铁）、云南孟连龙山（龙血树）	
	自然遗迹类自然保护区	地质遗迹类型自然保护区	云南路南石林（岩溶地貌）、广西六景地质剖面（泥盆纪）、湖北宜昌峡东地质剖面（震旦纪）、黑龙江五大连池（火山地貌）	该类保护区有时以"国家地质公园"的形式出现。
		古生物遗迹类型自然保护区	福建晋江深泸湾（海底古森林和牡蛎礁遗迹）、云南澄江动物化石群（寒武纪早期）、湖北省青龙山恐龙蛋化石群（白垩纪晚期）	

（1）自然生态系统自然保护区 是指以具有一定代表性、典型性和完整性的生物群落和非生物环境共同组成的生态系统作为主要保护对象的一类自然保护区，下分 5 个类型：

① 森林生态系统类型自然保护区，是指以森林植被及其生境所形成的自然生态系统作为主要保护对象的自然保护区。

② 草原与草甸生态系统类型自然保护区，是指以草原植被及其生境所形成的自然生态系统作为主要保护对象的自然保护区。

③ 荒漠生态系统类型自然保护区，是指以荒漠生物和非生物环境共同形成的自然生态系统作为主要保护对象的自然保护区。

④ 内陆湿地和水域生态系统类型自然保护区，是指以水生和陆栖生物及其生境共同形成的湿地和水域生态系统作为主要保护对象的自然保护区。

⑤ 海洋和海岸生态系统类型自然保护区，是指以海洋、海岸生物与其生境共同形成的海洋和海岸生态系统作为主要保护对象的自然保护区。

(2) 野生生物类自然保护区　是指以野生生物物种，尤其是珍稀濒危物种种群及其自然生境为主要保护对象的一类自然保护区，下分两个类型。

① 野生动物类型自然保护区，是指以野生动物物种，特别是珍稀濒危动物和重要经济动物种群及其自然生境作为主要保护对象的自然保护区。

② 野生植物类型自然保护区，是指以野生植物物种，特别是珍稀濒危植物和重要经济植物种群及其自然生境作为主要保护对象的自然保护区。

(3) 自然遗迹类自然保护区　是指以特殊意义的地质遗迹和生物遗迹等作为主要保护对象的一类自然保护区，下分两个类型。

① 地质遗迹类型自然保护区，是指以特殊地质构造、地质剖面、奇特地质景观、珍稀矿物、奇泉、瀑布、地质灾害遗迹等作为主要保护对象的自然保护区。

② 古生物遗迹类型自然保护区，是指以古人类、古生物化石产地和活动遗迹作为主要保护对象的自然保护区。

3. 其他分类

此外，按照保护区的性质来划分，自然保护区可以分为科研保护区、国家公园（即风景名胜区）、管理区和资源管理保护区4类。

依据管理归属分类，自然保护区可以分为：a. 林业部门管理的保护区，如森林、野生动植物类；b. 环境保护部门管理的保护区，如荒漠、内陆湿地类；c. 海洋部门管理的保护区，如海洋生态系统类；d. 农业部门管理的保护区，如利用性质的野生动植物类；e. 地矿部门管理的保护区，如地质遗迹类；f. 城建部门管理的保护区，如地质遗迹类、森林、野生动物；g. 科教部门管理的保护区和文化部门管理的保护区，如鼎湖山。

不管自然保护区的类型如何，其总体要求是以保护为主，在不影响保护的前提下，把科学研究、教育、生产和旅游等活动有机地结合起来，使它的生态效益、社会效益和经济效益都得到充分展示。

二、自然保护区管理的主要内容与管理方法

自然保护区管理是一个复杂的多层次管理体系。它涉及自然社会、经济和工程技术等学科领域，以及有关行政、治安、法律、经济等部门。这些因素彼此相互渗透和制约，共同影响整个管理系统的运转和效果。因此，必须将各种手段综合起来运用。

（一）自然保护区管理的主要内容

1. 建立自然保护区的科学管理体系

建立起完善的科学管理体系，即在自然保护区建立起上下结合、职责分明、联系密切、效率高的科学有效的管理体系，实行在自然保护区领导机构统筹领导与决策下，各职能部门分工管理负责制。

我国自然保护区的管理体系分为中央、地方和自然保护区三级。中央一级主要负责制定和发布有关自然保护区保护的方针、政策及法律、法规，负责对自然保护区进行宏观指导、监督检查和协调管理。地方政府的有关职能部门是二级管理层次，其主要职能是负责贯彻执行中央制定的关于自然保护区的方针、政策、法律、法规，并具体监督指导基层管理机构的

管理工作。基层自然保护区管理机构是第三级层次,它的主要职责是在所管辖的自然保护区内具体实施建设和管理工作。

2. 制定有关自然保护区的政策法规体系

自然保护区管委会对自然保护区进行建设和管理,必须严格遵照国家制定的有关法律,如《中华人民共和国环境保护法》、《中华人民共和国森林法》、《中华人民共和国草原法》、《中华人民共和国野生动物保护法》、《中华人民共和国自然保护区条例》等。另外,各地还必须根据国家的有关法规以及各地、各保护区的类型、特点、面积大小等实际情况,制定出地方性的自然保护区的管理法规和条例。为保证法制管理的顺利进行,自然保护区要建立执法的专门机构,配置执法人员,负责自然保护区的治安与保护。

3. 妥善处理自然保护区保护与合理开发经营的关系

自然保护区资源的开发利用应遵循以下原则。

① 开发利用活动必须严格限制在实验区范围内;

② 严禁各种破坏自然资源和景观的开发活动;

③ 采集、驯养国家重点保护动植物应经有关部门批准;

④ 综合考虑开发项目的自然效益、经济效益和社会效益;

⑤ 任何开发利用活动都必须向保护区上交管理费和资源补偿费。

4. 努力协调自然保护区和周围居民生产生活的矛盾

一个规划合理的自然保护区,如果没有当地政府和周围居民的支持与配合,就不可能很好地实现管理。但自然保护区与周围居民之间一般都会存在不同程度的利益冲突。因此,自然保护区必须注意协调与当地居民的关系,使他们热爱自己的自然保护区,具体要注意以下几点。

① 照顾当地人民的传统利益,在自然保护区建立后,当地居民的生产生活必须得到保证,在不影响保护任务的前提下,应在实验区边缘地带划出一定的地段和明确一定的资源种类、数量,以供居民从事正常的生产活动和开发利用活动。

② 吸收当地人民参加开发区管理。当地居民长期生活和工作在自己的家园,对本地动植物的种类分布、特征、用途等都比较熟悉。应吸收当地人民参与自然保护区的管理工作,如担任护林员、巡护员等。这样,既可适当解决就业和收入问题,还可以增强他们的保护意识。

③ 引导当地人民开发新的致富道路,扶持他们开发有利于自然保护的靠山养山、靠水养水、劳动致富的道路,例如加强对科学种田技术以及家庭养殖业的指导等。

④ 加强与当地政府配合,实施联营管理。自然保护区是一个自然-经济-社会实体,它在某些方面必须受地方政府的领导,许多问题要依靠政府去解决。因此,争取地方政府或其主管部门参与自然保护区的管理是十分必要的。联营管理内容包括共同制定自然保护区的规划、制定在实验区内适度开发和利用资源的政策法规、共同争取外部的支持和其他合作活动等。

(二)自然保护区的管理方法

1. 自然保护区的区划

自然保护区区划是一项十分重要的基础性工作。一个好的区划,既能反映我国复杂多样的自然地理环境，又能使自然保护区在全国范围内的分布比较合理，形成体系完整的大自然保护网，并与世界大自然保护网衔接起来。

自然保护区区划的方法有两种。一种是《世界自然保护大纲》中建议采用的"生物地理分类"和由此演变出来的较详细的"国家（或地区）分类法"，该方法充分考虑了生物对自然地理环境的影响和指示作用。另外一种是以自然区划理论为基础的分类法。由于我国自然区划工作开展得较早，理论和方法的基础都比较好，因此我国自然保护区区划中采用的是后一种方法。自然区划分类法采用区域、气候带、自然综合体及其生态系统三级分类法。这种分类法将我国划分为8个区域，14个气候带和若干个自然综合体及其生态系统。

不同类型的自然保护区，在大自然保护网中的作用和地位是不同的。综合型自然保护区多是不同区域中不同气候带内的代表性地段，它们是大自然保护网的基本网点，构成一级自然保护网。部分综合型自然保护区反映的是特殊地域的综合自然地理特征，是不同自然地带内主要的综合型自然保护区的补充和延伸，构成各自然地带的二级自然保护网，是大自然保护网的辅助点。其他类型自然保护区的空间分布多与地带性规律关系不大，只是大自然保护网的附加点，构成区域性的三级大自然保护网。

1979～1983年我国开展了自然保护区区划。全国共分为8个区，这些区划既反映了自然地理条件的差异、生物资源分布的特点，又与全国的植被区划及动物地理区系有密切的关系。在自然保护区区划的基础上，可根据国家自然保护的要求和财力、物力的可能，规划在全国一定时期内建立各种类型自然保护区的数量和面积。

2. 自然保护区规划

自然保护区规划是指根据自然保护区的资源与环境条件、社会经济状况、保护对象以及保护工程建设的需要，制定有关自然保护区的总体发展方向、规模布局、保护措施的配置和制度等方面的规划。它为实现自然保护区不同阶段的发展计划，落实各项具体措施，筹措经费和培养技术力量等管理目标服务，是促进自然保护区改善面貌、提高管理质量和管理水平的重要战略措施。

自然保护区的规划目标要显示出自然保护区在某一阶段的发展方向，以及将要达到的管护水平和标准，也为自然保护区建设和管理提供了战略方针与操作依据。自然保护区规划一般包括总体规划和部门规划两部分内容。

（1）总体规划　总体规划是在对自然保护区的资源和环境特点、社会经济条件、资源的保护与开发利用等综合调查分析的基础上制定的。其内容包括自然保护区的基本概况、总体发展方向、发展规模和要达到的目标，自然保护区的类型、结构与布局，制定自然保护区的资源管理与资源保护科学研究、宣传教育、经营开发、行政管理等方面的行动计划及措施。在总体规划中要协调各部分发展的比例和建设标准，并要进行自然保护区建设与管理的总投资和总效益分析，制定实施规划的措施与步骤。

（2）部门规划　部门规划是在自然保护区总体规划基础上，对一些重点内容进行的深化和具体化。其任务是针对自然保护区总体规划中规定的各项发展内容提出具体的部署和指标，制定实现规划的方式和途径等。其内容主要包括功能区规划、土地利用规划、保护工程规划、法治建设规划、科研规划、经营开发规划、行政管理规划、投资与效益规划，以及各部门所管辖的具体业务活动规划，如基建、旅游工程、工程人员编制和财务管理等规划。

3. 自然保护区的分区管理

长期以来，人们对自然保护区采取封闭式的管理办法，认为这是唯一有效的方法。但这样做把自然资源的保护与开发利用对立起来，导致保护与发展的矛盾长期得不到解决。这一问题在不发达国家尤为突出。为此，联合国教科文组织人与生物圈计划提出了"生物圈保护区"的概念。该概念特别强调保护与持续发展之间的关系，要求通过保护自然资源使其能够持续发展；注重把自然保护与科学研究、环境监测示范、环境教育与当地人民的参与结合起来；强调生物圈保护区的建立不仅要为提高当地人民的环境意识提供普及教育的机会和场所，而且要使当地人民的生活、生产受益。

在我国，应用生物圈概念对自然保护区进行建设和管理，将保护区划分为核心区、缓冲区和实验区，并在不同的功能区中开展各具特色的活动，采取不同的管理办法，把自然保护区发展成以保护为主，兼顾科学试验、生产示范和旅游参观的基地。

三、自然保护区的信息管理

由于很长一段时间内我国奉行抢救性保护的方针，一些自然保护区批建时仅是一纸空文，未开展详细的资源调查，无管理机构、无人员、无土地权属，甚至连边界范围也未划定，自然保护区的信息管理未形成有效机制。一方面，这种情况反映在各自然保护区范围、面积及土地权属不明；另一方面，反映在许多自然保护区未对资源本底状况、动植物种群数量及分布范围进行全面调查，更谈不上动态监测。自然保护区信息管理缺乏的现实，不利于我国自然保护区建设由数量型向质量型的转变，不利于科学决策和有效管理。

根据《中国生物多样性保护战略与行动计划（2011—2030年）》，到2015年，我国完成8~10个生物多样性保护优先区域的本底调查与评估，并实施有效监控；到2020年，生物多样性保护优先区域的本底调查与评估全面完成，并实施有效监控。自然保护区的信息管理主要包括如下内容。

（1）开展生物物种资源和生态系统本底调查　由于资金投入不足，部分自然保护区未开展科研监测和宣传教育工作，特别是一些市级或县级自然保护区，仅停留在简单看护阶段，监测工作水平低，不利于自然保护区事业的长远发展。开展自然保护区的生物多样性本底综合调查，主要是进行生态和资源的调查，例如自然地理、动植物区系、动植物种群、物种消长变化、社会经济状况等项调查；针对重点地区和重点物种类型开展重点物种资源调查；建立国家和地方物种本底资源编目数据库；定期组织野生动植物资源调查，并建立资源档案和编目；开展河流湿地水生生物资源本底及多样性调查，建设自然保护区生物多样性信息管理系统。

（2）开展自然保护区内生物遗传资源和相关传统知识的调查编目　重点调查重要林木、野生花卉、药用生物和水生生物等种质资源，进行资源收集保存、编目和数据库建设。调查与生物遗传资源相关的传统知识、创新和实践，建立数据库。

（3）开展生物多样性监测和预警　生态监测指按照预先设计好的时间和空间，采用可以比较的技术和方法，对自然保护区的生物种群、群落及其生态环境进行连续的观察和生态质量评价的过程。其目的是掌握人类活动和自然因素对保护对象及其相关因素的影响、危害，为调整措施、完善管理提供依据。

（4）生物遗传资源信息化建设　整理自然保护区内各类生物遗传资源信息，建立和完善生物遗传资源数据库与信息系统。

（5）开展生物多样性综合评估　开发生态系统服务功能、物种资源经济价值评估体系。

开展生物多样性经济价值评估的试点示范。对全国重要生态系统和生物类群的分布格局、变化趋势、保护现状及存在问题进行评估，定期发布综合评估报告。建立健全濒危物种评估机制，定期发布国家濒危物种名录。

(6) 专门技术研究　对自然保护区存在的重大技术难题，往往通过专项技术研究给予解决。这样既可以解决某一个自然保护区存在的技术难题，也可解决许多自然保护区共同存在的技术难题。例如我国四川、甘肃、陕西等省的自然保护区开展的大熊猫保护研究，浙江天目山自然保护区开展的天目铁木人工繁殖研究，江苏盐城自然保护区开展的丹顶鹤驯化繁殖研究，广东湛江红树林保护区对红树林生长环境的研究，都取得重大成果。

(7) 自然保护区信息集成与共享　我国自然保护区管理的信息化建设政出多门，国家林业和草原局负责建立了长白山生物圈保护区信息管理系统，环保部（现生态环境部）建立了盐城生物圈保护区信息管理系统，中科院建立了神农架生物圈保护区地理信息系统。各部门的数据管理标准软件平台不同，这些因素给信息共享带来障碍。因此，需要建立一个统一负责自然保护区管理信息化建设的权威机构，进行自然保护区管理信息化建设的总体规划、设计、协调和管理。

四、自然保护区管理中的协调机制

自然保护区管理中的协调机制包括政府部门间的协调机制、保护区与周边社区的协调机制、保护区内部各种工作关系的协调机制。国际上各国因为国情不同，各国的自然保护区管理的协调机制均不相同，各有特色。各国自然保护区要么是由一个部门统一管理，要么是由多个部门分别对不同类型的自然保护区实施统一管理。国家级自然保护区的管理经费主要来源于中央财政，管理机构或人员由中央政府主管部门任命或指派，通常具有明确的监督管理权，包括执法权。

1. 我国自然保护区管理中政府部门间有效协调机制的建立

(1) 厘清中央和地方的关系　国家级自然保护区应当由中央政府负责管理。在批准新建国家级自然保护区时，必须落实自然保护区基本建设资金、日常运转费用和人员编制。原则上，基本建设资金由中央财政支付；日常运转费用和人员编制由自然保护区所在省（自治区、直辖市）人民政府解决，经济落后省份由中央财政给予适当的补助。这样做既是公平合理的，又是可行的。随着综合国力的增强，中央财政支付能力能够满足要求。当然，在实际操作过程中，应当区别不同的情况加以妥善处理。例如，有些自然保护区适于开展经营活动，具有一定的自筹资金的能力，对于这种情况，中央财政可以象征性地给予一些资金支持，没有必要全额拨付自然保护区基本建设资金。

(2) 强化各级人民政府的职责　例如，申报建立国家级自然保护区，应当统一由自然保护区所在的省、自治区、直辖市人民政府提出，国务院有关自然保护区行政主管部门不再直接提出建立国家级自然保护区的申请，但可以向有关省、自治区、直辖市人民政府提出类似的建议。这样做可充分发挥地方人民政府的优势，尽可能消除或减少不利于自然保护区有效管理的因素，如资金、人员编制、土地权属、居民搬迁和人员安置等问题，同时，避免部门割据带来的一系列弊端。

(3) 明确相关政府部门的职责　在"三定"方案的基础上，进一步明确各个有关自然保护区行政主管部门的职能和职责。在强化现有职能的同时，要明确环境保护行政主管部门对全国自然保护区实行统一监督管理的职能。国内外的经验和教训表明，统一监督管理对于自然保护区有效管理具有重要的促进作用。通过统一监督管理，便于综合管理部门把握全局，更好地履行综合管理职能。

（4）明确自然保护区管理机构的性质　自然保护区管理机构应当作为政府派出机构，由法律授权从事公共事务管理、享有执法权。目前，国家级自然保护区管理机构的设立无章可循，有的是由国家有关部门设立的，有的是由自然保护区所在的省（自治区、直辖市）、市、县人民政府有关部门设立的。同时，自然保护区管理机构的性质也比较混乱，有的是行政单位，有的是事业单位，还有的是企业单位。这种状况必须改变，否则，自然保护区管理机构难以履行自己的职责。对于国家级自然保护区管理机构，应当由国务院有关自然保护区行政主管部门予以设立，作为国务院有关自然保护区行政主管部门的派出机构。同时，国家级自然保护区管理机构的主要官员由国务院有关自然保护区行政主管部门任命，执法人员纳入公务员管理范畴，由主管部门颁发相应的证件，规范执法行为。

2. 自然保护区与周边社区协调机制的建立

保护区周边社区指地理位置毗邻保护区，在生产和生活上受制于自然保护区各类资源的社会群体，一般对资源的利用方式比较粗放。自然资源是生物多样性存在的基础和条件，也是社会可持续发展的基础，而人类的经济活动对自然资源的利用起主导作用。社区居民对自然保护区资源的利用有历史沿革性和客观要求，但是我国大部分保护区是最近20年才建立起来的。建立保护区时，土地林地大多已经划归集体，所以边界、权属冲突必然成为保护区与社区常见的纠纷。

保护与发展的基本矛盾不能依靠强制性保护协调和解决，而应实施社区参与的形式，在保护区管理机构中设立社区管理科室负责社区共管的相关事宜。重视社区的发展要求，注重采用经济奖励、技术培训和直接投资等方法，促进当地社区参与自然保护区的管理，了解社区经济发展的机会和潜力，采取多种方式帮助社区，使其成为生物多样性保护的共同受益者。鉴于当地居民长期生活和工作在自己的家园，对本地动植物的种类分布、特征、用途等都比较熟悉。吸收当地人民参与自然保护区的管理工作，如担任护林员、巡护员。这样既可适当解决就业和收入问题，还可以增强他们的保护意识。

周边社区与自然保护区管理部门共同参与自然保护区管理的模式称为联营管理，它在某些方面必须受地方政府的领导。因此，争取地方政府成其主管部门参与自然保护区的管理同样是十分必要的。联营管理内容包括：a. 共同制定自然保护区的规则；b. 制定在实验区内适度开发和利用资源的政策、法规；c. 共同争取外部的支持；d. 其他合作活动。

3. 自然保护区保护与合理开发经营关系的协调机制

自然资源与环境的保护是所有自然保护区管理的核心内容和首要任务，因为它将直接关系自然保护区的生存和价值。我国财政目前还不能全部解决自然保护区的管理与建设所需的资金。在这种情况下，有条件的自然保护区在不影响其完成保护任务的前提下，对其内部自然资源进行适度的、合理的开发利用，不仅是允许的，也是必要的。但这种开发利用活动必须在不破坏或对自然保护对象还有一定保护效益的前提下进行。因此，自然保护区资源的开发利用应遵循以下原则：a. 开发利用活动必须严格限制在实验区范围内；b. 严禁各种破坏自然资源和景观的开发活动；c. 采集、驯养国家重点保护动植物应经有关部门批准；d. 综合考虑开发项目的自然效益、经济效益和社会效益；e. 任何开发利用活动都必须向保护区上交管理费和资源补偿费。

思考题

1. 什么是主体功能区？分析为什么要进行主体功能区划分。
2. 按开发强度划分将主体功能区划分为哪些类型？它们的基本特征是什么？
3. 建立自然保护区的意义是什么？
4. 简述自然保护区的概念，如何有效地管理自然保护区？
5. 中国自然保护区按照保护对象的类型划分为哪几类？分别列举不同类型的自然保护区所保护的对象。

"水泥山"变回长腰山

拓展阅读

参考文献

[1] 曹洪军,王俊淇. 我国环境管理体制变迁及其经济特征分析[J]. 湖南社会科学,2022,3:55-66.
[2] 王清军. 我国流域生态环境管理体制:变革与发展[J]. 华中师范大学学报(人文社会科学版),2019,58(6):75-86.
[3] 李萌,娄伟. 中国生态环境管理范式的解构与重构[J]. 江淮论坛,2021,5:51-56.
[4] 王金南,秦昌波,万军,等. 国家生态环境保护规划发展历程及展望[J]. 中国环境管理,2021,13(5):21-28.
[5] 张承中. 环境规划与管理[M]. 北京:高等教育出版社,2011.
[6] 宋国君,等. 环境政策分析[M]. 北京:化学工业出版社,2008.
[7] 崔桂台. 中国环境保护法律制度[M]. 北京:中国民主法制出版社,2020.
[8] 曾利. 环境安全与环境保护论[M]. 成都:电子科技大学出版社,2014.
[9] 生态环境规划编制技术导则 总纲(征求意见稿)[S]. 生态环境部,2022.
[10] 王金南,蒋洪强,等. 环境规划学[M]. 北京:中国环境出版社,2014.
[11] 邓仕槐,牛建龙,刘歆. 环境规划与管理[M]. 北京:北京工业出版社,2018.
[12] 孙翔. 环境管理与规划[M]. 南京:南京大学出版社,2018.
[13] 刘立忠. 环境规划与管理[M]. 北京:中国建材工业出版社,2015.
[14] 宋国君,等. 环境规划与管理[M]. 武汉:华中科技大学出版社,2015.
[15] 姚建,郑丽娜,余江. 环境规划与管理[M]. 2版. 北京:化学工业出版社,2020.
[16] 徐春霞. 环境管理与规划[M]. 北京:中国林业出版社,2020.
[17] 郭怀成,尚金城,张天柱. 环境规划学[M]. 3版. 北京:高等教育出版社,2021.
[18] 杨志峰,徐琳瑜. 城市生态规划学[M]. 2版. 北京:北京师范大学出版社,2019.
[19] 尚金城,黄国和,包存宽,等. 城市环境规划[M]. 北京:高等教育出版社,2008.
[20] 尚金城,包存宽,赵彦伟,等. 环境规划与管理[M]. 2版. 北京:科学出版社,2009.
[21] 曲向荣. 环境规划与管理[M]. 北京:清华大学出版社,2013.
[22] 规划环境影响评价技术导则总纲[S]. 生态环境部,2020.
[23] "十三五"生态环境保护规划. 生态环境部,2016.
[24] 刘立忠. 环境规划与管理[M]. 北京:化学工业出版社,2022.
[25] 孟伟庆. 环境规划与管理[M]. 北京:化学工业出版社,2022.
[26] 刘亭亭,等. 环境规划与管理[M]. 北京:中国石化出版社,2021.
[27] 包存宽. 生态文明新时代环境规划的使命与担当[J]. 中国环境报,2020.
[28] 海热提. 环境规划与管理[M]. 北京:中国环境科学出版社,2007.
[29] 叶文虎,张勇. 环境管理学[M]. 北京:高等教育出版社,2013.
[30] 朱庚申. 环境管理学[M]. 北京:中国环境科学出版社,2002.
[31] 钱易,唐孝炎. 环境保护与可持续发展[M]. 北京:高等教育出版社,2010.
[32] 2018中国生态环境状况公报.
[33] 2019中国生态环境状况公报.
[34] 2020中国生态环境状况公报.
[35] 2021中国生态环境状况公报.
[36] 2022中国生态环境状况公报.
[37] 刘青松. 农村环境保护[M]. 北京:中国环境科学出版社,2003.
[38] 生态环境部,发展改革委,财政部,自然资源部,住房和城乡建设部,水利部,农业农村部. "十四五"土壤、地

下水和农村生态环境保护规划 . 2021.
[39] 国家发展改革委，生态环境部，住房城乡建设部，国家卫生健康委 . 关于加快推进城镇环境基础设施建设的指导意见 . 2022.
[40] 中共中央办公厅，国务院办公厅 . 农村人居环境整治提升五年行动方案（2021—2025 年）. 2021.
[41] 中共中央办公厅，国务院办公厅 . 关于推动城乡建设绿色发展的意见 . 2021.
[42] 白志鹏，王珺 . 环境管理学［M］. 北京：化学工业出版社，2007.
[43] 丁中浩 . 环境规划与管理［M］. 北京：机械工业出版社，2007.
[44] 沈红艳 . 环境管理学［M］. 北京：清华大学出版社，2010.
[45] 刘利，潘伟斌 . 环境规划与管理［M］. 北京：化学工业出版社，2006.
[46] 刘青松 . 清洁生产与 ISO 14000［M］. 北京：中国环境科学出版社，2003.
[47] 中华人民共和国自然保护区条例（2017 年修订）.